有機化學實驗

崔奎碩 · 鄭陀相 · 金用茂 共著

文 運 堂

머 리 말

이 책은 주로 대학과정의 저급학년용 유기화학실험 교재로서 엮은 것이지만, 중급학년용 유기합성 실험 교재로서도 활용할 수 있고 또 초급대학용 유기계 실험교재로서도 사용할 수 있도록 엮은 것이다.

저자가 대학에서 유기화학실험을 담당해 온지도 어언간 28년이란 세월이 흘렀으며, 그 동안 여러 가지 교재를 바꾸어 실험을 담당하여 왔으나 우리 나라 실정에 알맞은 교재란 거의 없다고 생각될 정도로 교재에 고심을 겪은 것도 사실이라 느껴진다. 이에 그래도 우리 실정에 부합되는 것으로 자부하면서 이 소책자를 다듬어 내놓기로 결심하게 되었다.

오늘날 유기화합물의 구조확인과정만을 살펴보더라도 기기분석이 고도로 발달되어 불과 몇 mg 정도로써 그 구조를 확인 내지 결정하는 실로 경탄할 단계에까지 와있다. 어떤 학자는 콜레스테롤(cholesterol)의 구조확인에 그 옛날 159년이란 장구한 세월이 흘렀지만 오늘날 NMR(핵자기공명), IR(적외선스펙트럼), UV(자외선스펙트럼), MASS(질량분석), LC(액체크로마토그래피), GC(가스크로마토그래피) 등의 최신기기를 이용하면 2주일 정도의 단시간에 구조결정이 가능하다고 말하기까지 할 정도이다.

그러나 아무리 micro의 세계에 와있고 아무리 편리한 분석기기들이 있다고 하더라도 재래식 기본 실험조작에 숙달되어 있지 않으면 분리 및 정제가 제대로 되지 않게 되므로 기기분석에 의존하지도 못하게 된다.

이 책은 제 1 편과 제 2 편으로 분류하였는데, 제 1 편에서는 기본조작을 다루었고, 제 2 편에서는 유기화합물들의 합성을 다루었으며, 분광법에 의한 구조확인을 많이 보완하였다. 주당 3~4 시간 정도의 한 학기단위로서는 이 책의 내용을 고루 다루기는 곤란할 것으로 생각되지만, 이와 같은 경우 제 1 편의 기본조작과 제 2 편의 간단한 합성을 병행해서 다루면 학생들도 지루함을 느끼지 않고 큰 흥미를 가지고 실험시간을 기다릴 것으로 믿는다.

유기화학실험은 인화성이 크고 또 때로는 폭발성까지 있는 유기용매들을 사용하기 때문에 언제나 세심한 주의와 취급하게 될 약품들에 대한 철저한 특성조사를 한 후 실험에 임하도록 하여 사고를 미연에 방지해야 할 것이다. 그런 뜻에서 그동안 실험지도를 통해 체험한 위험 등에 대해서는 세심한 주의사항을 삽입하여 사고 없이 무사히 실험할 수 있도록 최선을 다했다.

그러나 천학한 저자들이고 보니 내용에서 여러 가지로 미비한 점들이 적지 않을 것으로 생각되며, 이 점 여러 선배제현들의 아낌없는 충고를 바라는 바이오며, 앞으로 계속 보완하여 완벽을 기하고자 한다.

끝으로 이 책을 엮음에 있어 많은 조력을 하여준 대학원 학생제군들의 노고에 감사하며, 특히 격려하여 주시고 이 책 출판에 적극 힘써 주신 문운당 사장님께 깊은 감사의 뜻을 올리는 바이다.

대표 최 규 석

차　　례

머 리 말

1편 기본조작 및 실험

2편 유기화합물의 합성

1 편

기본조작 및 실험

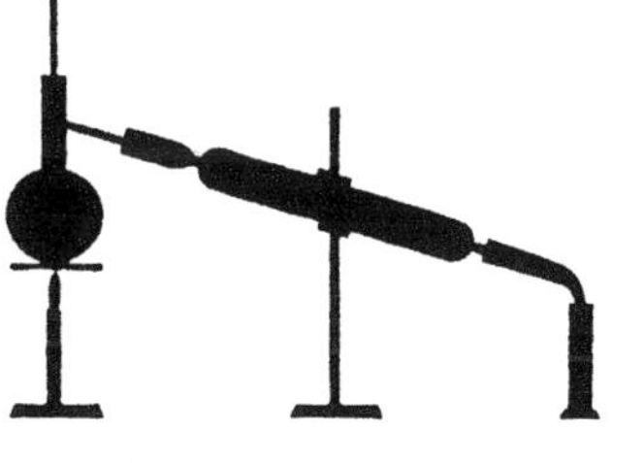

1. 일반주의사항

유기화학실험의 목적은 강의에서 취급되는 이론을 실험을 통해서 직접 체험시킴과 동시에 여러 가지 유기화합물에 대한 지식의 습득 및 과학적인 실험방법을 지도함에 있고, 나아가서는 관찰력을 발전시키고 基礎實驗操作을 훈련시킴에 있다고 하겠다.

유기화학실험은 무기화학실험과는 달리 여러 가지 引火性이 큰 溶媒를 사용하며 때로는 유기물질의 증기와 공기의 혼합물은 폭발하는 것들이 많기 때문에 언제나 위험을 동반하고 있다. 다음에서 위험에 대한 여러 가지 주의사항과 긴급처치법을 기술한다.

1-1 실험실 내에서의 주의사항

【1】 공동실험실에서는 예의를 지켜야 한다.

실험실 내에서 쓸데없는 잡담을 하거나 큰소리로 떠들어서는 안 되며, 악취가 나는 가스나 유독성 가스를 발생시킬 때는 타인에게 폐가 되지 않도록 通風室에서 실험하거나 그렇지 않으면 바람이 나가는 창구 근처에서 행해야 한다. 이웃에서 알코올이나 에테르 같은 용매를 사용할 때는 인화되지 않도록 다같이 주의해야 하며 시약을 아무렇게나 낭비하거나 실험을 경쟁하거나 하는 일들은 절대로 있어서는 안 된다.

【2】 실험할 때는 반드시 가운을 착용해야 한다.

가운(gown)은 장식품이 아니라 필수품이다. 실험할 때는 반드시 가운을 착용하여 의복이나 몸을 보호하도록 해야 한다. 디아조化(diazotization)를 발견한 P. Griess는 청년시절에 플라스크의 폭발로 진한 질산이 하반신에 튀어 상처를 입고 그후부터는 실험할 때 언제나 다리까지 내려가는 에이프런(apron)을 입었었다고 한다.

실험과는 다른 이야기지만 현장에서 작업복착용을 강조하였는데, 이를 무시하고 나일론 잠바를 착용하고 있다가 불의의 화재를 당하여 고열로 녹아붙은 나일론으로 인해서 큰 화상을 입고 평생을 후회하는 분을 본 일이 있다.

또한 실험할 때 눈이 나쁘지 않더라도 보호용으로 안경을 쓰는 습관을 기르는 것은 좋은 일이다.

【3】 실험대는 깨끗이 정돈해야 한다.

실험할 때 실험대가 잘 정돈되어 있지 않으면 기구, 장치 및 시약병 등을 넘어뜨리기 쉬우며 인화, 폭발 등의 사고를 저질러 부상을 입는 수도 가끔 있으나 특히 최근에는 미량분석법(micro analysis)이 발달되어 미량의 물질을 취급하기 때문에 실험대의 청결과 정돈은 절실히 요구된다.

【4】 혼자서 하는 실험은 되도록 피하는 것이 좋다.

마취성이 있는 용매를 사용하는 실험에서 혼자서 하는 경우 자기도 모르게 마취되어 혼수상태가 되고 졸고 있는 사이에 가열장치가 폭발하는 예가 없지 않다. 연구실 생활에서도 혼자 남아 실험하는 것은 좋지 않다. 또 몸의 컨디션이 좋지 않을 때 무리하게 실험을 하다 사고를 내는 경우도 있으므로 무리한 실험이나 서둘러서 행하는 실험은 금할 일이다.

【5】 소화재료의 보관장소와 사용법을 알아둔다.

소화재료로서는 消火器가 으뜸이고 모래도 보편적이며 능률적이다. 화재는 언제 일어날지 알 수 없을 뿐만 아니라, 꼭 일어나지 않는다고 단언할 수도 없다. 일단 화재가 일어나면 가장 중요한 것이 "沈着"과 "機敏"한 동작이라 할 수 있다. 학생 각자가 消火材料의 보관장소와 그 사용법을 알아서 초기에 진화함이 중요하다.

【6】 교수가 지시하는 주의사항은 각별히 명심해야 한다.

인간은 神이 아닌 이상 아무리 주의하여도 때로는 묘하게 뜻하지 않은 사고를 일으키는 수가 없지 않다. 그러나 우리가 행하는 모든 기본실험은 정확한 방법과 과정을 따르면 사고없이 완결할 수 있는 것이기 때문에 담당교수가 지시하는 주의사항은 엄수하면서 실험을 진행시켜 나가야 한다. 가끔 순서를 거꾸로 하여 사고를 내는 경우도 있다. 실제예를 들면, 분별깔때기 중에서 *t*-부틸알코올에 차가운 염산을 천천히 가하여 염화 *t*-부틸을 제조하는 과정에서 차가운 염산을 사용하여야 하는데 이것을 무시하고 차지 않은 염산을 급히 注加하여 반응열로 염산이 뿜어져 나오는 경우도 있었고, 아세틸렌의 부가반응에 대한 실험에서 화기를 주의하지 않고 처음 발생되는 아세틸렌과 공기의 혼합물에 장난삼아 불을 붙이려다 폭발한 예도 있었다.

1-2 실험중의 주의사항

【1】 실험에 대한 계획과 준비를 먼저 해야 한다

실험내용이 합성법인 경우는 반응의 종류, 原料物質 및 목적물질의 성질 등을 철저히 조사해서 잘 알아두어야 하며 주어진 실험방법을 잘 익혀 순서를 어기지 않고 진행시켜야 한다. 아무런 계획과 준비 없이 수족만 움직여 실험하면 곧 잊어버리게 되고 비능률적이라 할 수 있다.

【2】 器材의 낭비는 금해야 한다.

기구, 약품, 전기, 수도, 가스 등의 지나친 낭비만은 금해야 할 것이나, 너무 제한된 量에 신경을 쓴 나머지 실험이 원만하지 못했다고 하면 무의미하다. 실험이 끝나면 유리기구류는 잘 씻은 후 정리하여 두고 다음 실험에 손쉽게 사용할 수 있도록 함이 능률적이다. 실험 전에 유리기구류는 세제로 잘 씻고 물로 씻어 마지막으로 증류수로 씻은 후 전기건조기 내에서 완전히 건조시킨 것을 사용해야 한다.

【3】 실험중에는 아무 물질이나 선뜻 버려서는 안 된다.

실험과정에서 여과를 했는데, 沈澱이 필요하고 濾液이 필요 없다고 생각되어 선뜻 여액을 버려놓고 다음 실험을 계속하려 하니 「여액이 필요하고 침전이 불필요한 것이었다」는 실수 등은 학생실험에서 가끔 볼 수 있지만, 연구생활에서 전합성과정을 망치는 크나큰 실수를 하는 셈이 된다.

또한 분별깔때기(separatory funnel)를 사용하여 두 층으로 된 액을 분리시켰을 때 일반적으로는 수용액층이 밑으로 오고 유기층이 위로 가지만 가끔(예로서 비중이 큰 사염화탄소용매를 사용할 경우)은 거꾸로 되는 수가 있다. 이때도 하부층을 분리한 후 선뜻 버리고 나서 잘못을 후회하는 일이 없도록 실험중에는 불필요하다고 생각되더라도 일단 보관해 두었다가 실험이 끝난 후 버리는 습관을 기르는 것이 중요하다.

그리고 분별깔때기에 두 층으로 분리되어 있을 때 어느 것이 유기물층이고 어느 것이 수용액층인가를 알아내는 방법은 피펫으로 증류수를 1~2 방울 떨어뜨려보아서 위층에 물방울이 엉겨붙으면 위가 물층이고, 위층을 통과해서 아래층에 엉겨붙으면 아래층이 수용액이고 위층이 유기물층임을 간단히 알 수 있다.

【4】 관찰을 게을리 해서는 안 된다.

유기화학실험은 정량분석이나 물리화학실험처럼 정밀한 測定에 신경을 쓰는 일은 적으나 조금만 내버려 두어도 반응이 지나쳐 실패하기 쉽다. 예를 들면, 『150℃에서 1시간 동안 加熱하라』고 지시되어 있으면 정확히 이 온도를 유지하면서 반응의 과정, 변화 등을 관찰하고 기록해야 한다. 이것을 소홀히 하여 160°, 170℃로 過熱하다가 최후에 150℃로 되돌아 오던가 하면 불필요한 부반응을 동반하게 되어 실험을 성공리에 마칠 수 없게 된다.

【5】 기록은 반드시 노트에다 해야 한다.

항상 실험노트를 준비해서 날짜, 기온, 기압을 기록하고 실험이 진행되면서 일어나는 상태의 변화나 색깔의 변화 등을 정확히 기록하는 습관을 기르는 것은 장차 중요한 연구의 완수에 큰 도움이 될 것이다. 아무 종이에나 여과지 조각 같은데 기록함은 좋지 않다. 또한 자기의 記憶을 믿는 것은 더욱 나쁘다. 연구생활에서 잘 진행되던 것이 再現性이 없던지 문헌에 있는 그다지 어렵지 않은 실험 등이 뜻하지 않게 진행될 때는 정확한 관찰을 통해서 기록한 내용에 의거해서 그 원인분석을 해야 하기 때문이다.

1-3 화재방지에 대한 주의사항

① 끓는점이 낮은 可燃性 溶媒로서는 에테르, 아세톤, 메틸알코올, 에틸알코올, 석유에테르, 벤진, 리그로인, 벤젠, 톨루엔, 크실렌, 이황화탄소, 클로로포름, 초산에틸 등이 있다. 이들의 취급에는 항상 주의를 요한다.

발화성 물질로서는 황, 인, 칼륨(K), 나트륨(Na), 과산화나트륨 등이 있으며, 이들은 자연발화하므로 주의해야 한다.

② 引火性 溶媒는 500 ml 이상은 실험대 위에 두지 않는 것이 좋으며, 소량을 보관할 때에는 튼튼한 병에 넣고 마개는 꼭 맞는 것으로 막아야 한다. 엷은 병이나 삼각플라스크 같은데 넣고 密栓하면 증기압 때문에 터지는 수가 가끔 있다. 용매가 든 시약병이 직사광선에 쬐이는 일이 없도록 그늘진 곳에 보관해야 한다.

③ 인화성 용매를 사용할 때의 加熱은 밑이 편편한 플라스크나 삼각플라스크에서 가열해서는 안 되며 반드시 둥근바닥플라스크(round bottomed flask)를 사용하여 가열해야 한다. 또한 가열방식은 환류냉각기(reflux condenser)를 달고 중탕(bath) 내에서 행할 것이며, 直火로서 가열해서는 안 된다.

④ 인화성 용매를 사용할 때 가까이에서 버너나 알코올램프를 사용하는 일이 없도록 주의해야 한다. 에테르나 이황화탄소 같은 것은 1 m 반 정도도 증기를 타고가 引火되는 수가 있으므로 특별한 주의를 요한다.

⑤ 증류, 농축, 가열 등의 조작에서 끓임돌(boiling stone)을 중도에서 넣으면 튐(bumping)이 일어나게 되어 위험하므로 반드시 냉각시킨 후 넣어야 한다. 활성탄이나 다공성 물질 등을 더운 상태에서 가할 때도 마찬가지로 위험하다.

⑥ 물중탕으로 가열할 때 물이 다 증발하여 달아나고 空燒되는 일이 없도록 주의해야 한다.

1-4 폭발방지에 대한 주의사항

① 나트륨, 칼륨, 황, 인 등은 자연발화할 뿐만 아니라, 다량 사용 때는 언제나 폭발할 위험성이 있으므로 소량씩 지시에 따라 주의해서 취급해야 한다.

② 나트륨, 칼륨과 지방족 할로겐화합물(예로서, 클로로포름 및 사염화탄소)는 맹렬히 반응해서 무서운 폭발을 일으키므로 특히 주의해야 한다. 따라서 지방족 할로겐화물의 乾燥劑로서 Na 나 K 를 절대로 사용해서는 안 된다.

③ 일반적으로 증류할 때 최후에 증류가 거의 끝날 무렵에 주의해야 한다. 예로서 에테르 抽出 후 증류할 때 증류가 거의 끝났다고 할 무렵에 폭발하는 일이 있다. 이것은 특히 묵은 에테르를 사용할 때 있을 수 있는 일로서 묵은 에테르 중에 함유된 소량의 과산화물(공기산화로 인해서 생김)이 농축된 결과 일어나는 현상이다. 또한 니트로화합물의 증류에도 주의를 요한다.

④ 眞空蒸溜(vacuum distillation)의 경우 外壓에 의해서 용기가 깨어지고 폭발하는 경우가

있으므로 내압용의 두꺼운 플라스크를 사용할 것이며, 장치에 세심한 주의를 해야 한다.

⑤ 미지물의 녹는점을 측정할 때는, 먼저 미량으로 폭발성을 시험한 후 행할 일이다. 특히 분해하여 가스가 급격히 발생하는 것은 위험하며 니트로화합물은 모두 폭발성이 있으므로 위험하다.

⑥ 封管을 개방할 때는 냉각시킨 후 젖은 헝겊으로 싸서 행해야 한다. 예로 아질산아밀(amyl nitrite)은 그대로 개봉하면 언제나 폭발한다. 이를 방지하기 위해서는 충분히 냉각시킨 후 잘 싸고 손에도 젖은 헝겊을 감고 개봉해야 한다.

⑦ 酸化반응을 행할 때는 주의해서 급격한 반응을 피해야 한다. 모든 酸化劑는 취급에 주의해야 한다. 중크롬산칼륨($K_2Cr_2O_7$), 과망간산칼륨($KMnO_4$), 염소산칼륨($KClO_3$), 과산화수소(H_2O_2) 및 그 밖의 유기과산화물, 무기과산화물 및 폴리니트로화합물 등은 폭발성이 크므로 언제나 취급에 세심한 주의를 요한다.

⑧ 물과 격렬히 반응하는 물질에 주의를 요한다. 나트륨, 칼륨과 같은 알칼리금속에 물을 작용시켜서는 안 되며, 칼슘카바이드(CaC_2), 무수염화알루미늄($AlCl_3$), 생석회(CaO) 등을 다량 사용할 때는 각별한 주의를 요한다.

⑨ 수소, 에틸렌, 산화에틸렌, 아세틸렌 및 에테르의 증기 등과 공기의 각 혼합물은 폭발하므로 주의해야 하고 아세틸렌을 발생하는 칼슘카바이드의 취급 때도 각별히 주의해야 한다.

⑩ 인화성 용매가 남아 있는 물질을 直火로 가열하거나 電氣乾燥器 안에 넣어 건조시키면 폭발하므로 주의해야 한다. 또 에테르나 알코올이 들었던 병이 빈병이 되었다고 해서 直火에서 가열하면 폭발하므로 특히 주의해야 한다.

1-5 긴급처치법

【1】 화재에 대한 것

1) 약품에 불이 붙었을 때　먼저 불의 근원(버너)을 끄고, 인화성 용매를 재빨리 들어낸 후, 모래나 毛布같은 것을 덮어 씌우고 두들기는 것도 유효한 소화법이나 消火器를 사용하면 제일 안전하다. 물은 가급적 사용하지 말 것이며 부득이한 경우에는 사염화탄소를 消火劑로 사용할 수는 있으나 이것을 사용할 때는 소량의 포스겐이 발생하기 때문에 맹독성인 포스겐을 흡입하지 않도록 즉시 환기시켜야 한다.

2) 의복에 불이 붙었을 때　의복에 불이 붙었을 때 뛰든지 하면 불이 더 잘 타게 되므로 주위에서 다른 사람이 붙들고 모포나 실험복으로 싸서 불을 끄든지 소화기나 샤워로써 끈다. 사염화탄소를 사용해서는 안 된다.

3) 작은 화상　물을 사용하지 말고 즉시 아연화연고나 탄닌산용액을 바른다. 이때 탄닌산 대신에 피크르산(picric acid)의 수용액을 사용해도 좋다. 최후에 바셀린을 발라서 공기를 차단시켜야 한다.

4) 큰 화상　즉시 의사를 부를 것이며, 기다리고 있을 동안 환자를 따뜻하게 하여 주고

물을 마시게 하여 쇼크를 방지해야 한다.

【2】 약품에 대한 피해

적당한 세제로 즉시 씻으면 큰 사고를 미연에 방지할 수 있으며 민첩한 동작이 절대 필요하다.

1) 산이 피부에 묻었을 때 진한 황산이나 진한 질산 등이 피부에 묻었을 때는 즉시 수도물을 흘러내리게 하여 다량의 물로 씻고 다음으로 묽은 중탄산나트륨용액으로 씻고 다시 물로 씻고 건조시킨 후 화상의 경우처럼 아연화연고를 바른다.

2) 알칼리가 피부에 묻었을 때 진한 알칼리가 피부에 묻었을 때는 즉시 다량의 물로 씻고 묽은 초산용액으로 씻은 후, 다시 물로써 잘 씻은 후, 건조시키고 아연화연고를 바른다. 또 뜨거운 진한 알칼리의 경우는 진한 산으로 인한 피해 때보다 더 쓰리고 아프며 회복도 느리기 때문에 주의해야 한다.

3) 브롬(Br_2)이 피부에 묻었을 때 글리세린을 많이 바르고 문질러서 브롬과 반응시킨 후 닦아내고 아연화연고를 바른다.

4) 눈에 약품이 들어갔을 때 즉시 손으로 물을 떠서 충분히 씻든지 또는 고무관을 이용해서 수도물을 흘려 충분히 씻은 후, 산에는 아주 묽은 중탄산나트륨용액으로, 알칼리에는 묽은 붕산용액으로 씻는다.

5) 눈에 유리조각이 들어갔을 때 절대로 손으로 부벼서는 안 된다. 수도물로 고무관을 이용해서 씻어내려야 하며, 그래도 제거되지 않으면 곧 의사에게 보인다.

【3】 切 傷

에탄올로 소독하고 마이신연고를 바르고 붕대로 감는다.

2. 기구 및 장치

2-1 유리기구

둥근바닥플라스크(round bottomed flask) (a)는 벽이 균일하기 때문에 가열 기타 여러 가지 조각에서 안전하나 용매를 증류한 후에 결정이 석출하는 경우, 이 결정을 끄집어 내기가 몹시 불편하다. 따라서 플라스크의 주둥이를 넓게 해두면 여러 가지 점으로 편리하다. 그러나 액체의 증류같은 경우에는 주둥이가 좁은 것이 더 편리하므로 실험실엔 두 가지를 다 구비해서 목적에 따라 알맞은 것을 사용하는 것이 좋다. 또한 안정성도 좋고 결정을 끄집어내는데 편리한 점 등으로 (a′)와 같은 형태의 플라스크는 실용가치가 크다.

넓적바닥 플라스크(flat bottomed flask) (b)는 바닥부분을 편편하게 만든 것으로 벽의 두께가 균일하지 않으며, 따라서 감압이나 가압하에서의 실험에는 부적당하지만 삼각플라스크 (c)보다는 열에도 강하기 때문에 상압에서의 반응에 사용해도 무방하나, (a)와 마찬가지의 결점이 있지만, 실험대 위에 편리하게 놓을 수 있는 잇점이 있다.

삼각플라스크(Erlenmeyer flask)는 실험대 위에 세울 수 있는 점, 내부의 고체를 끄집어내는데 편리한 점 등으로 인해서 유기화학실험실에 가장 많이 사용되는 플라스크이다. 보통 벽의 두께가 현저하게 불균일하기 때문에 감압이나 가압하에서의 실험에는 절대로 사용할 수 없을 뿐만 아니라, 석면그물 위에서 격렬하게 가열할 때도 위험하며 밑부분이 깨지는 일이 자주 있다. 직접 불로써 가열하는 것 등은 삼가해야 할 것이다.

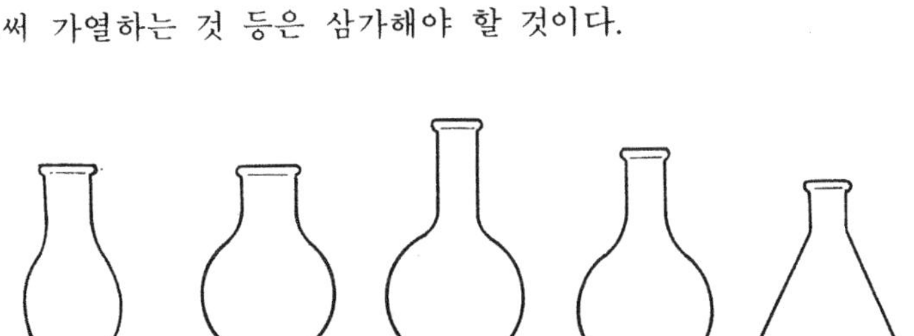

그림 2-1

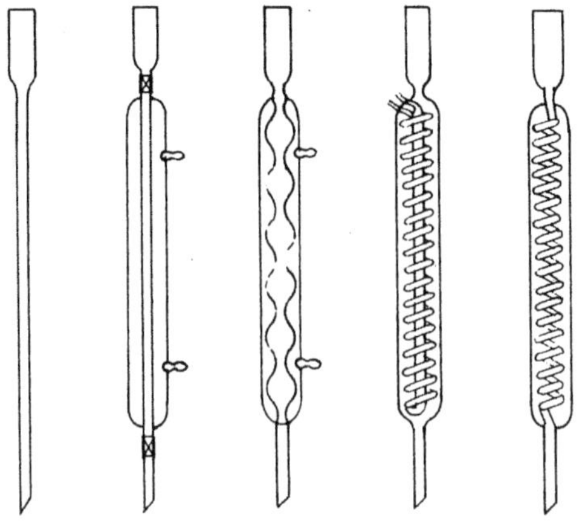

그림 2-2 냉각기의 종류

냉각기(condenser)에는 여러 가지 종류가 있다. 이것은 액체를 증류할 때 냉각시키거나 가열하는 반응에서 액체의 散失을 방지하기 위해서 사용되는 것이다. 그림에서, (a) 는 공기냉각기(air-cooling condenser), (b)는 리비히냉각기(Liebig condenser), (c) 는 球入냉각기(Alihn condenser), (d) 는 딤로트냉각기(Dimroth condenser), (e)는 그래함냉각기(Graham condenser)이다.

공기냉각기(air-cooling condenser)는 끓는점이 약 130℃ 이상의 액체의 증류 등에, 예로서 아닐린의 증류 등에 사용된다. 이와 같은 끓는점이 높은 액체에 다른 냉각기, 즉 (c) 나 (d)를 사용하면 깨어지기 쉽다. 리비히냉각기는 끓는점이 130℃ 이하의 액체를 증류하는데 사용하며, 냉각기 (c) 나 (d) 는 주로 용매의 회수에 사용하며, 반응시 氣化하여 달아나는 액체를 냉각시켜 환류하는 데 사용되고 보통 증류에는 사용되지 않는다.

고무마개(rubber stopper)는 기밀이 잘 되어 마개로서는 중요하나, 클로로포름, 벤젠 특히 이황화탄소나 테트랄린(tetralin) 등의 용매에 잘 녹기 때문에 될 수 있는대로 양질의 코르크를 사용하는 것이 좋다. 감압증류처럼 부득이한 경우에만 고무마개를 쓰도록 한다.

2-2 기구의 세척

유기화학실험에 사용하는 플라스크나 비커는 무기화학실험에 사용하는 용기처럼 크롬산혼액으로 씻을 필요는 없다. 그러나 수분은 완전히 제거해야 할 때가 많다. 보통 비누물과 브러시를 사용하나 이것으로 잘 씻어지지 않을 때는 더운 알코올 등으로 씻는다.

가끔 증류를 행한 후, 플라스크 바닥부분에 타르(tar)狀 물질이 남는 수가 많다. 이것은 타르상 물질의 성질에 따라 이를 녹일 액을 가해야 하나, 혼산(진한 H_2SO_4+진한 HNO_3)과 가열하든가 또는 벤젠-알코올(회수용매를 사용)의 혼합액과 끓이면 대부분 녹게 되므로 녹으면 더울 때 유출시킨다.

2-3 기구의 건조

보통 기구들은 공기건조기(air bath)에 넣어 건조시키든지 또는 자연건조시키나, Grignard 반응처럼 습기를 될 수 있는대로 제거할 필요가 있는 반응에서는 건조기에서 건조시켜야 하고 자연건조만으로는 불충분하다. 건조기에서 건조시키면 수분이 조금도 부착하지 않은 것처럼 보이나, 열수증기가 건조기 중에 많이 있으므로 플라스크 등을 들어내어 냉각시키면 물방울이 내벽에 생기게 된다. 이때에는 건조기에서 들어낸 다음 즉시 건조공기를 불어넣어주는 것이 좋다.

즉 Grignard 반응을 행할 때에는 장치를 조립한 후, 플라스크의 한 주둥이(3口 중의 하나)에 염화칼슘관을 달고, 냉각기의 상단에도 염화칼슘관을 단 후, 이 관을 통해서 아스피레이터(aspirator)로 흡인하여 건조된 공기를 불어넣어서 장치 내의 습기를 제거하면 된다.

딤로트냉각기(Dimroth condenser) 같은 것을 빨리 건조시킬 필요가 있을 때는 알코올로 씻고, 한쪽 끝에 염화칼슘관을 달고 다른 끝에서 아스피레이터로 흡인하여 건조시킨다.

2-4 장치의 조립

플라스크에 환류냉각기(reflux condenser)를 고정시키는 장치에서는 플라스크와 냉각기를 코르크나 고무마개로 연결하고 플라스크의 목부분과 냉각기의 중앙부를 각각 클램프(clamp)로써 고정시키는 것이 원칙이나, 플라스크가 작은 것이면 플라스크의 목을 고정시키지 않아도 무방하다.

클램프로써 고정시킬 때 주의할 점은 보통 철(클램프)과 유리(냉각기나 플라스크)의 접촉이기 때문에 클램프 사이에 냉각기(예로서)를 끼우고 그대로 클램프를 조이면 어느 정도 조였는

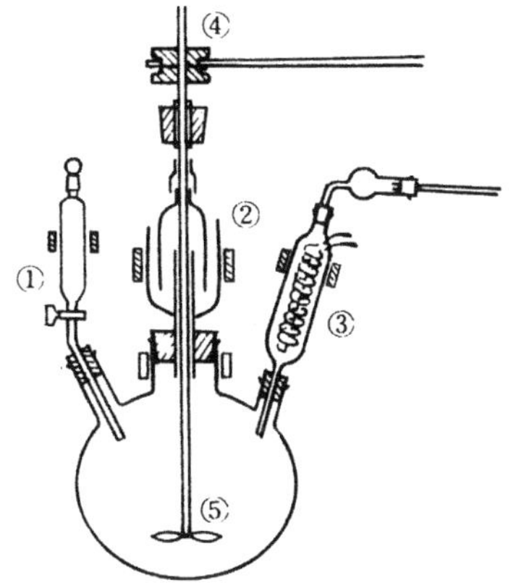

(■ … 클램프로 고정하는 곳)

그림 2-3

지 알 수가 없고 따라서 점차 조이다가 기구를 파손하는 일이 초보자들에게서 자주 볼 수 있다. 이때는 반드시 클램프 사이에 천(布)이나 엷은 코르크판 같은 것을 대고(철과 유리가 바로 접촉하지 않게) 서서히 점차 죄면서 냉각기를 좌우로 조금씩 회전시켜 보아 회전이 거의 되지 않을 때쯤 해서 조이는 것을 중지하면 잘 고정된다.

삼구플라스크를 사용하는 실험실에서는 그림 2-3처럼 고정시킨다. ①은 적하깔때기(dropping funnel), ②는 수은봉교반기(mercury sealed stirrer), ③은 딤로트냉각기, ④는 도르래(pulley), ⑤는 교반기의 프로펠러다.

그림에서 클램프로 고정하는 곳에 주의해야 한다. 특히 삼구플라스크의 중앙의 목과 ②를 단단히 고정해야 하고, 그 외는 가볍게 고정하는 정도로 해둔다. 도르래는 코르크나 고무마개로 만들어 이에 끈을 달아 모터로써 회전시킨다. 냉각기 끝에 붙어 있는 작은 유리관이 염화칼슘관이며 외부로부터 수분이 침입하는 것을 막기 위함이다.

2-5 가 열

가열은 직접 불로 가열하는 경우와 중탕(bath) 내에서 가열하는 경우가 있다. 직접가열은 플라스크에 바로 불꽃을 갖다 대어 가열하기보다 석면그물 위에 플라스크를 얹어 가열하는 것이 보통이다. 석면그물과 플라스크의 밑바닥부분을 조금 떨어지게 하면 가열은 완만하게 되어 비교적 저온에서의 가열은 좋으나 고온으로 가열할 때는 석면그물과 플라스크의 밑바닥 부분이 닿도록 해야 한다. 수용액을 가열하는 경우 이외에는 삼각플라스크나 비커를 사용해서는 안 된다. 반드시 둥근 바닥플라스크를 사용하도록 한다. 그러나 고온에도 견디는 파이렉스(Pyrex)製 유리는 삼각플라스크나 비커를 사용해도 무방하다. 중탕을 사용하는 경우보다 인화하기 쉬우므로 용기는 액량에 비해서 큰 것을 사용하는 것이 좋으며, 액을 끓일 때는 환류냉각기를 달도록 한다.

재결정할 때, 유기용매를 직접 불로 가열하면 증기가 밑으로 가라앉아 인화되는 예가 많으므로 충분히 주의해야 한다. 니크롬선 전기가열기(500 W 정도)도 가열에 편리하다. 이 가열기를 쓰면 유기용매가 좀 엎질러져도 발화하지 않는 점이 안전하며, 간단한 가열이나 재결정에는 편리하다. 그러나 이황화탄소는 불이 붙으므로 급속히 가열하는 데는 부적당하다.

물중탕은 100℃ 이하에서의 가열에 사용된다. 중탕을 끓이면 100℃까지 이르게 되나, 그 위에 얹은 플라스크 안의 온도는 좀처럼 100℃에 이르지 않는다. 따라서 중탕 내의 온도와 플라스크 내의 온도에는 다소 차이가 있으나, 1,2℃의 차이로 반응에 큰 지장을 초래하지 않는 실험에서는 플라스크 내의 온도를 중탕 내의 온도로 측정해도 무방하다.

기름중탕은 기름을 사용한 중탕을 말하는데 면실유가 많이 사용된다. 글리세린(glycerin)도 가끔 사용되는데, 이것은 실험 후 물로써 씻기가 편리한 점이 있으나, 흡습성이 있고, 200℃까지 밖에 사용할 수 없다. 기름중탕에 물이 들어가면 뜨거운 기름이 튀기 때문에 주의해야 한다. 식물유를 사용하는 중탕은 250℃ 정도까지 사용될 수 있다. 300℃ 이하에서 증기에 인화하는 일은 잘 없으나, 300℃ 이상의 중탕에서는 인화하는 일이 있으므로 주의를 요한다.

모래중탕은 모래를 사용하는 중탕으로서 철판 위에 모래를 넣고, 그 위에 플라스크를 얹어 모래로서 플라스크의 밑바닥부분을 싸서 가열하며, 기름중탕과는 달리 고온까지 가열할 수 있으나 온도가 균일하지 못한 것이 결점이라 하겠다.

2-6 냉 각

氷冷은 발열이 심하지 않은 반응에서는 물중탕 내에 물을 넣고, 여기에 플라스크를 집어넣어 냉각시키나, 더 효과적으로 냉각함에는 수도꼭지 밑에 플라스크를 갖다 대고 흔들면서 흐르는 물로써 냉각시키는 것이다. 100℃ 이상의 플라스크를 갑자기 냉각시키면 깨어지는 수가 많으므로 주의해야 한다.

빙냉(氷冷)은 얼음을 깨어서 물과 같이 섞어 냉각시키는데 얼음이 녹아 물이 많아지면 사이폰(siphon)을 써서 물을 제거하고 얼음을 추가하도록 한다. 물을 넣지 않고 얼음만을 쓰면 냉각효율이 좋지 않다.

한제(寒劑)로서는 보통 식염-얼음을 많이 쓴다. 식염 1部에 얼음 3部를 혼합한 한제로서는 −30℃ 정도까지도 얻을 수 있고, 염화칼슘이수화물 1.5 부와 얼음 1 부를 혼합한 한제로서는 −50℃ 까지도 이른다. 적당한 용기에 알코올을 넣고 드라이아이스(고체 CO_2)를 소량씩 넣으면 기포가 생기나 최후에 드라이아이스를 아무리 넣어도 기포가 생기지 않을 정도에 이르면 액은 젤리狀이 되며 온도는 −78℃ 정도까지 강하하게 된다.

2-7 실험실에서 볼 수 있는 간단한 기구류

- 간단한 기구류 : 시험관(test tube), 시험관집게(test tube holder), 피펫(pipet), 홀피펫(hole pipet), 뷰렛(buret), 플라스크(flask), 둥근바닥플라스크(round bottomed flask), 넓적바닥플라스크(flat bottomed flask), 메스 실린더(mess cylinder), 증류용플라스크(distilling flask), 삼각플라스크(Erlenmeyer flask), 비커(beaker), 알코올 램프(alcohol lamp), 분젠 버너(Bunsen burner), 클램프(clamp), 어댑터(adapter), 온도계(thermometer), 유리관(glass tube), 유리봉(glass rod), 고무관(rubber tube), 코르크(cork), 고무마개(rubber stopper), 증발접시(evaporating dish), 깔때기(funnel), 여과지(filter paper), 리트머스시험지(Litmus paper).
- 건조기(desiccator) : $CaCl_2$ 또는 진한 H_2SO_4 를 넣은 건조용 기구.
- 진공건조기(vacuum desiccator) : 감압건조용인 것.
- 킵스장치(Kipp's apparatus) : H_2, CO_2, H_2S 처럼 고체와 액체의 접촉으로 생기는 가스발생장치.
- 염화칼슘관(calcium chloride tube) : $CaCl_2$ 를 넣어서 수분의 흡수에 이용.
- 흡인병(suction bottle) : 감압용으로 사용되는 병.
- 뷰너깔때기(Büchner funnel) : 흡인여과에 사용되는 磁製깔때기.
- 보온깔때기(hot funnel) : 철제 맨틀(mantle) 속에 깔때기를 끼워 가열 여과에 사용.
- 냉각기(condenser) : 리비히, 알린, 그래함, 딤로트 등의 종류가 있다(본문 참조).

- 분액깔때기(separatory funnel) : 액층분리에 사용.
- 끓임돌(boiling stone) : 끓일 때 튐(bumping)방지용으로 넣는 小粒狀의 다공성 물질(보통 素燒板을 사용함).
- 受器(receiver) : 유출물(distillate)을 받는 용기(예 ; 삼각플라스크).
- 분류관, 정류관(fractionating column) : Hempel, Young, Wurtz, Widmer 등의 종류가 있다.
- 공기냉각기(air cooling condenser) : 리비히 냉각기의 내관만 있는 형태(본문 참조).
- 환류냉각기, 역류냉각기(reflux condenser) : 냉각관을 수직으로 장치하여 반응물의 氣化를 방지한다.
- 진공펌프, 회전펌프(vacuum pump or rotary pump) : 진공증류 및 감압에 이용.
- 크라이젠 플라스크(Claisen flask) : 주로 진공증류에 사용.
- 압력계(manometer), 교반기(stirrer), 물중탕(water bath), 기름중탕(oil bath), 모래중탕(sand bath), 삼구플라스크(three necked flask), 아스피레이터(aspirator), 에어이젝터(air ejector), 속슬레추출기(Soxhlet extractor), 수은봉교반기(mercury sealed stirrer), 가압솥(autoclave), 코르크압착기(cork press), cork borer(코르크에 구멍을 뚫는 기구), 세척병(washing bottle), 샬레(schale), 원추형비이커(conical beaker), 표준체(standard sieves), pH 미터(pH meter : H^+ 이온 농도를 측정하는 기계), 비중계(hydrometer).
- 머플로(muffle furnace) : 약 750~950℃의 고온로.
- 도가니로(crusible furnace) : 약 900~1200℃의 고온로.
- 화학천칭(化學天秤 : chemical balance), 상명천칭(上皿天稱 : platform balance, rough balance).
- 분동(weight), 라이더(rider) 1 mg.
- 표면장력측정계(tensiometer).
- 막자사발(mortar) : 磁製분쇄용 기구.
- 열량계(calorimeter : 발열량 측정기계).
- 비색계(colorimeter).
- 원심분리기(centrifuge).

3. 약품의 취급

3-1 용매의 정제

(1) 벤젠,　끓는점 80.1℃, 녹는점 5.5℃, 비중 0.8787(15℃)

불순물로서 톨루엔, 티오펜 (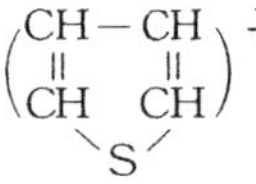) 등을 함유하나, 시판하는 벤젠은 한번 증류하면 대개의 목적에는 사용할 수 있다. 빙점강하법에 의한 분자량측정에 사용하는 벤젠은 특히 티오펜을 제거하고 동결정제한 후 증류하면 된다.

1) 티오펜의 검출 :　진한 황산 1 ml 에 이사틴 (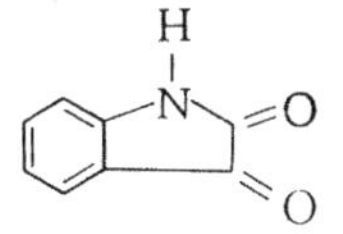) 10 g 을 녹인 용액을 시료로 벤젠 약 3 ml 와 함께 시험관에 취하여, 잘 흔든 후 방치시켜 두어 청녹색을 나타내면 티오펜을 함유한다.

2) 티오펜의 제거 :　시약병에 벤젠과 진한 황산의 용적비 10 : 1 의 비율로 취하여 교반기로써 교반시켜 황산이 전체에 미세하게 분산되도록 한다. 실온에서 약 2 시간 동안 교반한 뒤 분액깔때기에 옮기고, 하층의 흑갈색이 된 황산을 유출시킨다. 다시 진한 황산을 가하여 교반하고 황산이 겨우 착색될 정도가 될 때까지 이상의 조작을 계속 반복한다. 최후에 황산을 유출시킨 후 물로써 3 회가량 깨끗하게 씻고 염화칼슘을 소량 가하여 건조시킨 후 증류한다.

3) 동결정제 :　벤젠을 수분이 들어가지 않은 용기에 넣어서 얼음통에 넣는다.

전체의 1/4 이 유체로 남아 있을 때, 용기를 기울여 액체를 따른다. 동결한 벤젠을 녹인 후 다시 동결시키고 이 조작을 반복한다. 이때 최후에 남은 벤젠을 증류한다.

(2) 에탄올,　끓는점 78.3℃, 비중 0.789(20℃)

시판되는 무수알코올은 증류하는 것만으로도 에스테르화나 기타의 목적에 사용할 수 있다. 무수알코올이란 것이 소량의 물을 함유하고 있어서 이를 제거할 필요가 있을 때는 마그네슘 알코올레이트로써 탈수한다. 즉 2 l 의 둥근바닥플라스크에 마그네슘분말 5 g 과 무수알코올

60 ml 를 취하고, 2~3 방울의 사염화탄소를 가하고, 상단에 염화칼슘관을 단 환류냉각기를 사용하여 끓인다.

격렬한 반응이 일어나고 마그네슘의 대부분이 알코올레이트로 변하게 되면 무수알코올 90 ml 를 가하여 1 시간 동안 끓이면서 환류시킨다. 이때 알코올 중의 물은 마그네슘 알코올레이트와 반응하여 없어진다.

$$Mg(OC_2H_5)_2 + 2H_2O \longrightarrow Mg(OH)_2 + 2C_2H_5OH$$

가열이 끝나면 환류냉각기를 제거하고, 분류관을 사용하여 증류한다. 이때 분류관, 냉각기 등의 기구는 완전히 건조시킨 것이라야만 하며, 어댑터(adapter)는 염화칼슘관이 붙은 것을 사용하여, 受器와 氣密로 연결하고 외부로부터 습기가 들어가지 않도록 해야 한다.

시판되는 95 % 에탄올에서 무수에탄올을 만들기 위해 실험실에서는 대개 2 단계의 조작을 행한다. 즉 생석회와 끓여 대부분의 수분을 제거하고, 다시 상기한 마그네슘 알코올레이트에 의한 방법으로 탈수한다.

(3) 에테르, 끓는점 34.6℃

추출에 사용하는 에테르는 시판품을 물중탕에서 증류하는 것만으로 충분하다.

묵은(古) 에테르는 과산화물을 함유하므로 증류찌꺼기를 過熱하면 폭발하는 일이 있기 때문에 절대 기름중탕이나 직화(直火)로 가열해서는 안 된다.

이 과산화물은 약산성의 $FeSO_4$ 수용액(5 %)을 소량 가하여 흔들면 분해된다.

Grignard 시약에 사용할 에테르를 만들려면 먼저 염화칼슘을 가해서 하룻밤 방치하여 탈수하고, 습기를 피하면서 증류한 후 유출액에 금속나트륨선을 넣는다. 1 l 에 2 g 정도면 된다. 하룻밤이 지난 후 나트륨이 모두 부스러져 있으면 한번 더 나트륨선을 넣는다. 처음 넣을 때 결렬히 수소가 발생하기 때문에 에테르를 넣은 병이나 플라스크에는 염화칼슘관을 달아두면 좋다. 이때 잘못해서 밀폐가 되면 수소의 압력으로 인하여 마개가 튀거나 플라스크가 터지므로 밀폐를 해서는 안 된다. 탈수가 끝난 즉시 사용하는 것이 좋다.

(4) 메탄올, 끓는점 64.7℃

에스테르 합성이나 재결정에 사용하는 경우가 많다. 물중탕에서 증류하는 것만으로 충분하다. 에탄올과 달리 공비혼합물을 만들지 않으므로 시판품을 증류한 것은 99 % 정도의 순도를 가지며, 또한 생석회로 탈수가 되지 않는다.

(5) 사염화탄소, 끓는점 76.7℃

시판품에는 이황화탄소가 소량 함유되어 있는 경우가 있으나 그다지 방해가 되지 않는다. 물중탕에서 증류하여 사용한다. 건조시킬 때는 염화칼슘을 사용한다. 나트륨으로 건조시키면 폭발할 위험이 있으므로 주의해야 한다.

(6) 이황화탄소, 끓는점 46.5℃

Friedel-Crafts 반응의 용매로서 잘 사용한다. 보통 사용하는 용매 중에서 가장 인화하기 쉬워 주위에 불이 없도록 주의해야 한다. 이것의 증기는 공기보다 무거워 실험대 위에 퍼져 1 m 이상 떨어진 곳으로부터도 인화되는 일이 있다.

시판품은 황을 다소 함유하고 있다. 증류시에는 물중탕을 60℃ 정도로 가온한 후 불을 끄고 중탕에 플라스크를 대고 행한다. 불순물인 황화물은 1 l 에 대해서 $KMnO_4$ 5 g 을 가하고 하루 방치 후 여과하고, 수은을 소량 가하여 흔들어 주면 제거된다. 건조에는 염화칼슘이나 오산화인 (P_2O_5) 을 사용한다.

(7) 아세톤, 끓는점 56.5℃

증류한 후 사용하면 된다. 건조시 염화칼슘은 복염을 만들기 때문에 사용할 수 없고, 한번 용융시켜 탈수한 탄산칼륨 (K_2CO_3) 을 사용한다.

(8) 식초산, 끓는점 118℃, 녹는점 16.7℃

재결정이나 아세틸화합물의 합성에 잘 사용된다. 겨울에는 결빙해 있으므로 물중탕에 넣어 서서히 가열하여 녹여서 사용한다. 석면그물 위에서 증류하여 117°～118℃ 의 유분을 취한다. 115°～117℃ 의 유분은 소량의 물을 함유하나 재결정에는 이것으로도 충분하다. 물을 제거함에는 무수초산을 수분에 해당하는 양만큼 가하여 수시간 동안 끓이면서 환류시킨 후 증류하면 된다.

미량의 아세트알데히드를 포함하기 때문에 환원성 물질이 미량이라도 있어서는 안 될 경우의 실험에는 $KMnO_4$ 를 2 % 정도 가하고 수 시간 끓여서 연분홍색이 아직도 남아 있는 것을 확인한 후 증류한다.

(9) 석유에테르

방향족 탄화수소를 함유하나, 보통의 재결정 같은 데는 방해가 되지 않기 때문에 증류하여 20～60℃ 의 유분을 취하여 사용한다. 건조에는 염화칼슘 또는 금속나트륨을 사용한다. 불포화탄화수소나 벤젠 등을 제거하려면 분액깔때기 내에서 진한황산을 10 % 정도 가하고 잘 흔들어, 하층의 황산을 유출시킨 후 물, 알칼리 순으로 깨끗하게 씻어, 건조시킨 후 증류하면 된다.

(10) 리그로인 (ligroin)

석유 에테르와 마찬가지로 분별증류해서 60～80℃ 의 유분과 80～120℃ 의 유분을 취해둔다. 끓는점을 정확하게 알아두지 않으면 재결정 등에 사용했을 때 용매를 제거시킴이 곤란할 때가 있다.

(11) 클로로포름, 끓는점 61～62℃

안정제로서 미량의 알코올을 가해 두었기 때문에 이를 제거하고자 할 때는 진한 황산을 넣어 흔들고 물로 씻은 후 증류하면 된다. 건조는 염화칼슘으로 행한다.

3-2 약품의 순도 및 정제

무기약품의 순도는 대개 명시되어 있다. 보통 "화학용"을 사용하면 충분하다. 그러나, 유기약품의 경우는 순도가 명시되어 있지 않은 것이 많고, 또 명시되어 있어도 믿을 수 없는 것이 많다. 고체면 녹는점을 측정하고 불순하면 재결정하여 사용할 것이며, 액체면 증류하여 사용하는 것이 원칙이다. 그러나 유기합성에 사용하는 원료로서는 반드시 고순도의 것이 아니라도 무방하나, 순도가 확실하지 않으면 혼합비를 정하기 힘들다. 벤즈알데히드를 오래 묵

여두면 안식향산(benzoic acid)으로 일부 산화되기 때문에 순도가 나빠지며, 반응에 따라서는 전혀 사용할 수 없을 경우가 있다. 이것은 증류만으로는 정제되지 않기 때문에 에테르에 용해시키고 Na_2CO_3 수용액을 가해서 흔들어 산을 제거하고 감압증류하여 정제한다.

아닐린이 착색된 것은 아연분말을 소량 가해서 증류하면 깨끗이 정제되며, 무수초산은 시판품이 식초산을 다소 함유하고 있어 순도가 좋지 않으므로 分溜하여 136~137℃의 유분을 취하여 사용한다. 그러나 아민의 아세틸화 같은 반응에서는 134~136°C 정도의 유분으로서도 충분하다.

시약에는 특급, 1급, 2급, 공업용 등이 있으며, 특급시약은 보통 그대로 사용하는 것으로 생각해도 좋다.

칭량(稱量)은 합성실험에서는 상명천칭(上皿天秤 : platform balance)으로 충분하다. 분자량 측정 같은 특수한 실험에서는 화학천칭(chemical balance)이나 미량천칭(micro balance) 등을 사용해서 무게를 단다.

4. 유 리 세 공

유기화학실험에서는 복잡한 장치를 제작하는 유리세공은 그다지 없고 간단한 세공이 많다. 보통 유리세공으로 사용되는 유리는 연질유리이나, 그 외에 연화온도가 높은 경질유리나 연화온도가 훨씬 더 높고 열팽창률이 적은 파이렉스(Pyrex)유리도 있다.

연질유리는 연화온도가 400~450℃ 정도이며, 실험실에서 사용하는 유리관의 대부분은 연질유리이며, 유리봉은 거의 전부가 연질유리이다. 연질유리는 분젠버너나 알코올램프로서도 간단한 세공은 가능하나, 용접할 때에는 유리세공용 버너를 사용해야 한다. 다음에서 유기화학실험에 많이 사용되는 몇 가지 세공에 관하여 기술한다.

4-1 녹는점 측정용 모세관을 만드는 방법

지름 10~15 mm의 연질유리관을 10 cm 정도의 길이로 끊는다. 잘 씻어서 건조시키고, 양손으로 회전시키면서 가운데 부분을 버너로 가열하여 연화시키고 유리가 적황색이 되어 조금 밑으로 처지는 정도가 되면 불꽃에서 들어내어 양손을 일직선으로 서서히 당겨 늘어뜨린다. 급하게 늘어뜨리면 모세관이 너무 가늘어지기 쉬우므로 서두르지 말고 처음에는 천천히 당기다가 유리가 차차 식어지면 그때는 양손에 힘을 주어 힘껏 당기면 길고 균일한 모세관을 얻는다.

모세관의 지름은 1.5 mm 정도가 좋으나 끓는점 측정에는 이보다 더 굵은 모세관을 사용한

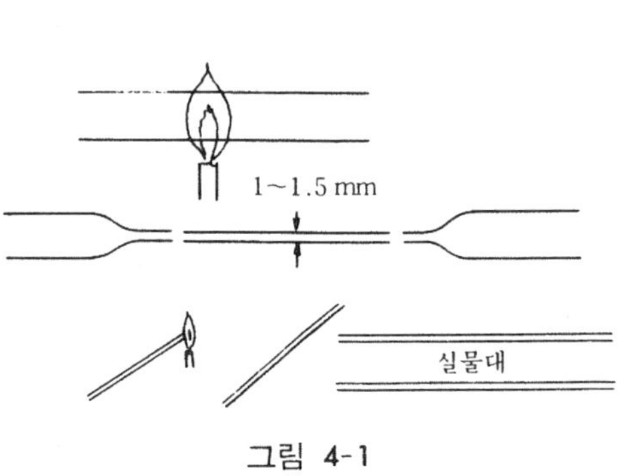

그림 4-1

다. 이와 같이 만든 긴 모세관은 줄로 끊어 6~8 cm의 길이로 만든다. 이때 끊는 방법은 줄을 모세관에 대고 5 mm 정도 앞으로 당겨 모세관에 금을 긋고 이를 살짝 잡아당기는 기분으로 굽히면 직각으로 깨끗이 끊어진다. 이 모세관의 한 끝을 작은 불꽃(이때는 알코올램프가 더 좋다)에 약 2 mm 정도 넣어 가열하여 봉한다. 모세관은 비커나 샬레(schale) 중에 넣어 뚜껑을 닫아 먼지가 들어가지 않도록 보관해 둔다.

4-2 감압증류용 모세관을 만드는 방법

감압증류를 할 때 튐(bumping)을 방지하기 위하여 모세관을 다는 경우가 많다. 이 모세관은 될 수 있는대로 가는편이 좋으나, 너무 가늘면 플라스크 내의 액이 끓을 때 부러지는 일이 있다. 지름이 7 mm 정도 되는 유리관의 한쪽 끝에 가까운 부분을 가열해서 가볍게 늘어뜨려 지름 약 3 mm 정도로 뽑고 이를 냉각시킨 후 3 mm 관의 끝을 작은 불꽃에서 다시 가열하고 軟化되면 불꽃에서 들어내어 재빨리 늘어뜨려 모세관으로 만든다. 이와 같이 하면 2 단계의 굵기가 되는데 모세관부분 적당한 길이의 곳을 손으로 그대로 부러뜨린다.

그림 4-2

이와 같이 만들면 모세관부분이 너무 길지 않아도 되고 증류중 부러지는 일이 적고, 또 한번 사용한 후 모세관부분을 위와 같이 늘어뜨려 몇 번이나 반복해서 사용할 수 있다.

여기서 주의할 점은 모세관이 너무 가늘기 때문에 이곳이 막혀버리는 일이 있는 점이다. 이것은 비커에 에테르 소량을 취하고 모세관 끝을 대고 유리관의 다른 끝을 입으로 불어본다. 구멍이 통해 있으면 모세관 끝에서 에테르 중에 작은 기포가 생길 것이므로 곧 알 수 있다.

4-3 직각으로 구부리는 방법

곧은 유리관을 직각으로나 나아가서는 U 자형으로 구부리는데 가장 중요한 것은 가열이다. 구부리고 싶은 부분을 버너에서 전부 균일하게 가열해야 하며 U 자형으로 구부릴 때는 직각으로 구부릴 때보다 더 가열을 충분히 해야 한다. 직각으로 구부리는 방법은 먼저 구부리고자 하는 부분을 균일하게 가열하는데, 이때 왼손바닥은 밑으로 향하고 오른손바닥은 위로 향하도록 유리관을 잡으면, 일정속도로 관의 양끝을 동시에 회전시키면서 관의 오른쪽 끝을 입으로 불 수 있는 위치로 가져오기 쉽게 된다.

관의 양끝을 꼭같은 속도로 회전시키는 조작은 숙달되기 전에는 어렵다. 이와 같이 충분히 가열하여 軟化가 되면 불꽃에서 들어내어 구부러진 부분의 중심이 밑으로 가게끔 하여 양끝을 위로, 수직방향으로 구부린다. 다 구부린 후에는 왼손가락으로 관을 막으면서 바른손으로 쥔 끝을 입으로 불어 관의 굵기가 같아지도록 한다.

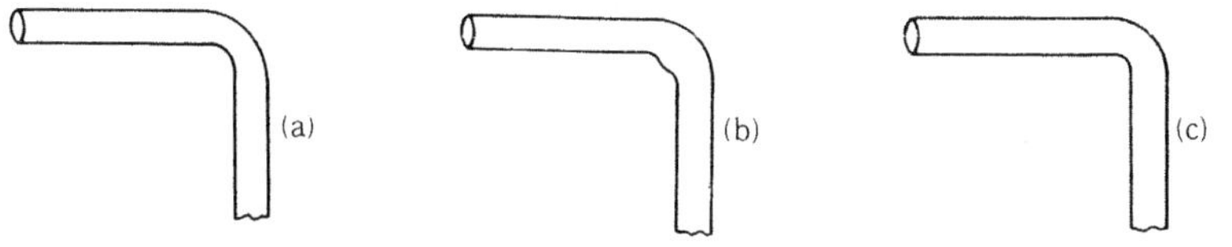

그림 4-3

그림에서 (a)는 가열이 불충분하고 (b)는 너무 입으로 불은 것이며, (c)가 잘 된 모양이다. 숙달되기까지는 좀처럼 잘 구부리기 힘드므로 반복해서 여러 번 해보는 것이 좋다.

5. 녹는점 측정

고체시료의 확인 및 순도를 결정함에 있어서 가장 기본적이며, 제일 먼저 행하는 방법이 녹는점 측정이다. 측정방법은 녹는점 測定管을 사용하여 이 관에 7분 정도까지 진한 황산(높은 끓는점 액체, 즉 340℃에서 분해함)을 넣고 온도계를 水銀球가 管球部 중앙에 위치하도록 고정시킨 후 고체시료의 분말 소량을 넣은 모세관을 작은 가지관을 통해서 황산중탕 중의 온도계의 수은구와 일치하도록(모세관 시료가 든 끝이) 고정시켜 直火(작은 불꽃으로)에서 서서히 가열하여 모세관 내의 시료가 녹을 순간의 온도를 읽으면 된다(이때 녹는점 측정관이 없으면 시료를 넣은 모세관과 온도계를 연결시켜 진한 황산중탕 중에서 가열하여 측정해도 무방하다).

녹는점측정에서는 정확도를 기하기 위하여 대개 2,3회 반복하여 측정함이 좋다. 즉 처음에는 온도상승을 비교적 빨리 시켜 그 시료의 대략적인 녹는점을 안 후, 다시 반복하여 행하되, 녹는점의 20℃ 정도 밑에 이르기까지는 매분 5~10℃ 정도로 온도가 상승하게끔 가열하고, 그 후는 불꽃을 작게 해서 매분 1~2℃의 온도상승속도를 유지한다. 온도상승속도가 너무 빠르면 황산중탕의 온도가 균일하지 못하기 때문에 녹는점측정에 오차가 생긴다.

온도가 녹는점 부근에 이르면 시료는 먼저 모세관의 벽에 붙어 있는 곳이 약간 젖은 것같이 되었다가(이 온도를 濕潤點이라 함) 다음에는 시료 전부가 젖은 것같이 된 후 液化가 시작된다. 액화가 차차 진행되어 최후에 고체가 없어진 온도를 녹는점으로 한다. 순수한 시료에서는 습윤점과 녹는점의 차이가 0.5℃ 정도 밖에 되지 않으나, 불순한 시료일수록 이 차이는 크다. 따라서 습윤점과 녹는점의 차이로서 대략적인 純度를 알 수 있다.

높은 녹는점을 가진 화합물(그러나 대부분의 유기화합물은 녹는점이 300℃ 이하임)의 녹는점을 측정할 때는 露出水銀柱의 보정을 해야 한다. 이를 위해서는 보조온도계를 달아서 液面上에 노출해 있는 수은주의 높이(이것을 눈금으로 나타낸 수치를 N이라고 한다)의 중간정도의 공기의 온도를 측정한다. 이 온도를 t', 未補正 녹는점을 t라 하면 보정한 녹는점은 다음 식으로 표시된다.

$$\text{보정 녹는점 [℃]} = 0.000154(t-t')N + t$$

(단 0.000154 = 유리와 수은의 팽창계수의 차)

보통의 녹는점 측정관을 사용하면 온도계의 0℃의 눈금이 중탕의 표면 위쪽에 오게 되고 0℃

이하는 눈금이 없는 것이 많으므로 이때는 0℃의 눈금으로부터 液面까지의 높이가 눈금으로 몇 도 되겠는가를 目測하여 그 값을 t에 더한 것이 N이 된다. 또한 액면이 0℃ 눈금 위쪽에 오게 되는 경우는 그 눈금 t''를 t에서 뺀 것이 N이 된다.

이 보정값은 200℃에서 2℃, 300℃에서 5℃ 정도가 된다. 시료의 녹는점을 보정한 값은 "녹는점보정" 또는 "M.P. cor."로 표시한다.

같은 녹는점을 가진 두 가지 시료에 대하여 이들이 동일물질인지 아닌지를 알아내는 방법으로 混融試驗(mixed melting point determination)을 행한다. 2종의 시료 A, B를 혼합하여 녹는점을 측정하면 兩成分이 동일물질이면 녹는점엔 변함이 없으나, A와 B가 성분이 다른 물질이면 녹는점은 순수물질의 녹는점보다 낮아진다.

【실 험】

모세관(지름 1~2 mm, 길이 8~10 cm)의 한쪽 끝을 봉하고 고체시료를 세분하여 이 모세관에 높이 약 3~5 mm 정도까지 넣는다(주의 1). 녹는점측정관에 진한 황산을 7분 정도까지 채우고 그림 5-1처럼 온도계를 水銀球가 관의 球部 중앙(황산 내)에 위치하도록 고정시킨 후 작은 가지관에 시료가 든 모세관을 삽입한다. 이때 수은구와 모세관의 시료가 든 쪽의 끝이 일치하도록 고정한 후 直火로써 서서히 가열하여 습윤점과 고체가 전부 녹아 액체로 될 때의 녹는점을 정확히 읽는다(주의 2).

주의

① 시료를 모세관에 注入시키는 방법은 모세관으로 시료 소량을 찍어서 유리관을 통해서 실험대 위에서 떨어뜨려 소량씩 주입하는 방식으로 반복 주입하면 된다.

② 旣知試料의 경우 녹는점의 측정값이 낮은 것은 불순한 징조이다. 이 때는 재결정을 다시 행해서 정제해야 된다(11장 재결정 참조).

【장 치】

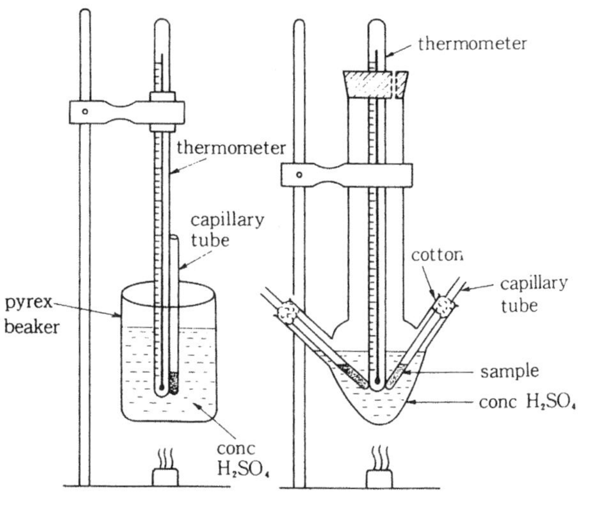

그림 5-1

6. 끓는점 측정

순수한 액체시료를 가장 먼저 확인하는 방법이 끓는점 측정이다. 끓는점이란 액체의 증기압이 外壓(보통 대기압)과 같아지는 온도를 말한다. 지금 대기압중에 있는 한 액체를 생각해 보면 이 액체가 나타내는 증기압은 상온에서는 비교적 낮으나 액체를 가열하면 온도가 상승함에 따라 증기압도 커져서 나중에는 증기압이 대기압(760 mmHg)에 도달하는 온도에 이르게 될 것이다. 이 온도가 그 액체의 끓는점이다.

끓는점을 측정하는 방법에는 여러 가지가 있으며, 측정할 액체시료의 양이 많을 경우에는 증류장치에 의해서 증류하면서 끓는점을 측정하지만, 시료의 양이 적을 때는 증류장치로서는 측정할 수 없고 다음의 실험방법들을 이용한다. 특히 이 실험에서의 둘째 방법은 미량을 사용한 측정방법이다. 이 실험에서 주의할 점은 실험기구를 깨끗이 씻고 완전히 건조시킨 후 측정하여야 한다는 점이다. 그렇지 않으면 실험오차가 너무 커지기 때문이다.

【실 험】

1) 시험관(지름 2.5~3 cm, 길이 20~21 cm)에 끓는점을 측정하려고 하는 액체시료를 약 30 m*l* 를 취하고, 그림 6-1의 (a)와 같이 液面 위쪽 2~2.5 cm에 온도계의 수은주가 오도록 장치하고 서서히 가열하여(불꽃을 작게 하여) 액체가 水銀球의 1 cm 높이 이상까지 끓어오르면서 온도계가 一定値를 나타낼 때의 값(溫度)을 읽는다.

2) **Micro method** 지름 5 mm, 길이 10 cm인 유리관의 한쪽 끝을 봉한다. 다음 이 管에 모세관(지름 1 mm 정도, 길이 7~8 cm 정도)을 봉한 끝이 위쪽에 오도록 넣는다. 큰 管에 시료를 1~2방울 넣고, 그림 6-1의 (b)와 같이 온도계에 연결한 후 기름중탕에 넣어 서서히 가열하여 모세관 外部에 기포가 심하게 발생하게끔 한 후 불을 제거하고 기름을 냉각시킨다. 이 때 온도강하에 따라 기포는 차차 적게 발생하게 되고 나중에는 기포발생이 그치며, 액체가 모세관 내로 上昇하게 된다. 이 때의 온도가 이 액체의 끓는점이 된다. 다음 다시 기름중탕을 서서히 가열하여 모세관 내의 액체가 나오면서 기포가 생기기 시작할 순간의 온도를 읽는다. 이 두 값이 시료의 끓는점 범위(boiling point range)이다.

주의

이 실험은 주의깊게 행하지 않으면 오차가 크며, 특히 micro method에서는 오차가 5℃ 또는 그 이상이 될 때가 있다.

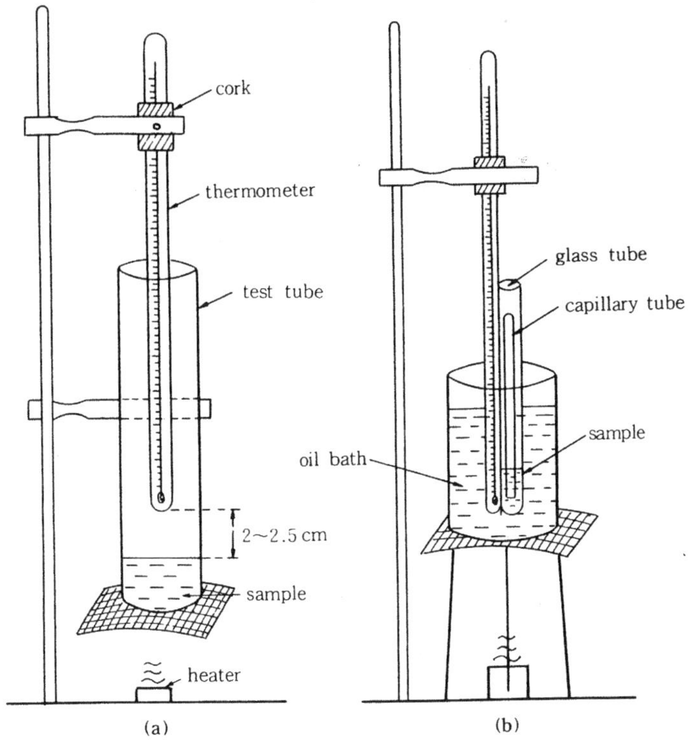
cork
thermometer
test tube
2~2.5 cm
sample
heater
(a)
glass tube
capillary tube
sample
oil bath
(b)

그림 6-1

7. 단순증류 (상압증류)

불순한 용매를 정제하고자 하는 경우나, 또는 難揮發性(높은 끓는점) 불순물을 함유하는 액체로부터 이 불순물을 제거하고자 하는 경우에 가장 많이 행하는 것이 單純蒸溜過程이다. 단순증류에서는 그림 7-1에서처럼 증류플라스크에 액체시료를 넣고 끓임돌(boiling stone) 2~3개를 넣은 후 코르크로써 온도계를 고정시킨다. 이때 온도계는 水銀球가 증류플라스크의 가지부분 약간 밑에 위치하도록 고정하는 것이 표준으로 되어 있다. 증류플라스크의 枝管에는 냉각기를 연결하고 냉각수는 밑에서 위의 방향으로 흐르도록 한다. 이때 가열은 물중탕(water bath), 기름중탕(oil bath), 모래중탕(sand bath) 또는 석면그물을 사용하는 등 시료에 따라 다르다.

증류장치를 클램프로써 고정시킬 때 유리기구가 파손되지 않도록 반드시 클램프와 유리 사이에 코르크板이나 헝겊같은 것을 끼우고 클램프를 서서히 죄어서 고정시킬 것은 물론이나, 주의할 점은 증류플라스크의 목을 고정시키는 클램프의 방향이다. 즉 이 방향은 실험하는 사람을 향하도록 한다(장치를 향해서 증류플라스크의 後方에 스탠드가 오도록 함). 그렇게 하지 않으면 냉각기를 더 경사지게 해서 응축된 액이 빨리 흘러내리도록 하려고 냉각기를 고정한 클램프를 낮추면 증류플라스크의 枝管이 접합부에서 부러지게 되며, 장치를 경사지게 조절할 수 없게 된다.

냉각기 끝에는 보통 어댑터(adapter)를 다는데, 이것은 溜出液(distillate)의 증발에 의한 손실과 인화를 방지하기 위함이다.

受器(receiver)는 보통 삼각플라스크를 많이 사용하며, 그 외에 여러 가지가 사용되지만 에테르의 증류와 같은 특수한 경우는 강력한 인화성으로 인한 화재를 예방하기 위해서 受器를 증류플라스크같은 것을 사용하고 枝管에는 고무관을 연결하여 실험대 밑으로 늘여뜨려서 에테르의 증기가 실험대 위에 퍼져 인화되는 것을 방지하기도 한다.

증류를 시작하여 유출액이 증류플라스크의 枝管 끝에서 최초의 한 방울이 떨어질 때의 온도를 그 액체시료의 初溜點이라 하며, 끓는점이 일정온도에 이르기까지에 유출되는 부분을 初溜分이라 한다. 보통 초류분에는 높은 끓는점 성분의 것도 다소 유출되므로 초류분을 따로 보관해 두었다가 증류가 거의 끝날 무렵에 증류를 중지하고 보관한 초류분을 합하여 증류를 계속함이 좋다.

【1】 혼합물의 증류

2종의 상호 용해하지 않는(혼합되지 않는) 액체의 혼합물을 증류할 때는 타성분의 방해로 인한 증기압강하는 거의 없고 각 온도에서 각각의 순수상태에서의 증기압을 나타내게 되므로 이 혼합물은 두 증기압의 합이 대기압과 같게 될 때 끓게 되며, 따라서 혼합물의 끓는점은 낮은 끓는점성분보다 낮은 끓는점을 나타낸다(水蒸氣蒸溜의 원리).

2종의 상호 용해하는 액체의 혼합물을 증류할 때는 한 성분의 증기압은 타성분 물질의 방해로 인해서 낮아지며 分壓의 합이 대기압과 같아질 때 혼합물은 끓게 될 것이므로 혼합물의 끓는점은 兩成分의 끓는점의 중간에 해당하는 끓는점을 나타낸다. 증류과정에서 낮은 끓는점 물질이 더 많이, 높은 끓는점물질은 적게 유출될 것이므로 혼합물의 끓는점은 점차로 높아진다.

공비혼합물(共沸混合物 : azeotropic mixture)은 일정한 조성의 액체혼합물이며, 이것은 증류해도 조성이 변하지 않는다. 공비혼합물은 낮은 끓는점성분보다도 낮은 끓는점을 가지며 중간의 온도범위에 오는 일은 절대로 없다. 보통 에틸알코올은 95.57%(중량)의 에탄올(bp 78.3℃)과 4.43%(중량)의 물을 함유하는 공비혼합물이며 끓는점은 78.15℃이다.

에탄올과 벤젠의 공비혼합물은 에탄올(bp 78.3℃) 32.4%, 벤젠(bp 80.1℃) 67.6%를 함유하며, 68.2℃에서 끓는다. 또한 이들 3성분으로 된 공기혼합물은 벤젠 74.1%, 에탄올 18.5%, 물 7.4%를 함유하며 64.9℃에서 끓는다. 無水알코올(absolute alcohol)은 95.57% 에틸알코올에 벤젠을 加해서 물을 휘발성 공비혼합물로 제거시켜서 만든다.

【온도계】

끓는점이 100℃ 이하인 액체를 증류할 때는 100℃의 온도계를 사용한다. 알코올온도계는 80℃ 이상에서 상당한 오차가 있으므로 보정해 두어야 한다. 수은온도계는 비교적 오차가 적다. 끓는점이 100℃ 이상의 물질이 함유되어 있으리라 예상될 때는 200℃, 250℃ 또는 360℃의 온도계를 사용한다. 이것도 비등수증기(沸騰水蒸氣)로 보정해 두는 것이 좋다.

【끓임돌】

끓임돌은 튐(bumping)을 방지하기 위해서 가하는 것이다. 튐이란 액체가 끓는점까지 가열되어도 끓지 않고 있다가 훨씬 過熱된 후에 어떤 충격에 의해서 갑자기 끓게 되는 현상을 말하는데, 튐현상이 일어나면 액이 냉각기쪽으로 넘치든지 심하면 증류플라스크가 파열되기까지 한다. 끓임돌을 가하면 이 부분에서 기포가 일정하게 발생하게 되며 증류를 더 빨리 또 원만히 완료할 수 있다.

끓임돌에는 여러 가지가 있으나 가장 보편적으로 사용되는 것이 素燒板을 작게 분쇄시킨 조각을 사용하는데, 이 조각은 진한 염산으로 처리하고 끓인 후 뜨거운 물로 잘 씻고 공기중탕(air bath)에서 건조시켜서 사용한다. 이 끓임돌 대신에 자주 사용되는 것은 긴 모세관의 한쪽 끝을 봉하고 봉한 끝이 증류플라스크의 목에까지 닿고 개방된 끝이 플라스크의 바닥에 닿도록 하여 행하면 되나, 튐현상을 방지하는데는 그다지 효과가 확실치 않다.

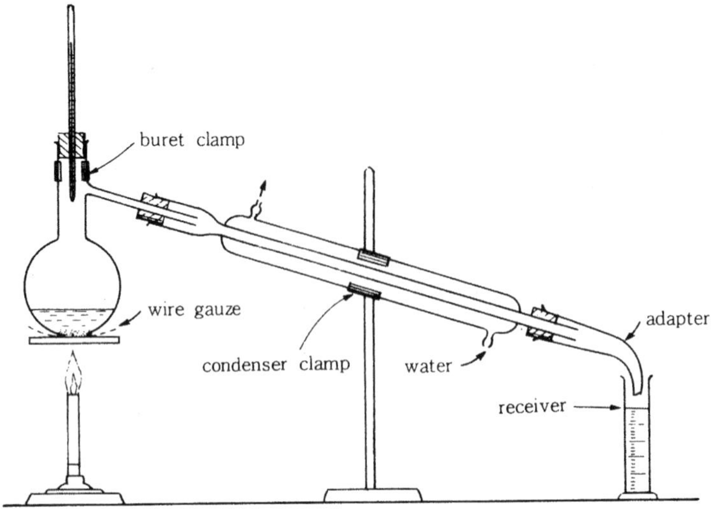

그림 7-1

【실 험】

① 정확한 증류장치를 조립하는데 중점을 두어 장치조립을 행해 본다. 이것이 끝나면 끓임돌 2～3개를 증류플라스크에 넣고 수도물을 시료로 사용하여 증류를 행하여 증류수를 만들어 보는 예비실험을 행한다.

② 깨끗이 씻은 후 건조시킨 50 ml 증류플라스크에 톨루엔(bp 110.6℃)과 사염화탄소(bp 76.7℃)를 각각 10 ml씩 취하고 끓임돌을 2～3개 넣고 受器로서는 10 ml의 메스실린더를 사용하여 서서히 증류하여 다음 溜分들에 대한 溜出液의 ml수를 기록한다.

유분 A : 82℃ 까지
유분 B : 82～93℃ 까지
유분 C : 93～104℃ 까지
유분 D : 104～111℃ 까지
E : residue

8. 분별 증류

2종 이상의 여러 가지 성분을 포함하는 시료로부터 각 성분을 증류에 의해서 분리하는 조작을 分別蒸溜(fractional distillation) 또는 간단히 약해서 分溜라 한다. 單純蒸溜(simple distillation)로서는 각 성분의 끓는점의 차이가 작을 경우에는 분리가 불가능하다.

예를 들면 벤젠과 톨루엔(끓는점 차이 30℃), 사염화탄소와 톨루엔(끓는점 차이 33℃) 등의 혼합물을 단순증류에 의한 분리를 행하면 끓는점이 일정한 때는 거의 없으며, 끓는점이 일정한 부분이 극히 소량 溜出되어도 조성은 단일성분이 아닌 他成分을 상당히 함유하게 된다. 이들을 거의 순수하게 각 성분으로 분리하는데, 단순증류로서는 수없이 반복해야만 가능한 것이다. 그러나 分溜管을 사용해서 분별증류를 행하면 간단히 분리할 수 있게 된다.

【분류관】(fractionating column)

분류관은 증기의 부분적인 응축과 응축액의 부분적인 蒸氣化를 계속할 수 있는 효능을 갖도록 설계된 것으로 증기와 응축액간의 접촉면이 커서 쉽게 열평형에 도달할 수 있도록 만들어진 것이다. 분류관에는 여러 가지 종류가 있으나, 대표적인 것 몇 가지를 그림 8-1에 나타낸다.

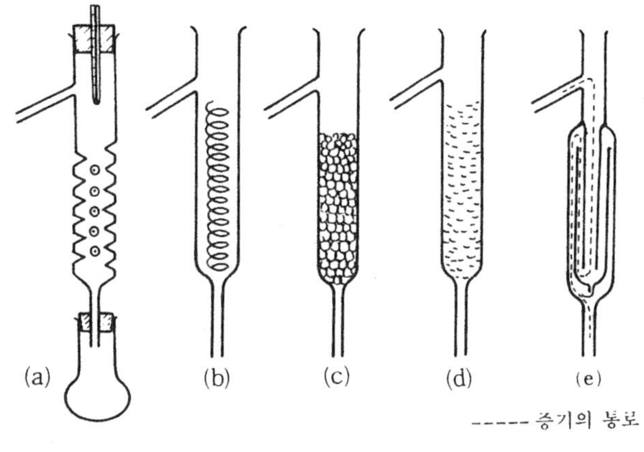

그림 8-1

(a)는 매우 간단한 것으로 Vigreux column이라 불리우며, 분류효과는 그다지 좋지 않다. (b)는 나사형의 유리(glass spiral)를 넣은 것이다. (c)는 작은 유리공(glass ball)을 넣은 것으로 Hempel column이라 불리우며, 상당히 효율이 좋다. 유리공은 지름 5 mm 정도로 만들어 넣는다. (d)는 유리공 대신에 유리로 된 작은 나사모양의 조각들을 넣은 것으로 Hempel column보다도 더 효율이 좋다. (e)는 充塡物을 사용하지 않는 것으로 Widmer column이라 불리우며, 상당히 효율은 좋으나 충전물을 사용하는 분류관보다는 효율이 나쁘다. 그림에서 점선은 증기의 통로를 나타내는데, 통로의 길이는 분류관길이의 약 3배 정도가 된다.

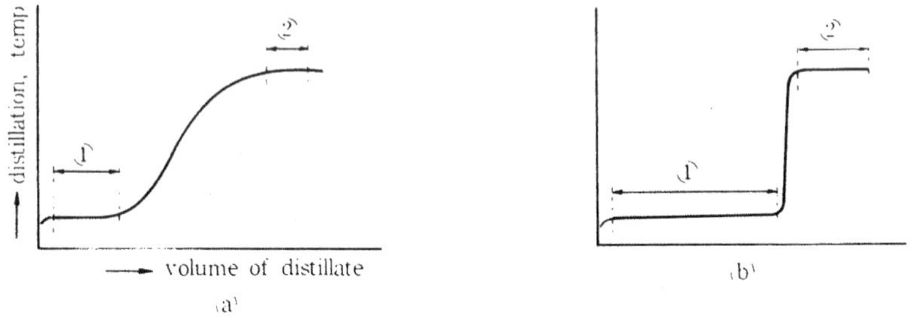

그림 8-2

어떤 형태의 분류관을 사용하든지 간에 분류효과를 좋게 하려면 증류속도를 느리게 해서 위로 올라가는 증기와 응축해서 아래로 떨어지는 액체간에 열평형이 성립되도록 해야 한다.

그림 8-2에서 (a)는 효율이 나쁜 분류관을 사용한 경우이고, (b)는 효율이 좋은 분류관을 사용한 것이다. 일정한 끓는점의 부분 ① 및 ②의 차이가 (b)의 경우가 더 크고 유출액의 양도 많다.

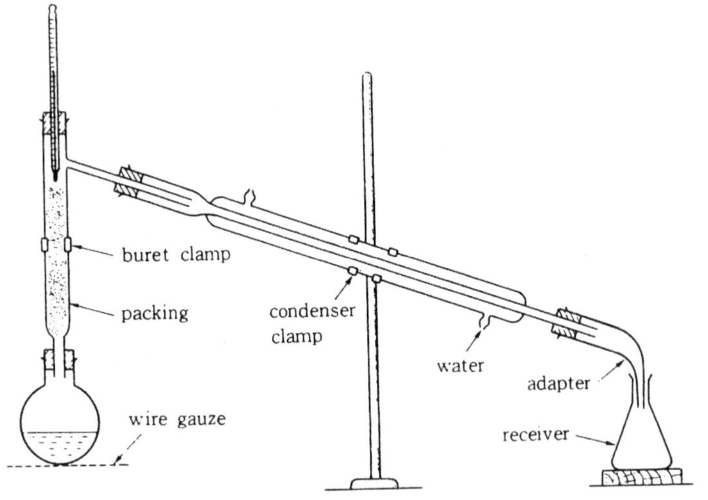

그림 8-3

【실 험】

200 ml 둥근바닥플라스크에 메탄올과 물의 혼합물 120 ml 를 넣고, 그림 8-3 과 같이 Hempel column 을 연결하여 장치한 후 온도계를 水銀球가 컬럼의 枝管 약간 아래쪽에 위치하도록 코르크로써 고정한다. 이때 Hempel 컬럼의 충전물로서는 유리공이 좋으나, 없으면 그 대신 작은 유리관을 길이 1.5 cm 정도로 절단한 조각들을 사용한다.

컬럼의 외부는 석면종이 같은 것으로 싸서 外氣와의 접촉으로 인한 냉각을 방지함이 좋다. 가열은 서서히 석면그물 위에서 행할 것이며, 1분간에 약 2 ml(60 방울정도)가 유출되는 속도로 행함이 좋다. 溜出分은 다음과 같은 부분으로 모은다.

A : 64~70℃, B : 70~80℃, C : 80~90℃, D : 90~95℃, E : residue

5 개의 병에 A, B, C, D, E 로 표지를 각각 붙이고 위와 같은 溜分을 깨끗이 모은다.

9. 감압증류 (진공증류)

액체의 끓는점이란 그 액체가 나타내는 증기압이 外壓(보통 대기압, 760 mmHg)과 같아지는 온도이기 때문에 감압장치를 사용하여 증류하면 액체의 끓는점은 대기압하에서의 끓는점보다 낮아지며, 감압도가 크면 클수록 끓는점도 낮아져서 비교적 저온에서도 증류할 수 있다. 이와 같은 증류를 진공증류(vacuum distillation) 또는 감압증류(distillation under diminished pressure)라 한다.

진공증류는 높은 끓는점을 가진 물질이 가열될 때 분해하거나 또는 산화하거나 하는 경우 행하는 정제방법으로서, Pyrex 세 둥근바닥플라스크나 두터운 吸引플라스크 등을 사용하여 행하는 것이 좋으며, 초심자는 주의해서 행해야 한다.

9-1 증류장치

클라이젠 플라스크의 곧은 목에다 모세관을, 다른 목에다 온도계를 꽂는다. 이 모세관 (주의 1)은 정상적으로 끓게 하고 튐을 방지하기 위한 것으로서, 가늘고 잘 구부러지는 것이어야

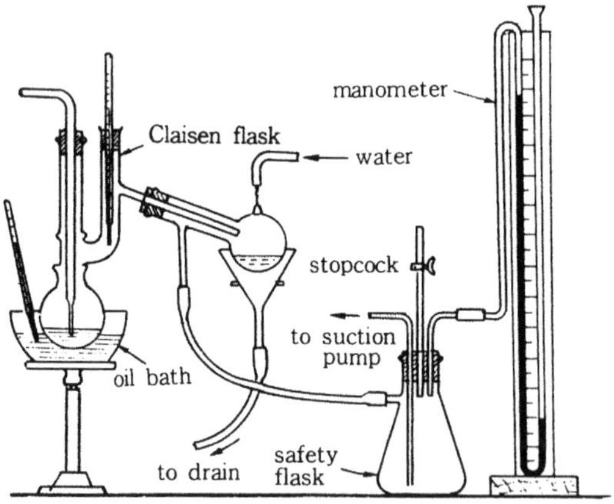

그림 9-1 **Vacuum distillation 장치**

한다.

클라이젠 플라스크의 크기는 증류하려는 액이 절반까지 찰 것을 택할 것이며, 가열은 일정하게 하기 위해서 기름중탕이나 모래중탕을 이용한다. 이때 중탕의 온도는 대개 증류증기의 온도보다 15~20℃ 정도 높아야 한다. 受器는 플라스크를 사용하며 클라이젠 플라스크의 枝管이 受器의 球部까지 닿도록 하며, 受器는 큰 깔때기 위에 올려 놓고 직접 찬물을 흘려내려서 냉각시킨다. 이와 같은 냉각법은 약 50℃ 이상에서 증류되는 액체에 적합하고, 50℃ 이하에서 증류되는 액체에 대해서는 다른 냉각방법을 고안하여야 한다.

장치의 모든 연결은 단단하게 해야 하며, 관과 마개의 질이나 크기에 이르기까지 특별한 주의를 해야 한다. 고무마개는 꼭 맞게 연결하기가 용이하므로 자주 사용되지만 경우에 따라서는 용출액을 오염시키기 쉬우므로 양질의 깨끗한 코르크가 적당하다. 그러나 코르크를 사용할 때에는 꼭 맞게 연결시키는데 더욱 숙달과 주의를 필요로 한다. 코르크는 사용 전에 반드시 코르크 압축기로서 회전압축하여야 하며, 그 크기는 플라스크의 주둥이 속에 들어가는 코르크의 부분이 1/2 이상이 되어서도 안 되고, 1/4 이하가 되어서도 안 된다(주의 2).

안전병은 증류장치나 압력계 속으로 역류하는 물을 막기 위한 것이다. 만일 물이 장치 내로 역류하기 시작하면 콕(cock)을 열어 장치 내의 압력을 상승시켜서 역류를 방지한다.

9-2 흡인펌프

효율이 좋은 아스피레이터(aspirator)는 증류할 때의 水温의 증기압까지 흡인할 수 있다. 증류장치가 조금도 새지 않으면 압력계를 사용하지 않아도 수온을 측정하면 표 9-1에서 대략적인 압력은 알 수 있다. 기름펌프를 사용하면 0.1 mmHg 정도의 低壓까지 감압할 수 있으며, 보통 2~3 mmHg 정도는 가능하다.

표 9-1 물의 증기압(mmHg)

t	p	t	p	t	p	t	p
0°	4.58	20°	17.41	24°	22.18	28°	28.10
5°	6.53	21°	18.50	25°	23.54	29°	29.78
10°	9.18	22°	19.66	26°	24.49	30°	31.55
15°	12.73	23°	20.88	27°	26.50	35°	41.85

9-3 압력계(manometer)

장치 내의 압력은 閉管水銀壓力計나 또는 開管水銀壓力計를 사용하는데, 폐관압력계의 경우는 좌우 兩管의 수은기둥의 높이의 차이가 그대로 진공도가 되나, 개관압력계의 경우는 좌우 양관의 높이의 차이를 대기압에서 뺀 것이 眞空度가 된다.

9-4 증류조작

장치를 조립하고, 증류할 물질을 클라이젠 플라스크에 넣은 후 펌프로 감압한다. 감압이 충분히 되었을 무렵에 압력계의 콕(cock)을 열고 氣密을 검사한다. 압력계가 펌프의 성능에 알맞는 감압도를 나타내고 모세관 끝에서 작은 기포가 연속해서 생기면 된다.

마개와 유리 사이에서 새는 것은 그 곳에 물이나 유기용매를 적셔보아 흡인되는가를 보면 곧 알 수 있다. 모세관에서 생기는 기포가 너무 크든지 너무 빠르든지 하면 윗부분의 콕을 서서히 죄어서 조절한다. 이때 너무 조이면 기포가 생기지 않게 되므로 가는실 같은 것을 고무관 내에 넣고 꼬집어 놓으면 좋다. 아민이나 페놀류처럼 산화하기 쉬운 물질을 감압증류할 때는 질소가스를 모세관에 통하게 한다.

가열은 펌프로 감압하여 일정한 진공도가 유지된 후 행하여야 한다. 가열한 후 감압하면 급격하게 액체가 끓게 되어 액이 넘치는 수가 있으므로 절대로 가열을 먼저 해서는 안 된다.

또한 처음 장치의 조립이 불완전해서 마개와 유리 사이에 새는 곳이 있으면 증류중에 액이 틈에 끼워져 液膜을 형성하여 갑자기 진공도가 높아지며 급격하게 액이 끓게 되어 냉각관쪽으로 액이 넘치는 수가 있으니 이때는 즉시 중탕(bath)을 제거하여 가열을 중지해야 한다.

증류를 중지할 때는 먼저 가열을 중지하며, 중탕을 제거하고, 플라스크를 약간 냉각시킨 후, 압력계의 콕을 닫고(주의 3), 모세관의 pinch cock을 개방한 후 안전병의 콕을 열어 서서히 常壓으로 되게 한 다음 감압을 중지한다.

9-5 끓는점과 압력과의 관계

어떤 물질의 760 mmHg에서의 끓는점으로부터 어떤 감압상태에서의 끓는점을 산출할 수는 없다. 이것은 끓는점과 압력과의 관계는 물질에 따라 다르고 일괄적으로 예측할 수 없기 때문이다. 그러나 유기화합물의 끓는점곡선은 다음의 곡선에서 보는 바와 같이 대략 비슷한 경향을 가진다. 760 mmHg에서 150~250℃ 범위 내에 끓는점을 가진 물질이 20 mmHg에서는

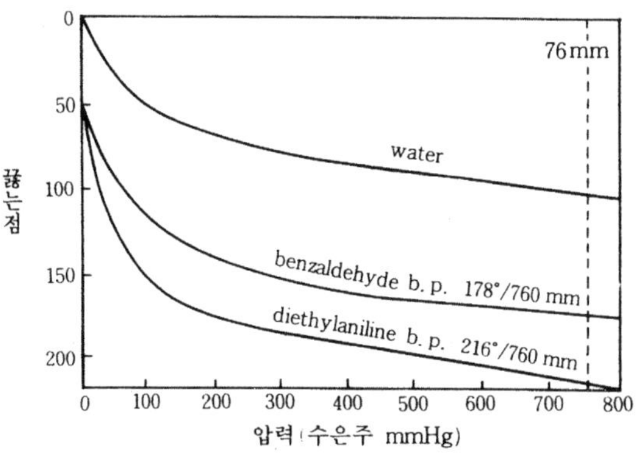

그림 9-2 끓는점 곡선

50~130℃ 의 범위 내에 끓는점을 가진다. 벤즈알데히드는 정상의 끓는점(178℃)에서는 공기 산화되기 쉬우나, 20 mmHg 에서는 76℃ 에서 끓게 되며, 이때의 O_2 의 농도는 상압의 경우의 20/760, 즉 3 % 에 지나지 않게 된다.

압력이 감소할 때 끓는점이 낮아지는 비율은 高壓인 경우보다 低壓인 경우가 더 크다. 예를 들면 대기압에서 10 mm Hg를 감압해도 끓는점은 겨우 1℃ 정도밖에 낮아지지 않으나, 20 mm Hg 로부터 10 mm Hg로 감압하면 끓는점은 약 15℃ 나 낮아진다. 압력이 1 mmHg 이하가 되면 이 경향은 더욱 현저하다.

표 9-2 각종 압력하에 있어서의 어떤 물질(假定)의 증류

방 법		압력(mmHg)	끓는점
常壓蒸溜		760	250°
水流펌프	여 름	25	144°
	겨 울	15	134°
oil 펌프	惡條件	10	124°
	好條件	3	99°
	특히 좋은 조건	1	89°
水銀擴散펌프		0.01	30°

주의

① 모세관은 지름 7~8 mm인 보통 유리관의 한쪽 끝을 가열한 후 잡아당겨 모세관을 만들고, 다시 작은 불꽃에서 이 모세관을 가열하여 잡아당겨 몹시 가늘고 실같이 잘 구부러지는 모세관을 만든다. 실같은 모세관은 그 끝을 에탄올이나 에테르 속에 넣고 그 관에 바람을 불어넣어 보아서 몹시 미세한 기포의 가는 줄기가 발생하는 것이면 된다. 모세관의 윗부분은 고무관을 끼우고 이 고무관을 pinch-cock 으로 꼬집어 이 콕으로써 공기의 양을 조절한다.

② 장치를 연결한 후 collodion 을 얇게 발라둠으로써 그 다공성인 것을 적게 막을 수 있으며, 더 튼튼히 연결할 수 있다. 즉 외부의 압력은 collodion 을 코르크의 구멍으로 들어가도록 만든다.

③ 만일 이때 콕을 닫지 않으면 閉管압력계의 경우는 수은기둥의 급격한 요동으로 유리관이 파열된다.

10. 수증기 증류

물과 혼합되지 않는 물질을 물과 함께 끓이면 물의 증기압과 그 물질의 증기압의 합이 대기압에 도달하는 온도에서 그 혼합물이 끓게 되고 그 물질은 수증기와 함께 따라나오게 된다. 그러므로 높은 끓는점을 가진 물질이라도 100℃ 이하에서 유출되는 경우가 많으므로 진공증류와는 다른 방법으로 열분해하기 쉬운 물질을 분해시키지 않고 혼합물로부터 분리 정제할 수 있다. 또한 역으로, 니트로벤젠처럼 수증기증류되는 높은 끓는점을 가진 용매에 수증기증류되지 않는 물질이 용해되어 있을 때에도 용매(니트로벤젠)의 끓는점(210℃)까지 가열하지 않고도 용매를 추출시킬 수 있다.

뿐만 아니라 페놀을 니트로化(nitration)할 때 생성되는 두 이성체, *o*-니트로페놀과 *p*-니트로페놀은 재결정으로 분리하기 어렵지만 수증기증류하면 *o*-니트로페놀만이 수증기증류되어 나오기 때문에 간단히 분리할 수 있다(이때 *o*-니트로페놀만이 수증기증류되는 이유는 *o*-니트로페놀은 *o*-위치에 있는 니트로基와 히드록시基 간의 수소결합으로 인한 킬레이트 고리를 형성하기 때문이다).

물질 1 g을 溜出시킴에 필요한 물의 양은 물질에 따라 다르며, 증기압이 더 큰 물질일수록 물은 적게 필요하다. 이때 물의 양은 유출액의 끓는점을 측정해서 그 온도에 있어서의 수증기압 pH_2O를 數値表에서 찾으면 다음 식에서 구할 수 있다.

$$P = p\,H_2O + p\,\text{sample}$$

$$\frac{\text{물의 mole 수}}{\text{sample 의 mole 수}} = \frac{p\,H_2O}{p\,\text{sample}}$$

분자량을 도입하면,

$$\frac{\text{물의 중량}}{\text{sample 의 중량}} = \frac{p\,H_2O \times 18}{(760 - p\,H_2O) \times (\text{sample 의 분자량})}$$

例 Nitrobenzene의 유출온도 99℃, Nitrobenzene 1 g을 수증기증류하는데 필요한 물의 양을 계산하면,

$$x = \frac{733.2 \times 18}{(760 - 733.2) \times 123} = 4.05$$

단, 733.2 = 99℃ 에서의 pH_2O
18 = 물의 분자량
123 = nitrobenzene 의 분자량

표 10-1 에서 몇 가지 물질에 대하여 수증기증류할 때의 유출온도 및 각 물질 1g을 유출시키는 데 필요한 물의 양을 나타낸다.

표 10-1

물 질	끓는점(℃)	溜出温度(℃)	※ 1g을 水蒸氣蒸溜하는데 필요한 물의 量(g)
Benzene	80.1	69.3	0.10
Nitrobenzene	210.0	99	4.05
Bromobenzene	155.5	95	0.62
Iodobenzene	188.5	98.2	1.30

※ 이 값은 필요한 물의 최소량을 나타내며, 실제로는 더 많은 물이 사용된다.

【장 치】

그림 10-1 의 (a)에서 A 는 수증기발생기이며, 물을 반정도까지만 넣고 버너로써 가열한다. 1m 길이의 유리관 c 를 바닥부분 가까이까지 닿도록 꽂아 압력의 안전관으로 사용한다. A 는 큰 둥근바닥 플라스크에 안전관을 단 (b)와 같은 장치로도 대용할 수 있다. 이때 끓임돌을 넣는 것을 잊어서는 안 된다.

B 는 수증기가 발생하기 시작할 때 도중에서 응축해서 물이 고이게 되므로 이것을 제거하기 위한 것으로 밑방향에는 고무관을 달고 pinch-cock a 를 달아둔다. a 는 처음에는 열어두었다가 수증기가 많이 통하게 되면 닫을 것이며, 또 증류하는 도중 물이 많이 고이게 되면 이것을 열어서 물을 제거한다. 증류가 끝나면 수증기발생기의 가열을 중지하기 전에 콕을 열어서 물질이 역류하지 않도록 한다. C 는 물질을 넣은 플라스크이며, 여기에는 밑부분까지 닿는 수증기도입용 유리관 b 와 냉각기에 연결하기 위한 짧은 유리관 d 를 단다. C 를 기울이는

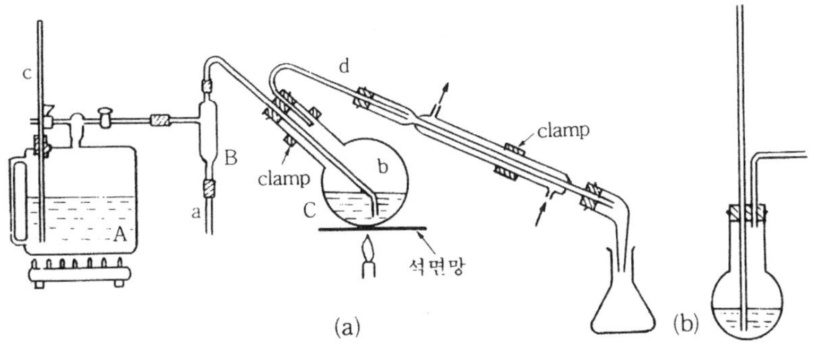

그림 10-1

것은 액이 튀어 냉각기로 나가는 것을 방지하기 위함이다. 플라스크 C는 수증기를 통과시키기 전에 미리 가열해 두어야 하며, 그렇지 않으면 액이 끓는점까지 가열되는데 수증기가 응축되어 액량이 증가하게 된다.

【실 험】

둥근바닥플라스크에 브로모벤젠 10 ml(15 g)와 물 약 50 ml를 취하고 이를 수증기증류한다. 유출물을 시험하여 물에 불용성인 유분이 유출되지 않을 때까지 증류한다. 다음 브로모벤젠과 물의 혼합물로 된 유출액을 분액깔때기에 옮기고 브로모벤젠을 분리한다.

11. 재 결 정

고체물질을 정제하는 가장 일반적인 방법이 재결정법이다. 고체를 용매에 용해시켜 더운 상태에서 포화용액을 만들어 여과한 후 냉각시켜 다시 결정으로 석출시키는 방법이다. 이때 미량으로 함유되어 있는 불순물은 *母液* 중에 용존하기 때문에 제거된다.

11-1 용매의 선택방법

고체시료 소량(20 mg 정도)을 작은 시험관에 취하고 용매 0.5 ml 정도를 가한 후 가는 유리봉으로 細粉하여 차가운 상태에서 용해하는가를 시험한다. 차가울 때에 너무 용해하면 재결정에 적합하지 못하므로 다른 용매에 대해서 시험한다. 차가울 때 용해하지 않으면 물중탕에서 가열해 본다. 전부 용해하면 易溶性 용매이다. 일부 고체가 남으면 용매를 소량씩 추가하여 전부를 용해시킨다. 이때 거의 용해하지 않으면 難溶性 용매이며 재결정에 부적당하다.

뜨거운 용액을 얻게 되면 放冷시킨 후, 수도물로 외부를 냉각시키고 유리봉으로 내벽을 긁어 결정의 석출을 촉진시킨다. 냉각시켜 다량의 결정이 석출하면 재결정에 적합한 용매이다.

차가울 때 難溶인 것을 가열하여 용해시킨 후 냉각해도 결정이 용이하게 석출하지 않는 경우가 많다. 이때는 고체시료를 미량 가하고 유리봉으로 내벽을 긁으면 결정이 석출하게 된다. 용해도시험은 다음과 같은 용매에 대해서 행해 보면 일반적으로 충분하다. 물, 알코올, 벤젠, 석유에테르, 클로로포름, 초산과 이들 외에 아세톤, 에테르, 리그로인, 사염화탄소, 이황화탄소, 크실렌, 초산에틸, 니트로벤젠 등이 사용되며, 혼합용매로서는 물-에탄올, 벤젠-알코올, 물-초산, 석유에테르-벤젠 등이 사용된다.

어떤 용매에 잘 용해하는가를 정확히 예측할 수는 없지만 시료와 구조가 비슷한 용매에 일반적으로 잘 용해한다(like dissolves like)는 일반측에 비추어 시료의 화학구조를 알고 있으면 대략적인 것은 예측할 수 있다. 예를 들면 산성물질은 물, 알코올, 초산에 용해하고, 에스테르는 초산에틸, 초산에 용해하며, 탄화수소는 석유에테르에 용해한다. 또한 시료와 반응할 우려가 있는 용매를 사용하지 말 것은 물론이다. 산의 재결정에 알코올을 사용하면 에스테르가 생성하는 일이 있고, 에스테르의 재결정에 알코올을 사용하면 에스테르교환반응이 일어나는 경우가 있다.

표 11-1 보통 사용되는 용매

용 매	bp	fp	비 중	물과의 혼합성	가 연 성
물	100°	0°	1.0	+	0
Methanol	64.8°	<0°	0.79	+	+
95 % Ethanol	78.1°	<0°	0.81	+	++
Acetic acid	118°	16.7°	1.05	+	+
Acetone	56.5°	<0°	0.79	+	+++
Ether	34.6°	<0°	0.71	−	++++
석유 Ether	30~60°	<0°	0.64	−	++++
Ligroin	65~75°	<0°	0.67	−	+++
Benzene	80.1°	5°	0.88	−	++++
Chloroform	61.2°	<0°	1.48	−	0
四鹽化炭素	76.7°	<0°	1.59	−	

11-2 재결정에 사용하는 장치

플라스크는 삼각플라스크를 사용하는 것이 보통이다. 가열은 100℃ 이하의 끓는점을 가진 유기용매인 경우는 물중탕을 사용하며, 용매가 물이면 석면그물 위에서 버너로써 가열한다. 100℃ 이상의 끓는점을 가진 유기용매의 경우도 물의 경우처럼 석면그물 위에서 버너로 가열할 것이나 튐을 방지하기 위해서 끓임돌을 넣는 것을 잊어서는 안 된다. 여과에는 유리로 된 보통 깔때기(funnel)를 사용하는 경우와 아스피레이터(aspirator)를 사용하여, Büchner 깔때기〔그림 11-1 (a)〕 또는 Hirsch 깔때기〔그림 11-1 (b)〕를 사용하는 경우, 보온깔때기(hot funnel)〔그림 11-1 (c)〕을 사용하는 경우 등이 있다.

Büchner 깔때기를 사용할 때 여과지(filter paper)의 크기는 깔때기의 內徑보다 조금 작게 하여 밑부분에 맞도록 하여 여과시에는 아스피레이터로 흡인하면서 용액과 같은 용매로 여과지를 적셔 깔때기 밑부분에 밀착시킨 후 행하며, Hirsch 깔때기를 사용할 때는 밑부분보다 지

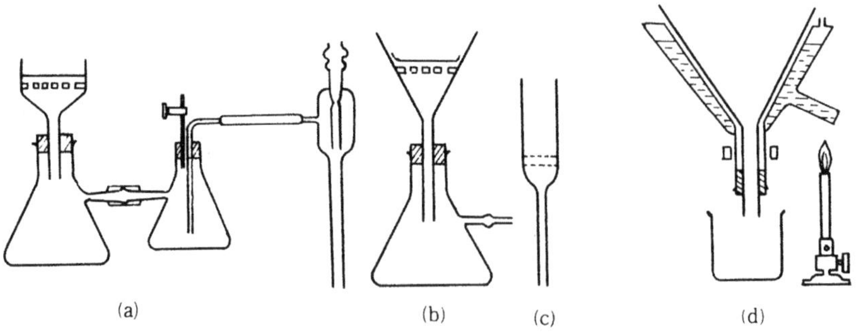

(a) (b) (c) (d)

그림 11-1

름이 약 5 mm 정도 크게 여과지를 끊어 얹고 용매로 적셔 흡인하면서 유리봉으로 눌러 밀착시킨 후 여과한다. 보온깔때기는 銅製맨틀 내에 깔때기를 꼭 맞게 끼우고 그 사이에 물을 넣어 가열하여 깔때기를 덥게 하여 여과하는 장치이다.

이상과 같은 빠른 흡인여과장치가 이용될 수 없는 경우, 보통여과(여과지를 4 절로 한 후 원추형으로 해서 행하는)보다 좀더 빠르게 뜨거운 용액을 여과하는 방법으로 접은 여과지(folded filter paper)를 사용할 수도 있다.

11-3 접은여과지(folded filter paper)를 접는 방법

원형여과지를 반으로 접어 반원 AOB 의 형으로 하고 이것을 다시 반으로 접어 눈금 OC 를 만든다〔그림 11-2 (a)〕. 다음 변 OA, OB 를 눈금 OC 에 맞추어 접어 눈금 OD, OE 를 만든다. 다시 변 OA 를 눈금 OD, OE 에 맞추어 접고 변 OB 에 대해서도 그런 방식으로 접어 새로운 눈금들 OF, OG, OH, OI 를 만들어 반원을 8 등분한다〔그림 11-2 (c)〕.

다시 이것을 부채모양으로 16 등분으로 접는다. 즉 그림 (d)처럼 山形과 谷形이 되게끔 접은 후 펼치면 그림 (e)처럼 된다. 여기에는 마주보는 2 부분이 산형으로 되지 않은 곳이 있으나 이들을 내부로 접어 작은 산형을 만들면 완성된 것이다.

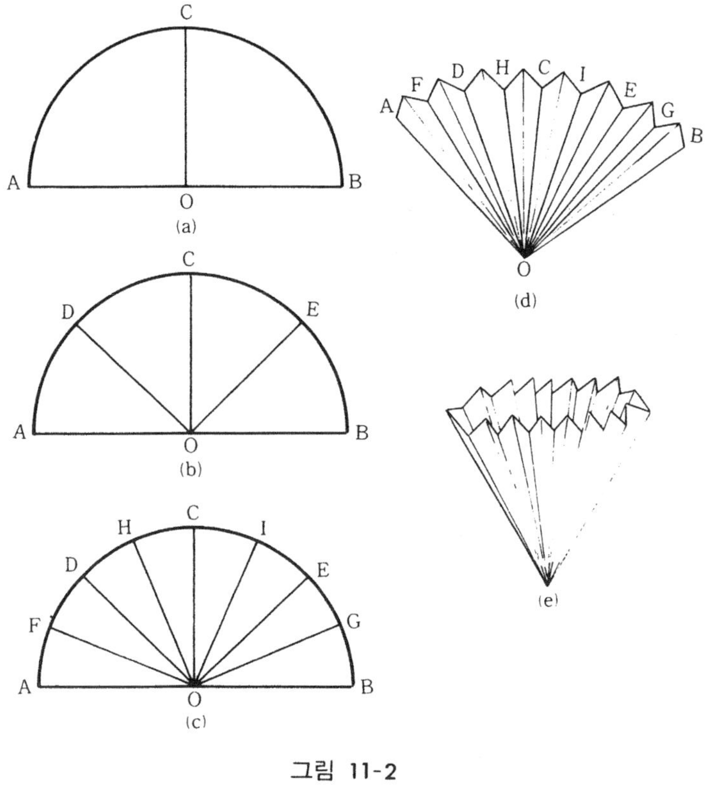

그림 11-2

11-4 결정을 석출시키는 방법

(1) 결정을 석출시키는 방법

더운 포화용액을 여과한 후 충분히 냉각시켜 결정을 석출시키는데, 때로는 얼음으로 냉각시켜도 쉽게 결정이 석출하지 않으면 유리봉으로 용기의 내벽을 긁어주면 석출하는 경우가 있고, 또 같은 종류의 결정소량을 가하면 그 결정으로부터 차차 결정이 석출하게 된다. 이 후자의 방법을 接種(seeding)이라 한다.

또한 재결정용매로 적합한 것이 없으면 결정이 녹는 용매를 택해서 용해시키고 여과한 후 농축시켜 대부분의 용매를 추출시키고 증발중 뜨거운 용액의 표면에 결정이 떠있고 포화용액이 된 것이 확실하면 放冷하고, 接種하여 결정을 석출시킨다.

(2) 결정의 처리

얻은 결정은 여과지를 상하에 수매씩 대어서 수분을 흡수하면서 건조시키든지 또는 素燒板 위에 펼쳐서 공기 중에서 자연건조시키는 것이 보통이나, 그 외에 데시케이터(desiccator) 도 많이 사용하는데, 이 데시케이터에는 일반적으로 常壓用과 眞空用의 2종이 있다〔그림 11-3〕. 상압용 데시케이터가 많이 이용되고 있으나, 진공용 데시케이터는 건조도 빠르고, 아민이나 페놀같이 산화받기 쉬운 물질을 건조시킴에도 적합하다. 진공용 데시케이터로서 건조시킨 후 뚜껑을 열 때는 주의해서 조금씩 공기를 넣도록 하지 않으면 건조된 가벼운 결정은 데시케이터 중에 飛散하게 된다.

데시케이터 중에 넣는 건조제에는 진한 황산, 염화칼슘, 생석회, 粒狀 수산화칼륨, 粒狀 수산화나트륨, 오산화인, 실리카겔 등이 있다. 건조시킬 물질에 따라서는 사용할 수 없는 건조제가 있으므로 주의해야 한다.

아민류의 건조에 황산이나 오산화인을 사용해서는 안 되며, 페놀류에 수산화칼륨을 사용해서는 안 된다. 이들 건조제 중 가장 많이 사용되는 것이 염화칼슘이다.

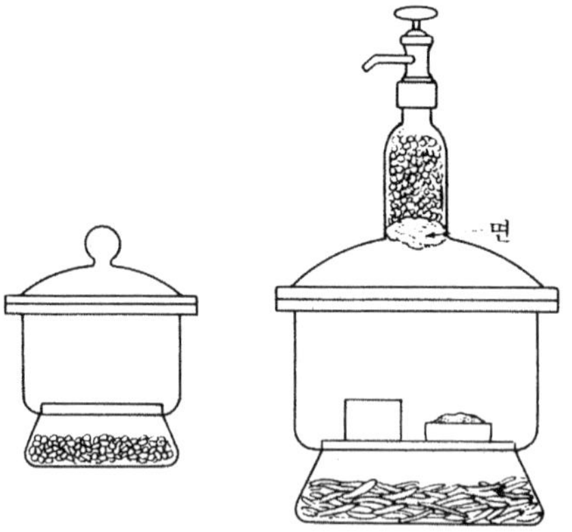

그림 11-3

11-5 순도의 판별

재결정은 물질이 충분히 순수하게 될 때까지 반복해서 행하지 않으면 안 된다. 純度는 색이나 형광(螢光)의 유무로써 대략적으로 알 수 있으나, 고체는 녹는점을 측정하는 것이 원칙이다. 두 번 재결정해서 녹는점이 상승하지 않고 일정한 값을 나타내면 보통 순수하다고 보아도 좋으나, 어떤 한 용매를 사용해서 재결정했을 때는 녹는점이 상승하지 않고 일정한 값을 나타내나, 용매를 다른 것을 쓰면 녹는점이 상승하는 수가 있으니 주의해야 한다. 예로서 염화벤질로부터 스틸벤을 합성했을 때 알코올로서 재결정하면 녹는점은 120~122℃ 정도에서 더 이상 상승하지 않고 문헌값인 124℃ 까지 이르지 못하나, 승화나 수증기증류를 하면 간단히 순수하게 되어 124 ℃ 의 결정을 얻을 수 있다.

11-6 분별결정(fractional crystallization)

분별결정법이란 여러 종류의 물질이 혼합해 있을 때 용해도의 차이를 이용해서 재결정을 반복하여 각 성분을 분리하는 방법을 말한다. 각 성분의 용해도의 차이가 될 수 있는대로 큰 용매를 사용함이 중요하나, 포함되어 있는 화합물들의 성질이 비슷하면 재결정을 몇 번이나 반복하지 않으면 안 된다. 분별결정은 표 11-2 와 같이 조작하는 것이 보통이다.

이와 같이 하면 가장 難溶性인 결정 C_7 과 가장 易溶性인 결정(F_{10} 중의 성분)을 분리할 수 있다. 兩者의 중간의 용해도를 가진 성분은 각각 C_8, C_9, C_{10} 에 해당된다.

【실 험】

아세트아닐리드의 재결정

불순한 아세트아닐리드(acetanilide) 10 g 을 칭량해서 250 ml 비커에 넣는다. 여기에 물 약

표 11-2

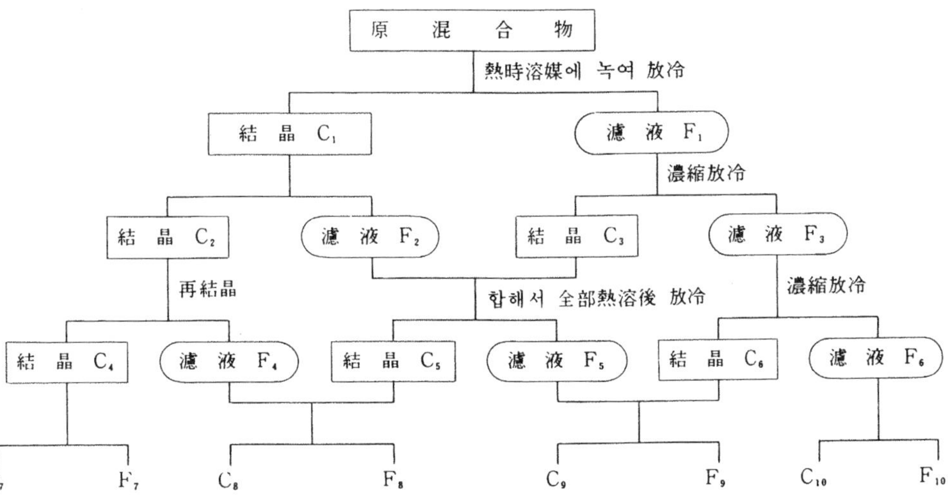

100 ml (주의 1)를 가하고 가열하여 용해시킨다. 이때 아세트아닐리드가 전부 용해하지 않으면 물을 소량씩 추가하여 용해시킨다. 또한 이때 불순물로 인해서 용액이 착색되어 있으면 活性炭(active carbon) 약 1 g을 가해서(주의 2) 몇 분 동안 끓여서 탈색한다.

다음 이 더운 용액을 접은 여과지 또는 보온깔때기를 사용해서 여과한다(주의 3). 受器는 삼각플라스크를 사용한다. 약 30분 동안 靜置시켜 두고 찬물로써 냉각시켜 결정시킨 후, Büchner 깔때기를 사용하여 흡인여과하고 건조시킨다. 공기건조시키거나 또는 데시케이터 중에서 건조시킨다. 건조가 끝나면 결정을 칭량하고 재결정에 의한 收率을 계산한다. 녹는점을 측정해보고 그래도 불순하면(주의 4) 재결정을 반복한다.

참고 Acetanilide는 무색결정 mp 114℃

주의

① 이 물의 양에 제한을 받지 말고 더운 포화용액을 만들면 된다.

② 활성탄을 넣을 때에는 용액을 좀 방치하여 냉각시킨 후 가해야 한다(1장 참조).

③ 이때 여과도 다음 여과처럼 흡인여과하면 더 신속하고 좋으나 주의할 점은 먼저 더운 물만으로 여과하여 Büchner 깔때기를 데운 다음 재빨리 물을 따라버린 후 여과하면 된다.

④ 불순물이 있으면 녹는점은 순수한 물질의 녹는점 보다 낮은 것이 보통이기 때문에 순도를 이 녹는점으로 판별할 수 있다.

12. 추 출

12-1 액체로부터의 추출

【1】 분액깔때기(separatory funnel)

용량이 10 ml 로부터 2 l 정도에 이르기까지 여러 가지가 있다. 추출하려고 하는 액과 혼합하지 않는 용매를 가하고 잘 흔든 후 정치시켜 液層이 분리되면 콕(cock)을 열어 하층의 액을 유출시킨다. 가장 일반적이고 많이 행하는 것이 수용액을 에테르로 추출하는 것이므로 이에 대하여 설명한다.

에테르추출에 사용하는 분액깔때기는 콕 및 마개의 접합이 좋은 것을 사용해야 한다. 콕에는 수분이 없도록 여과지로서 잘 닦고 되도록 소량의 바셀린(vaseline)을 칠하여(이때 ground joint가 잘된 것은 바셀린을 쓰지 않는 편이 좋다) 콕이 잘 움직이게 하고 콕을 잠근 후 수용액을 반정도까지만 넣고 에테르 소량을 넣는다(全液量은 최고 8분 정도까지만).

마개를 막고 처음에는 1,2 회만 흔들고 즉시 거꾸로 하여 콕은 열어 内壓을 제거하고, 다시 콕을 잠그고 이번에는 3, 4 회 정도 흔들고 또 거꾸로 하여서 콕을 열어 내압을 제거하는 방식으로 차차 흔드는 횟수를 많이 하고 내압을 제거하여 전 4～5회의 내압 제거조작으로 대략 추출이 끝난다.

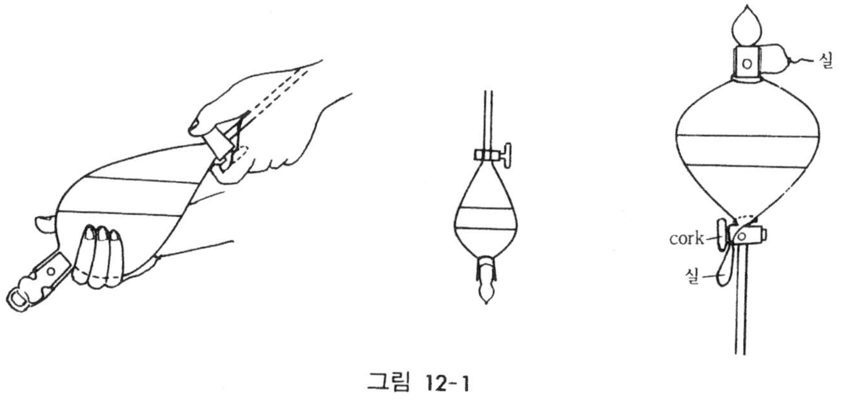

그림 12-1

이를 정치시켜 두 층으로 분리시키고 하층의 수용액부분을 유출시켜 비커에 모으고 상층의 에테르용액부분은 반드시 비커나 삼각플라스크에 모으되 분액깔때기의 上口를 통해서 따른다(上口로 따르는 이유는 下部管에 묻어 있는 수분이 따라 들어오지 않게 하기 위함). 수용액부분을 다시 분액깔때기에 옮기고, 새로운 에테르 소량을 가해서 추출을 반복한다. 이때 불필요한 수용액을 직접 유출시켜 하수구에 버리지 말고 용기에 일단 받는 것이 좋다.

에테르 이외에 벤젠, 석유에테르, 사염화탄소, 클로로포름 등이 추출에 많이 사용된다. 사염화탄소와 클로로포름은 물보다 무겁기 때문에 하층의 액이 추출액이 된다. 주의할 점은 塩의 농도가 큰 수용액을 추출할 때는 사염화탄소층이 상층이 될 때가 있고, 반대로 물보다 가벼운 용매라도 다량의 유기물을 용해시켰을 때는 하층이 될 때가 있으므로 분액깔때기로써 분리한 두 액층은 반드시 각각 삼각플라스크에 모아 둘 일이다. 선뜻 버린 액층이 필요한 추출액인 경우가 실험실에서 가끔 볼 수 있기 때문이다.

추출은 수용액을 유기용매로서 추출하는 경우 뿐만 아니라, 유기용매에 용해되어 있는 물질을 물, 산 또는 알칼리로써 추출하는 일도 가끔 있으나, 조작은 에테르추출의 경우와 마찬가지이다.

두 액이 모두 무색이면 어느 층이 수용액층인가를 알 수 없을 때가 많다. 이때는 윗마개를 열고 피펫으로 물을 한 방울 떨어뜨리면 상층이 수용액층이면 즉시 혼합되어 버리고, 상층이 유기용매이면 물방울로 두 액의 경계면까지 떨어지는 것을 잘 볼 수 있으므로 곧 알세 된다.

【2】 분배계수

어떤 물질이 에테르와 물 간에 분배되는 경우를 예를 들면 에테르층과 물층의 농도의 비는 일정하다. 이것을 분배계수(分配係數 : partition coefficient) K로 나타낸다. 이 K는 취급되는 용질, 두 용매 및 그때의 온도로서 결정된다. 2종의 용매에 대한 어떤 화합물의 용해도가 정해져 있으면 그 용해도의 비로부터 K는 계산된다.

$$K=\frac{(\text{g}/100\ \text{m}l)\ \text{에테르층}}{(\text{g}/100\ \text{m}l)\ \text{물층}}=\frac{\text{에테르에 대한 용해도}(\text{g}/100\ \text{m}l)}{\text{물에 대한 용해도}(\text{g}/100\ \text{m}l)}$$

예 1 20℃에서 화합물 "A"의 에테르와 물 간의 분배계수를 5라고 가정하고, 물 100 ml 중에 10 g의 "A"를 함유하는 수용액을 20℃에서 에테르 100 ml로 추출할 때 추출되는 양을 계산하면,

$$K=\frac{C_e}{C_w}=\frac{W_e/100\ \text{m}l}{W_w/100\ \text{m}l}=5$$

여기서, W_e = 에테르층 내의 A의 중량
W_w = 물층 내의 A의 중량
C_e = 에테르층 내의 A의 농도
C_w = 물층 내의 A의 농도

$$W_w=10-W_e$$

$$\therefore\ \frac{W_e/100\ \text{m}l}{(10-W_e)/100\ \text{m}l}=5$$

따라서, $W_e = 8.33\ \text{g}$

$W_w = 1.67\ \text{g}$

즉, 에테르 100 ml 로 한 번 추출하면 8.33 g(총량의 83.3 %)의 A가 에테르로 이동하고, 1.67 g(16.7 %)이 물층에 남게 된다.

예 2　예 1에서와 같이 물 100 ml 중에 A 10 g을 함유하는 수용액을 100 ml 의 용매로 한 번에 추출하는 대신에, 에테르를 50 ml 씩 2회 연속해서 추출할 때 추출되는 양을 계산하면,

$$\frac{W_e/50\ \text{m}l}{W_w/100\ \text{m}l} = \frac{W_e/50\ \text{m}l}{(10 - W_e)/100\ \text{m}l} = 5$$

여기서, $W_e = 7.14\ \text{g}$

$W_w = 2.86\ \text{g}$

2.86 g의 A를 함유하고 있는 수용액을 두 번째의 에테르 50 ml 로 추출하면,

$$\frac{W_e/50\ \text{m}l}{(2.86 - W_e)/100\ \text{m}l} = 5$$

여기서, $W_e = 2.04\ \text{g}$

$W_w = 0.82\ \text{g}$

두 번 추출한 합계는 9.18 g의 A(총량의 91.8 %)를 추출했고, 0.82 g(8.2 %)이 물층에 남아 있다.

이것으로 많은 양의 용매를 사용하여 적은 횟수로 추출하는 것보다 적은 양의 용매를 사용하여, 많은 횟수로 추출하는 것이 더 효과적임을 알 수 있다.

【3】 용　매

추출에 사용하는 용매에는 이미 이야기한 용매들 외에 톨루엔(toluene), 부탄올(butanol), 이황화탄소, 초산에틸, 리그로인(ligroin) 등이 있다.

에테르는 대부분의 유기물질을 잘 용해시키며, 끓는점(34.6℃)이 낮기 때문에 추출이 용이하고, 비중이 작기 때문에 물과 잘 분리되는 점 등의 특성으로 인해서 실험실에서 가장 많이 사용되나, 공장에서는 다음과 같은 이유 때문에 사용되지 않는다. 첫째 인화의 위험성이 있고, 둘째 물에 다소 용해하고, 셋째 휘발성이 크기 때문에 용매의 회수가 잘 안 되며, 넷째 오랫동안 공기 중에 노출시켜 두면 산화되어 소량의 과산화물이 생성되고 건조상태에서는 폭발의 위험이 있는 점 등이다.

일반적으로 추출할 물질과 끓는점이 가까운 용매는 사용하지 않도록 주의해야 한다.

【4】 추출 후의 건조

수용액으로부터 유기용매로서 추출한 경우나, 반응에서 생긴 액체생성물을 분액깔때기로써 분리한 경우는 건조시킴이 필요하다. 건조는 삼각플라스크에 액을 넣고 건조제를 넣어두면

된다. 추출액은 보통 물로 인해서 흐려 있으나 건조제를 넣고 수시간 방치하면 투명하게 된다. 하룻밤을 방치하면 건조는 충분하다. 건조제로서는 $CaCl_2$, 무수 Na_2SO_4, K_2CO_3, 무수 $MgSO_4$, KOH 등이 사용된다. $CaCl_2$ 는 건조력이 좋아 많이 사용되나, 알코올류, 페놀류, 아민류 등과는 附加物을 형성하기 때문에 이들에 대해서는 사용되지 않으며, 보통 소량의 생석회를 포함하기 때문에 산성물질의 건조에도 주의를 요한다. 에스테르나 케톤류와도 부가물을 형성할 때가 있다.

$CaCl_2$ 를 사염화탄소나 클로로포름용액에 가하면 처음에는 $CaCl_2$ 입자가 액 위에 떠 있다가 수분을 흡수하면 가라앉게 된다.

Na_2SO_4 는 중성이며, 어떤 용액에 사용해도 안전하다고 볼 수 있다. 시중에서 판매되고 있는 Na_2SO_4 는 다소 습기를 흡수해 있으므로 사용 전에 증발접시에 넣어 석면그물 위에서 버너로써 잠시 가열하여 탈수하거나 공기중탕(air bath) 중에서 110℃ 정도로 건조시켜 사용함이 좋다. Na_2SO_4 는 33℃ 이하에서는 $Na_2SO_4 \cdot 10H_2O$ 라는 조성의 水和物을 만들기 때문에 건조력이 강하나 온도가 이보다 높아지면 건조력이 약해지므로 낮은 끓는점의 물질이라도 건조시킨 후 이들 탈수제를 넣은 그대로 증발함은 무의미하다.

$MgSO_4$도 Na_2SO_4와 비슷한 사용법이 적용된다. $MgSO_4 \cdot 7H_2O$ 의 水和物을 생성하나 48℃에서 결정수를 잃는다.

K_2CO_3 는 증발접시에서 한번 가열하여 용융시키고 이를 냉각시켜 분쇄하여 사용하면 건조력이 강하다. 그러나 알코올, 아민, 에스테르, 케톤, 니트릴류 등에는 사용할 수 있으나, 산성물질에는 사용할 수 없다.

KOH 는 市販粒狀物을 그대로 사용할 수 있고, 건조력은 몹시 강력하나 추출물이 아민의 경우에 한하여 사용된다. 용매가 클로로포름이나 초산에틸의 경우도 사용할 수 없다.

12-2 고체의 추출

잘 녹는 고체를 추출할 때는 삼각플라스크나 둥근바닥플라스크(round bottomed flask) 에 물질을 넣고, 적당한 용매를 가하고 환류냉각기(reflux condenser)를 달아 끓인 후 뜨거울 때 여과하면 되며, 이 조작은 재결정의 경우와 비슷하다. 고체를 넣는 양은 플라스크의 3분 정도로 하고, 용매를 가한 전부피가 플라스크의 반 이하가 되도록 한다. 물중탕의 온도로서 끓일 수 없는 용매의 경우는 8분 정도까지 넣어도 좋으나, 가열하면 고체에서 기포가 나오게 되고 톨루엔과 같은 용매는 팽창계수가 크기 때문에 주의해야 한다.

잘 녹지 않는 고체를 추출할 때는 Soxhlet 추출기를 사용한다(그림 12-2).

원통여과지에 물질을 7분 정도 넣고 유리원통 내에 넣는다. 용매는 下部플라스크에 넣고 물중탕이나 기름중탕에서 가온한다. 이때 끓임돌을 넣는 것을 잊어서는 안 된다. 용매의 증기는 굵은 관을 통해서 상승하다가 냉각기 중에서 응축하여 원통여과지 위에 떨어져 고체를 추출한다. 이 추출기의 유리원통부분에 액이 고여 siphon 관의 상단을 넘게 되면 하부플라스크 내로 流下하게 되고 추출은 자동적으로 진행된다. Soxhlet 추출기를 사용할 때는 용매를

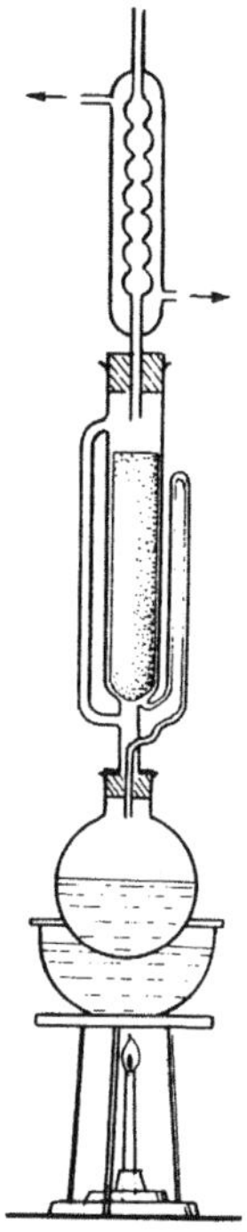

그림 12-2

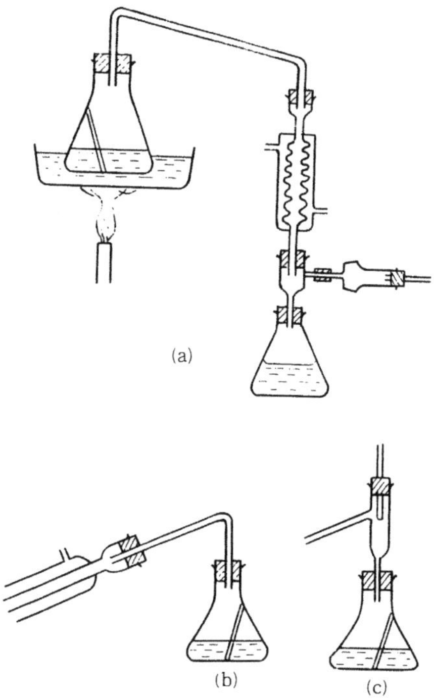

그림 12-3

상당히 빨리 끓이지 않으면 액의 순환이 느리고 추출효율이 나쁘다. 이 추출기는 잘 녹지 않는 물질의 재결정에 사용해도 좋으며, 이때 플라스크 내에 결정이 석출하게 된다.

12-3 추출액의 증발과 농축

추출액을 건조시킨 후 여과해서 건조제를 제거하고 여액을 증발시킨다. 낮은 끓는점을 가진 용매(에테르, 벤젠 등)의 증발에는 삼각플라스크를 사용해도 무방하다. 유기용매는 여과지를 잘 통과하기 때문에 쉽게 건조제로부터 여과하여 분리할 수 있으나, 에테르는 증발하기 쉬우므로 여과할 동안에 에테르의 증발열로 냉각되어 여과지 위에 응축한 물이 얼음의 결정이 되어 붙어 있을 때가 있으므로 유기물과 혼돈하는 일이 있다. 용액을 농축할 때 끓임돌 대신 모세관을 사용하는 편이 나중에 유기물의 결정으로부터 분리하기가 편리하고 좋다.

물중탕을 사용할 때는 다음의 그림 12-3 (a) 처럼 하거나, 또는 (b), (c) 처럼 하면 된다. 습기를 피할 때는 그림 (a)에서처럼 연결관에 염화칼슘관을 달면 된다. 냉각기는 Graham condenser 나 Allihn condenser 를 사용함이 좋다. 또한 인화를 방지하기 위해서는 受器를 증류플라스크로 사용하여 연결관과 고정시키고 얼음중탕으로서 충분히 냉각시키면서 受器플라스크의 枝管에 고무관을 연결하여 실험대 밑으로 늘어뜨려 증기(에테르 같은)가 실험대 위에 퍼져 인화되는 것을 방지함도 좋다.

13. 알코올의 반응

1차 알코올 중에서 요오드포름반응에 陽性을 나타내는 것은 에탄올뿐이고, 2차 알코올 중에서 요오드포름반응에 양성인 것은 산화되어 메틸 케톤을 생성하는 것이 전부이며, 3차 알코올 중에서 요오드포름반응에 양성인 것은 하나도 없다. 메탄올과 에탄올을 실험실에서 간단히 구별하는 방법은 메탄올은 요오드포름반응에 陰性이나 에탄올은 양성이므로 쉽게 알아낼 수 있다.

할로포름(fluoroform, chloroform, bromoform, iodoform) 반응 중에서 특히 요오드포름반응이 많이 이용되는 이유는 요오드포름은 황색침전으로 석출되고 향기를 가졌으므로 쉽게 알아낼 수 있기 때문이다.

알코올과 有機酸을 소량의 鑛酸(H_2SO_4, HCl 등)의 존재에서 가열하면 에스테르가 생성된다. 에스테르는 일반적으로 좋은 향기를 가지고 있다.

무수메탄올이나 무수에탄올에 금속나트륨을 소량 가하면 즉시 수소를 발생하고 각각 sodium methoxide와 sodium ethoxide를 생성한다.

1차알코올을 산화하면 알데히드를 거쳐 산을 생성하며, 2차알코올은 케톤을 생성하나 3차알코올은 산화를 받지 않는다. 메틸알코올을 산화하면 포름알데히드, 개미산을 거쳐 carbonic acid(불안정)이 되었다가 H_2O와 CO_2로 분해되어 버린다.

또 1차, 2차, 3차 알코올을 구별하는 방법으로 Lucas' test가 있다. 구별하는 방법은 각 알코올에 진한 염산이나 Lucas 시약(진한 염산+무수 $ZnCl_2$)을 작용시켜 염화물의 생성 여부로써 알게 된다. 즉 1차알코올에 Lucas 시약을 작용시켜도 염화물을 생성하지 않으나, 2차 및 3차 알코올은 Lucas 시약과 반응하여 염화물을 생성하며, 3차 알코올은 2차 알코올보다 반응성이 더 크다.

이것으로 어떤 알코올에 Lucas 시약을 작용시켜 염화물이 생성하면 2차알코올 아니면 3차 알코올임을 알 수 있다.

다음 2차 알코올과 3차 알코올 중에서 이들을 구별하는 방법으로 진한 염산을 작용시킨다. 반응성이 큰 3차알코올은 진한 염산의 작용으로 염화물을 생성하나 2차 알코올은 생성하지 않는다. 1차 알코올은 물론 생성하지 않음(반응성의 크기는 1차<2차<3차 알코올의 순서임). 3차 알코올은 Lucas 시약과 즉시 반응하게 되는데 이때 반응은 용액이 먼저 흐렸다가 차차 시

약에 잘 녹지 않는 염화알킬이 생성하게 되면서 명백한 층이 생기기 때문에 쉽게 알 수 있다. 2차알코올은 5분 이내에 흐리기 시작하고 시간이 경과함에 따라 차차 층이 생긴다. 1차 알코올은 상온에서 반응하지 않고 따라서 용액이 흐려지지도 않고 맑은 상태로 남아 있다. 만일 1차알코올 중에 2차나 3차 알코올이 불순물로 소량 들어 있을 때는 흐리기만 하고 층으로까지 나누어지지 않기 때문에 어느 정도 2차, 3차 알코올을 함유하는가도 알아낼 수 있다.

特記할 것은 알릴알코올($CH_2=CHCH_2OH$)은 1차 알코올이나 비교적 안정한 카르보늄이온(carbocation)의 생성으로 인해서 Lucas 시험에 양성이다.

【실 험】

(1) 요오드포름 시험

시험관에 시료 약 1 ml 를 취하고 물 2∼3 ml 를 가한 후 KI-I_2 용액(물 80 ml 에 KI 20 g과 I_2 10 g을 녹인 용액) 4∼5 ml 를 가한다. 다음 여기에 I_2의 갈색이 없어지고 액이 담황색을 띨 때까지 NaOH 수용액(10∼20 %)을 한 방울씩 가한다. 요오드포름의 황색침전이 생겼는가 관찰한다(주의 1).

만일 이때 요오드포름의 황색침전이 생기지 않으면 60℃로 2분간 가열한 후 냉각시켜 보고 그래도 생기지 않으면 그 시료는 요오드포름반응에 음성인 것이다.

이 시험을 메틸알코올, 에틸알코올, n-부틸알코올, sec-부틸알코올, 이소프로필알코올에 대각각 행하고 그 결과를 기록한다.

(2) 에스테르화 시험

시험관에 시료 1 ml 와 초산 1 ml 를 혼합한 후 진한 황산 0.5 ml 를 가한다. 잘 흔들어서 완전히 혼합한 후 가열한다. 가온이 끝나면 여기에 물 3 ml 를 가하고 주의하면서 증기의 냄새를 시험한다.

이 시험을 에틸알코올, n-부틸알코올, sec-부틸알코올에 대하여 행한다.

(3) 금속나트륨과의 반응

무수알코올 3 ml 를 건조한 시험관에 취하고, 광택이 있는 금속나트륨(주의 2)의 작은 조각을 넣고 관찰한다.

(4) 산화시험

1 %$-K_2Cr_2O_7$ 용액 5 ml 에 진한 황산 한 방울을 가하고 흔들어서 완전히 혼합한 후 시료 두 방울을 가하고 서서히 가온한다. 냄새와 색변화를 관찰한다.

이 시험을 에틸알코올, sec-부틸알코올, t-부틸알코올에 대하여 행한다.

(5) **Lucas** 시험

시험관에 시료 1 ml를 취하고 26∼27 °C 에서 Lucas 시약(진한 염산 42 g에다 냉각시키면서 무수 $ZnCl_2$ 54.4 g을 녹인 용액) 10 ml 를 가한다. 코르크마개로 막고 혼합물을 흔든 후 정치시켜 두면 염화알킬이 생성되는데 소요된 시간을 기록한다. 이때 염화알킬의 생성은 용액이 흐려지거나 또는 서로 混和되지 않는 층의 생성으로 알 수 있다.

이 시험을 에틸알코올, n-부틸알코올, sec-부틸알코올, t-부틸알코올, 알릴알코올에 대해 행한다.

(6) 염산과의 반응

시험관에 시료 1 ml 를 취하고 진한 염산 6 ml 를 가한다. 마개를 하고 혼합물을 잘 흔든 후 정치시켜 둔다. 처음 2분 동안을 주의깊게 관찰한다. 염화알킬이 생성되는 데 소요된 시간을 기록한다.

주의

① 이때 결정을 여과하여 분리하고 완전히 건조시킨 후 녹는점을 측정해 보면 더욱 확실하나 외관과 냄새로서도 충분하다.

② 금속나트륨은 직접 손으로 취급해서는 안 되며 절대로 다량을 사용하지 않도록 한다. 이 실험에 사용할 양은 팥(小豆)알 크기 정도이며, 그 이상은 사용하지 말 것. 쓰고 남은 것은 실험준비실에 반납하든지, 땅을 파서 묻어버리든지 또는 알코올 폐액같은데 집어넣어 소실시켜 버림이 안전하다.

14. 알데히드와 케톤의 반응

알데히드와 케톤은 다같이 카르보닐基($C=O$)를 가졌기 때문에 여러 가지 공통되는 반응을 일으킨다. 알데히드는 카르보닐기에 수소가 붙어 있기 때문에 산화되어 산을 생성하지만, 케톤은 그렇지 못해 산화되지 않는다. 따라서 알데히드는 다른 물질들(Tollens 시약이나 Fehling 용액 등)을 환원시키는 능력이 있으나 케톤은 환원시키지 못한다. Tollens 시약 중에는 Ag^+ 이온이 NH_3 와 착이온을 형성하고 있으며, 알데히드의 환원작용으로 Ag^+ 이온이 Ag 로 되어 이 Ag 가 시험관의 벽면에 거울을 만들게 된다. 이를 은거울반응(silver mirror reaction)이라 한다. 이때 시험관의 안쪽 벽면이 깨끗하지 못하고 불순물이 부착해 있으면 은거울 대신에 유리된 Ag 가 흑색침전으로 석출되므로 이 시험을 행하는 시험관은 몹시 깨끗이 하여야 한다. 케톤은 이 반응이 일어나지 않는다. Fehling 용액 중에는 $CuSO_4 \cdot 5H_2O$에서 생성된 Cu^{++} 이온이 sodium potassium tartrate 와 매우 복잡한 화합물을 형성하고 있으나, 이도 역시 알데히드의 작용으로 Cu^{++} 이온은 적갈색의 Cu_2O 로 환원된다. 즉, 짙은 청색을 띤 Fehling 용액이 알데히드 소량을 가하여 가열할 때 차차 청색이 없어지고 적갈색으로 변해가므로 반응은 곧 알아 볼 수 있다. 케톤은 역시 이 반응이 일어나지 않는다.

Schiff 시약은 적색염료인 푹신(fuchsin)의 수용액에 SO_2 를 포화시켜 무색으로 된 용액이다. 이것은 적색 푹신과 H_2SO_3 가 반응한 것이라 볼 수 있다. 여기에 알데히드를 작용하면 H_2SO_3 가 알데히드에 첨가하여 일부 없어지므로 다시 푹신이 착색하는 것이다. 그러나 케톤은 알데히드 보다 첨가력이 약하기 때문에 알데히드처럼 행동하지 못한다.

알데히드와 케톤에 $NaHSO_3$ 를 작용시키면 부가화합물이 생성되는데, 이 부가화합물은 결정으로 석출되며 물에는 잘 녹으나 에탄올이나 에테르같은 유기용매에는 잘 녹지 않는다. 히드록시아민을 작용시키면 옥심이 생성되는데 알데히드로부터는 aldoxime, 케톤으로부터는 ketoxime 이 생성된다. Phenylhydrazine 및 semicarbazide 와의 반응에서는 각각 난용성인 phenylhydrazone 및 semicarbazone 을 생성한다. 알데히드와 케톤의 카르보닐반응은 카르보닐화합물을 혼합물로부터 분리정제하는 데 뿐만 아니라 그들을 확인하는 데 이용되는 중요한 반응이다. 또한 oxime, phenylhydrazone, semicarbazone 등을 묽은 염산 존재하에서 가수분해하면 각각 카르보닐화합물과 히드록시아민, phenylhydrazine 및 semicarbazide 등의 염산염으로 분해된다.

이 반응에서 사용되는 $NaHSO_3$ 이외의 다른 시약들은 모두 가용성인 염산염 형태로 이용된다.

【실 험】

(1) **Schiff 시약**

시험관에 Schiff 시약 2 ml 를 취하고 시료 2 방울(고체이면 0.05 g)을 가한다. 잘 흔들고 색변화를 관찰한다. 알데히드는 엷은 분홍색을 띠나, 케톤은 순수한 것이면 색변화가 없다. 이 반응에서는 가열하지 않는다. 이 실험을 ① 포름알데히드와 ② 아세톤에 대하여 행한다.

• **Schiff 시약의 조제법** : Fuchsin 0.5 g 을 증류수 500 ml 에 용해시키고 따로 증류수 500 ml 에 SO_2 gas 를 포화시킨 후, 이 용액을 윗 fuchsin 용액에 가하고 잘 교반한 후 하룻밤 방치한다. 이와 같이 얻은 시약은 거의 무색이며 민감한 반응을 나타낸다.

(2) **Fehling 용액**

시험관에 Fehling 용액을 3~4 ml 취하고 시료 2 방울(고체이면 0.05 g)을 가한 후 뜨거운 중탕 위에서 3~4 분간 가열한다. 알데히드는 Cu_2O 의 적갈색 침전이 생기나 케톤은 이 반응이 없다. 이 실험을 ① 포름알데히드, ② 아세톤에 대하여 행한다.

• **Fehling 용액의 조제법**

Ⅰ액 : 증류수 50 ml 에 $CuSO_4 \cdot 5H_2O$ 35 g 을 녹인 용액.

Ⅱ액 : 증류수 50 ml 에 주석신칼륨나트륨 17.3 g 을 녹인 후 NaOH 7.0 g 을 녹인 용액.

주의 Fehling 용액은 Ⅰ액과 Ⅱ액을 따로따로 조제하여 보관해 두며 사용시엔 Ⅰ액과 Ⅱ액을 같은 용량씩 혼합해서 쓴다.

(3) **Tollens 시약**

몹시 깨끗한 시험관에 Tollens 시약 3~4 ml 를 취하고, 시료 2 방울(고체이면 0.05g)을 가한다. 은거울이 생기는가를 관찰한다. 이때 실온에서 은거울이 생기지 않으면 약 35°C 의 물에 시험관을 넣어 수분간 가온한다. 알데히드는 은거울이 생기나 케톤은 이 반응이 없다. 이 시험을 ① 포름알데히드, ② 아세톤에 대하여 행한다.

• **Tollens 시약의 조제법** : 깨끗한 시험관에 3 %-$AgNO_3$ 용액 5 ml 를 취하고 묽은 NaOH (10 %) 한 방울을 가한 후 묽은 NH_4OH(약 3 %)를 흔들면서 적가하여 흑갈색의 Ag_2O 가 바로 용해할 때 적가를 중지한다. 이때 NH_4OH 는 과잉으로 가하지 않도록 주의해야 한다. 과잉으로 들어가면 민감한 시약이 되지 못한다.

주의 이 시약은 사용직전에 깨끗이 조제해야 한다. 이 용액을 방치하면 분해하고 매우 폭발성이 높은 침전이 생기므로 저장해서는 안 된다.

(4) **Sodium Bisulfite 반응**

알데히드의 시료로서는 *n*-부티르알데히드나 벤즈알데히드를, 케톤의 시료로서는 아세톤을 사용하여 다음 실험을 행한다.

• ***n*-부티르알데히드**(또는 벤즈알데히드) : 작은 삼각플라스크에 포화 $NaHSO_3$ 용액 10 ml 를 가하고, 충분히 냉각시키면서 *n*-butyraldehyde 5 ml (또는 benzaldehyde 5 ml)를 서서히 가한다. 수분 동안 잘 흔들고, 에탄올 약 50 ml 를 가한 후(침전생성을 촉진하기 위함), 다시 잘

흔들고 얼음중탕 내에서 냉각시킨다. 침전을 흡인여과하고 먼저 에탄올로 다음은 에테르로 씻은 후 건조시킨다. 생성된 침전의 외관을 기록한다. 또한 다음 시험을 행해 본다.

① $NaHSO_3$의 부가화합물(위에서 얻은 침전) 소량에 10%-Na_2CO_3 용액 5~10 ml를 가하고 가온한다. 냄새를 맡아본다.

② $NaHSO_3$의 부가화합물 소량에 묽은 염산 5~10 ml를 가하고 가온한다. 냄새를 맡아본다.

주의 위에서 묽은 Na_2CO_3 용액 및 묽은 염산을 작용시켜 보는 반응은 부가화합물을 분해시키는 반응이며, 그 결과 원물질인 알데히드나 케톤이 재생되는 것이다.

• 아세톤 위와 꼭같은 실험을 *n*-부티르알데히드 대신에 아세톤 5 ml를 사용하여 행한다. 단, 이때 에탄올의 양은 위의 量의 절반(약 25 ml 정도)을 사용한다.

(5) 옥심(oximes)의 생성

알데히드의 시료로서는 푸르푸랄(furfural)을, 케톤의 시료로서는 아세톤을 사용하여 다음 실험을 행한다.

• **푸르푸랄독심**(furfuraldoxime) : 작은 삼각플라스크에 히드록실아민 염산염(hydroxylamine hydrochloride) 5 g을 가하고 물 10 ml를 가하여 용해시키고, 따로 비커에서 NaOH 3 g을 물 100 ml에 녹이고 이 용액을 윗용액에 혼합한 후 여기에 푸르푸랄 5 ml(5.5 g)를 물 10 ml에 녹인 용액을 가한다. 플라스크를 마개로 막고 잘 흔든 후 하룻밤을 방치한다(주의 1). 결정을 흡인여과하고 빨리 건조시킨다(주의 2). 결정의 외관을 기록하고 다음 시험을 해본다.

* Furfuraldoxime 소량에 묽은 염산 5~10 ml를 가하고 끓인다. 냄새를 맡아본다.

• 아세톡심(acetoxime) : 위와 같은 방법의 실험을 푸르푸랄 대신에 아세톤 8 ml(6.5 g)를 사용해서 행한다(주의 3).

주의

① 만일 이때 결정이 생기지 않으면 얼음중탕 내에서 냉각시키면서 플라스크의 內壁을 유리막대로 긁어본다. 이렇게 하면 대부분의 경우 결정이 석출하게 된다.

② mp를 측정하여 확인해 보는 것도 좋다.

Furfuraldoxime의 mp 89℃

Acetoxime의 mp 60℃

③ Acetoxime은 승화하기 때문에 공기 중에 노출시켜서는 안 된다.

(6) 페닐히드라존(phenylhydrazone)

알데히드의 시료는 푸르푸랄을, 케톤의 시료는 시클로헥사논(cyclohexanone)을 사용하여 다음 실험을 행한다.

작은 삼각플라스크에 페닐히드라진 염산염(phenylhydrazine hydrochloride) 2 g을 가하고(주의 1), 물 18 ml를 가하여 용해시킨 후, 초산나트륨 3 g과 빙초산 한 방울을 가한다. 이 용액을 2등분하여 다음 실험을 각각 행한다.

• **푸르푸랄페닐히드라존**(furfural phenylhydrazone) : 윗 용액에 푸르푸랄 0.5 ml를 물 6

~8 ml에 녹인 용액을 가하고 잘 흔든 후 정치시켜 두면 결정이 석출한다. 결정을 흡인여과하고 外觀을 기록한다(주의 2).

• **시클로헥사논 페닐히드라존**(cyclohexanone phenylhydrazone): 윗 용액에 시클로헥사논 0.5 ml를 물 6~8 ml에 녹인 용액을 가하고 잘 흔든다. 결정을 흡인여과하고 외관을 기록한다(주의 2).

주의

① 페닐히드라진은 有毒性이므로 만일 피부에 묻으면 즉시 5%-초산용액으로 씻고 다음 비눗물로 씻어야 한다.

② 결정을 에탄올과 물의 1:2 혼합용액으로 재결정하고 되도록 빨리 건조시킨 후 녹는점을 측정해 보는 것이 좋다.

Furfural phenylhydrazone의 mp 97℃

Cyclohexanone phenylhydrazone의 mp 77℃

이들은 모두 보관중 분해한다.

(7) 세미카르바존(semicarbazone)

알데히드의 시료는 n-부티르알데히드를, 케톤의 시료는 아세톤을 사용하여 다음 실험을 행한다.

• **n-부티르알데히드 세미카르바존**(n-butyraldehyde semicarbazone): 세미카르바지느염산염(semicarbazide hydrochloride) 1 g, 초산나트륨 1.5 g을 시험관에서 물 10 ml에 용해시키고, n-부티르알데히드 1 ml를 가하고 시험관을 마개로 막은 후 심하게 흔들고 생성된 결정의 외관을 기록한다.

• **아세톤 세미카르바존**(acetone semicarbazone): 위와 꼭 같은 실험을 n-부티르알데히드 대신에 아세톤 1 ml를 사용하여 행한다.

참고 n-Butyraldehyde semicarbazone의 mp 106℃

Acetone semicarbazone의 mp 187℃

15. 아민의 반응

이 장에서는 주로 방향족 아민에 대한 반응을 취급한다. 방향족 1차아민(예 ; aniline)에 $NaNO_2$와 HCl을 작용시키면(HNO_2 생성) 방향족 디아조늄화합물이 생성된다. 이 반응을 디아조화(diazotization)라 하며, 여기서 생성된 디아조늄화합물은 아조 염료(azo dye)계통의 중요한 원료가 된다. 이때 반응조건은 염산을 과잉으로 가하고, 온도는 0～5℃로 얼음물로 냉각시키는데, 이는 디아조늄화합물의 분해를 방지하기 위함이다. 만일 이때 온도를 5℃ 이상으로 상승시키면 디아조늄화합물은 분해하여 질소가스를 발생하고 페놀로 변한다.

디아조늄화합물과 방향족 페놀 및 아민과의 반응을 커플링(coupling)이라 하며, 이 반응은 아조염료의 합성에 많이 이용되고 있다.

방향족 2차아민과 아질산과의 반응에서는 *N*-니트로소화합물을 생성하며, 방향족 3차아민과 아질산과의 반응에서는 방향족 고리(예 ; benzene ring)의 파라(para)위치에 니트로소기가 도입된 유도체가 생성된다(지방족 3차아민은 아질산과 반응하지 않음).

【실 험】

(1) 디아조화(diazotization)

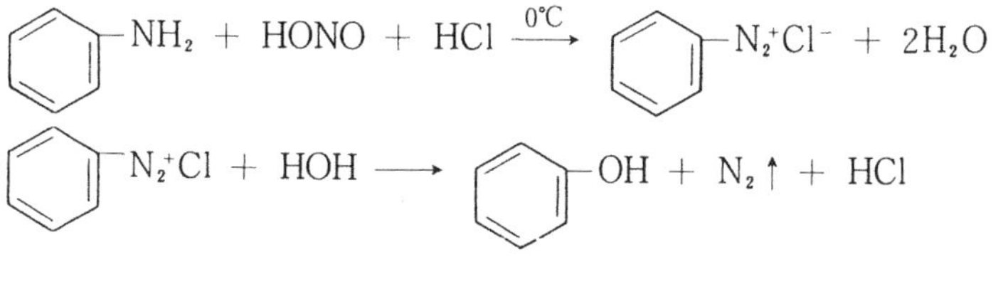

증류수 5 ml에 진한 염산 3 ml를 가하여 묽은 염산을 만들고, 여기에 아닐린 1 ml를 용해시킨다. 얼음물 내에서 0℃로 냉각시킨 후, 물 5 ml에 $NaNO_2$ 1 g을 녹인 용액을 위에서 0℃로 냉각시킨 용액에 흔들면서 서서히 가한다. 이때 $NaNO_2$ 용액은 요오드화칼륨 澱粉시험지를 사용하여 알맞은 양을 가한다(p. 151 참조).

이 용액 2～3 ml를 시험관에 취하고 서서히 가열하여 가스가 발생하는가를 관찰한다(나머지용액은 다음 실험에 사용).

(2) 커플링반응(coupling reaction)

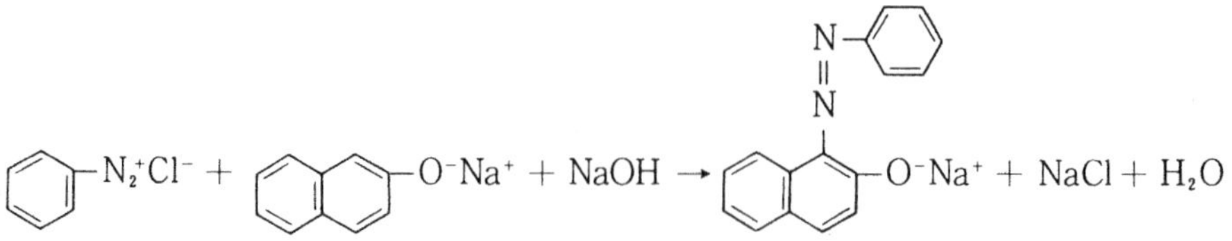

시험관에 10%−NaOH 용액 2 ml를 취하고 β-나프톨 0.1 g을 가한 후, 다시 물 5 ml를 가한다. 이 용액에 위에서 만든 차가운 디아조늄용액 약 2 ml를 가한다. orange-red 염료가 생성되었는가를 확인한다.

(3) **2차아민과 HONO와의 반응**

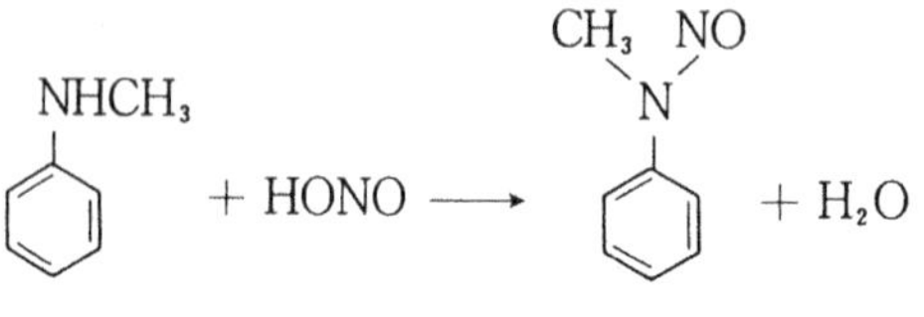

진한 염산 5 ml에 메틸아닐린 2 ml를 녹이고, 물 5 ml를 가해서 묽게 한다. 다음 얼음중탕에서 냉각시킨 후, 여기에 $NaNO_2$ 1.5 g을 물 5 ml에 녹인 용액을 흔들면서 주가한다. 결과를 기록한다.

(4) **3차아민과 HONO와의 반응**

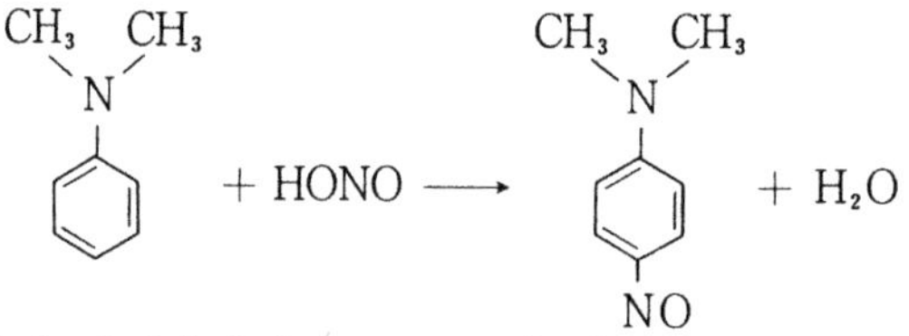

진한 염산 5 ml에 디메틸아닐린 2 ml를 녹이고 물 5 ml를 가해서 묽게 한다. 다음 얼음중탕에서 냉각시킨 후, 여기에 $NaNO_2$ 1.5 g을 물 5 ml에 녹인 용액을 잘 흔들면서 주가한다. 반응생성물의 특성과 색을 기록한다.

16. 탄수화물의 반응

單糖類(monosaccharide)에서는 알도오스나 케토오스 모두 환원작용이 있다. 여기서 특히 케토오스의 환원작용은 알칼리용액에서 enol form을 생성하는데 기인하는 것이다. 2糖類(disaccharide) 중에서는 락토오스, 말토오스, 셀로바이오스 등은 還元糖(reducing sugar)이나, 슈크로오스는 환원성이 없다. 그 이유는 슈크로오스의 구조는 두 단당류가 각각의 굴루코시드의 OH기로 결합하고 있어 유리 카르보닐기를 가지고 있지 않기 때문이다.

슈크로오스를 묽은 HCl로서 가수분해하면 글루코오스와 프룩토오스를 생성하기 때문에 이 가수분해된 混合液(invert sugar)은 환원성을 갖게 된다.

당류와 페닐히드라진과의 반응에서는 페닐히드라존을 거쳐 오사존을 생성한다. 오사존은 난용성인 고운 결정으로 석출된다. 이 반응은 당류의 구조결정 뿐만 아니라 당류의 합성에도 이용되는 중요한 반응이다.

오사존의 구조를 보아서 알 수 있는 바와 같이 단당류에서 에피머(epimer)들은 같은 osazone을 생성한다. 예를 들면 글루코오스 1 mole 당 3 mole의 페닐히드라진을 작용시키면 글루코사존이 생성되는데, 글루코오스의 epimer(두 번째 탄소의 배치만 다르고 나머지 위치는 같은 것)인 만노오스도 글루코사존을 생성한다. 또한 프룩토오스는 케토헥소오스이지만 마찬가지로 글루코사존을 생성한다. 이것은 C_1, C_2의 배치만 다르고 C_3 이하는 똑같기 때문인 것이다.

당류의 용액에 α-naphtol의 알코올용액을 가하고 진한 H_2SO_4를 작용시키면 액의 경계면에 赤紫色을 나타낸다. 이 증색반응은 진한 H_2SO_4의 작용으로 당류와 α-naphtol이 반응하여 高度의 有色縮合物을 생성하는 것으로 추측되고 있으나, 아직 명확한 것은 알려져 있지 않다. 이 반응은 단백질(protein)에서도 나타난다.

【실 험】

시료로서 단당류는 D-glucose, D-fructose를, 이당류로서는 슈크로오스, 락토오스, 말토오스 등을 사용하며, 이들 1g씩을 각각 증류수 30 m*l*에 녹인 용액을 사용하여 다음 실험을 행한다.

【1】 Fehling's test

① 시험관에 Fehling's 용액 6 m*l*(I액 3 m*l*+II액 3 m*l*)를 취하고 시료의 용액 2~3 방울을

가하고 물중탕(비커를 사용) 중에서 서서히 가온한다.

② 슈크로오스의 가수분해 : 시험관에 슈크로오스 약 0.5 g을 취하고, 물 10 ml 및 묽은 HCl 2~3 방울을 가한 후 서서히 가온한다(이 용액으로 ③ 실험을 행한다).

③ 시험관에 Fehling's 용액 6 ml를 취하고, ② 실험의 용액(sucrose를 가수분해한 것) 3~4 방울을 가하고 물중탕 내에서 서서히 가온한다.

참고

슈크로오스는 dextrorotatory(右旋性)이나, 가수분해로 생성된 단당류는 *d*-glucose와 *l*-fructose로서 이들 중 levorotatory(左旋性)인 프룩토오스의 영향이 더 커서 결국 혼합액은 좌선성이 된다. 따라서 슈크로오스의 가수분해를 轉化(inversion)라 하며, 가수분해에 의하여 생긴 글루코오스와 프룩토오스의 혼합물을 轉化糖(invert sugar)이라 한다. 이것으로 슈크로오스용액은 Fehling's 용액을 환원하지 못하나, 슈크로오스의 가수분해액은 Fehling's 용액을 환원시키는 이유가 이해될 것이다.

【2】 Osazone test

시험관에 시료용액 5 ml씩을 각각 취하고, 새로 조제한 페닐히드라진시약(조제법 下記) 3 ml씩과 포화 $NaHSO_3$ 용액(산화방지를 위함) 2~3 방울씩을 각각 가한다. 잘 흔들어서 혼합하고 끓는 물이 들어 있는 비커 내에서 20분간 가열한다. 이때 시험관을 때때로 흔들어서 과포화가 되지 않도록 한다. 오사존의 결정이 석출하기 시작할 때까지의 시간을 기록한다. 20분이 경과해도 결정이 생성하지 않으면 잘 냉각시키면서 시험관의 내벽을 유리봉으로 긁어서 결정을 석출시킨다. 결정을 즉시 흡인 여과하고 소량의 물로 씻고 잘 건조시킨 후 녹는점을 측정해 본다. 방치해 두면 오사존은 분해한다.

페닐히드라진시약의 조제법

Phenylhyldrazine hydrochloride 4 g을 물 36 ml에 용해시키고, sodium acetate(CH_3COONa) 6 g과 acetic acid(glacial) 한 방울을 가한다. 용액이 투명하고 깨끗하면 그대로 사용해도 좋으나, 그렇지 못하고 용액이 흐려있을 때는 활성탄 소량을 가하고 맹렬히 흔들고 흡인여과한다. 이 시약은 변하기 쉬우므로 사용 직전에 만들어야 한다.

【3】 Molisch's test (α-naphthol reaction)

시험관에 시료용액 5 ml씩을 각각 취하고 95%-에탄올에 용해시킨 15% α-naphthol 용액(Molisch's reaction) 2방울을 각각 가한다. 다른 시험관에 각각 진한 H_2SO_4 약 5 ml씩을 취하고 시험관을 45°로 기울여 위의 糖용액을 조심스럽게 주입시켜 당용액이 혼합되지 않고 진한 H_2SO_4의 표면에 뜨도록 한다. 두 액의 경계면에 생긴 색을 관찰한다.

17. 유지의 반응

동물성, 식물성 油脂 및 왁스(wax)는 高級脂肪酸과 알코올로 생성되는 에스테르의 형태로 되어 있으며, 유지는 지방산과 3價알코올인 글리세린으로 된 에스테르의 형태이며, 왁스는 마찬가지 지방산과 글리세린 이외의 알코올로 된 에스테르의 형태이다. 따라서 유지나 왁스를 가수분해(saponification, 비누화)하면 각각 해당 지방산과 알코올로 분해된다.

그러나 자연계에서 산출되는 油脂는 알코올 및 지방산을 주성분으로 한 에스테르로서 존재하는 것 이외에 에스테르의 자연분해로 인한 遊離알코올, 유리지방산을 비롯해서 기타 탄수화물, 단백질, 樹脂 및 색소 등을 각각 소량씩 함유하고 있다.

유지를 구성하는 알코올은 주로 글리세린이지만, 지방산은 종류가 많다. 그러나 이들 지방산은 다음과 같은 특징이 있다.

① 거의 전부가 카르복시산이다.

② 전부가 사슬모양 화합물이다.

③ 거의 전부가 1塩基酸(monobasic acid)이며, 2염기산이나 3염기산의 존재는 극히 드물다.

④ 지방산의 대부분은 탄소원자수가 짝수(4,6,8,10,12,16,18)이며 홀수 탄소수를 가진 것은 극히 드물다.

⑤ 짝수 탄소수의 지방산 중에서는 탄소원자수가 18인 것이 압도적으로 많다.

이 유지를 구성하는 주요지방산의 구조식은 다음과 같다.

$$CH_3CH_2CH_2CH_2CH_2CH_2CH_2CH_2CH_2CH_2CH_2CH_2CH_2CH_2CH_2COOH$$

Palmitic acid

$$CH_3CH_2CH_2CH_2CH_2CH_2CH_2CH_2CH_2CH_2CH_2CH_2CH_2CH_2CH_2CH_2COOH$$

Stearic acid

$$CH_3CH_2CH_2CH_2CH_2CH_2CH_2CH_2\overset{10}{C}H=\overset{9}{C}H\ CH_2CH_2CH_2CH_2CH_2CH_2CH_2COOH$$

Oleic acid

$$CH_2CH_2CH_2CH_2CH_2\overset{13}{C}H=\overset{12}{C}H\ CH_2\overset{10}{C}H=\overset{9}{C}H\ CH_2CH_2CH_2CH_2CH_2CH_2CH_2COOH$$

Linoleic caid

$$CH_3CH_2\overset{16}{C}H=\overset{15}{C}H\ CH_2\overset{13}{C}H=\overset{12}{C}H\ CH_2\overset{10}{C}H=\overset{9}{C}H\ CH_2CH_2CH_2CH_2CH_2CH_2CH_2COOH$$

Linolenic acid

$$CH_3CH_2CH_2CH_2\overset{14}{C}H=\overset{13}{C}H\ \overset{12}{C}H=\overset{11}{C}H\overset{10}{C}H=\overset{9}{C}H\ CH_2CH_2CH_2CH_2CH_2CH_2CH_2COOH$$

Licanic acid

$$CH_3CH_2CH_2CH_2\overset{14}{C}H=\overset{13}{C}H\ \overset{12}{C}H=\overset{11}{C}H\ \overset{10}{C}H=\overset{9}{C}H\ CH_2CH_2CH_2CH_2CH_2CH_2CH_2COOH$$

Eleostearic acid

$$CH_3CH_2CH_2CH_2CH_2CH_2\underset{\underset{OH}{|}}{\overset{12}{C}H}\ CH_2\overset{10}{C}H=\overset{9}{C}H\ CH_2CH_2CH_2CH_2CH_2CH_2CH_2COOH$$

Ricinoleic acid

이 章에서는 塗料分野에서 중요한 植物油에 대하여 그의 분류 및 화학적 시험법만을 설명한다.

17-1 식물유의 분류

식물유는 乾性油(drying oil), 半건성유(semi-drying oil) 및 不건성유(non-drying oil)로 크게 나뉜다.

건성유는 엷은 층으로 하여 공기 중에 방치해 두면 固化하여 건조막으로 되는 것이고, 불건성유는 오랜 시간을 경과해도 건조하지 않는 종류이며, 반건성유는 양자의 중간에 해당되는 것으로 건조에는 장시일을 요하나 가열하면 비교적 단시일에 건조하는 기름이다. 이들의 명확한 한계를 지우기는 어려우나 건조성은 대체적으로 기름의 불포화도(이중결합의 수)에 비례하는 사실로 보아 요오드값(iodine value)에 의해서 분류함이 정확하다.

건 성 유 ·············· 요오드값 130 이상
반건성유 ·············· 요오드값 100～130
불건성유 ·············· 요오드값 100 이하

이상으로 보아 기름을 구성하고 있는 지방산 중에 이중결합의 수가 많을수록 건조성이 빠른 건성유가 될 수 있음을 알 수 있다. 예로서 피마자유(caster oil)는 주성분이 리시놀레산(ricinoleic acid)의 에스테르이며, 이 리시놀레산은 이중결합 1개와 OH기 1개를 가진 지방산이다. 이 산을 화학적방법으로 脱水하여(1개의 OH와 이웃 탄소에 있는 H로부터 H_2O가 떨어짐) 이중결합을 하나더 생기게 하면 전체적으로 이중결합의 수는 2개가 되며 벌써 건성유에 속하게 되는 것이다.

【1】 건 성 유

기름을 엷은 층으로 하여 공기 중에 방치하면 酸化重合하여 粘着性을 잃고 彈性이 있는 건조피막을 형성하는 것으로, 주성분은 리놀렌산(linolenic acid, 이중결합 3개)과 리놀레산(linoleic acid, 이중결합 2개)의 글리세리드(glyceride)로 되어 있다.

이 건성유는 페인트, 니스(varnish), 리놀륨(linoleum), 油布, 油紙, 인쇄잉크 등의 중요한 원료이며, 기타 食用, 軟質비누의 제조에도 사용된다. 이에 속하는 중요한 기름은 다음과 같다.

linseed oil (亞麻仁油)
hempseed oil (大麻油)
walnut oil (胡桃油)
wood oil or tung oil (桐油)
perilla oil (荏子油)

【2】 반건성유

이에 속하는 기름은 엷은 油層으로 했을 때 오랜 시간을 경과해서 건조하는 것으로 요오드값 100~130에 해당하며, 리놀레산의 글리세드가 主이고 그 외에 상당량의 올레산 및 소량의 포화지방산의 글리세리드도 함유되어 있으나 건성유의 특유성분인 리놀렌산은 극히 소량밖에 함유되어 있지 않다. 食用 외 공업용으로는 그다지 용도가 넓지 않으며, 요오드값이 큰 것은 건성유에, 작은 것은 불건성유에 혼합해서 많이 사용되고 있다. 이에 속하는 주요기름은 다음과 같다.

cotton seed oil (棉實油)
corn oil (옥수수기름)
soy bean oil (大豆油)
rape seed oil (菜種油)

【3】 불건성유

불건성유는 공기 중에 오랜 시일 방치해도 건조하지 않기 때문에 頭髮用 및 윤활용으로 사용되며, 냄새가 거의 없어 식용유로 중요할 뿐만 아니라, 紡毛油 및 비누원료로서 아주 적합하다. 요오드값은 100 이하이며, 주로 올레산으로 구성되어 있다. 이에 속하는 주요기름은 다음과 같다.

olive oil (올리브油)
castor oil (蓖麻子油)
peanut oil (落花生油)
almond oil (扁桃油)
tea seed oil (茶油)

17-2 화학적 시험법

유지의 화학적 시험법에는 여러 가지가 있으나, 실제적으로 가장 많이 사용되고 있는 것은 다유 세 가지이다.

1. 비누화값(saponification value)
2. 산값(acid value)
3. 요오드값(iodine value)

【1】 비누화값

유지 1g을 완전히 비누화하는 데 필요한 KOH의 mg수를 그 유지의 비누화값이라 한다. 유지의 평균분자량이 적을수록, 즉 成分脂肪酸이 低級일수록 비누화값은 커진다. 따라서 비누화값을 측정함으로써 原油脂의 성분지방산의 大小를 알 수 있을 뿐만 아니라, 또한 旣知 유지의 비누화값이 문헌상의 일정한 값 이하로 적을 경우에는 비누화되지 않는 불순물, 예로서

mineral oil 등이 존재할 것이라는 것도 추측할 수 있다.

1) 비누화값 측정법　시료 약 1~2 g을 취하여 정확히 칭량하고 150~200 ml의 경질플라스크에 加한 후 약 $N/2$-알코올성 KOH 용액(약 32 g의 KOH를 소량의 물에 용해하고 95 % C_2H_5OH를 가하여 1 l로 한 후, 1~2시간 방치한 다음 용해되지 않은 것이 있으면 여과한 것) 25 ml를 가한다. 환류냉각기를 달고 끓는 물중탕 위에서 2~3시간 가열한다. 가열 중에는 가끔 플라스크를 흔들어서 비누화반응을 촉진시킨다. 가열이 끝나면 1%-페놀프탈레인 지시약을 몇 방울 가하고 과잉의 KOH를 $N/2$-HCl로써 역적정한다. 다음 시료를 넣지 않고 알코올성 KOH 25 ml만을 HCl로 적정하고(**바탕시험, blank test**), 두 값의 필요한 차로부터 비누화에 요한 KOH의 양을 계산하고 이것으로부터 다시 비누화값을 구한다.

예　Olive 油의 비누화값 측정

시료채취량 ………………………… 1.5320 g

역적정에 소요된 $N/2$-HCl …………… 12.0 ml

blank test에 소요된 $N/2$-HCl ……… 22.5 ml

비누화에 소요된 KOH의 양 ………… $(22.5-12.0)\times\frac{56.1}{2}=294.5$ mg

시료 1 g에 대한 KOH 소요량 ………… $294.5/1.532=192.2$ mg

(단, 56.1은 KOH의 분자량)

∴ 비누화값 = 192.2

표 17-1 몇 가지 유지의 비누화값

유지명	비누화값	유지명	비누화값
Olive 油	185~196	亞麻仁油	190~195
落花生油	186~196	荏子油	189~192
蓖麻子油	177~187	牛脂	193~198
胡麻油	189~193	豚脂	195~196
大豆油	191~192	魚油	179~194
옥수수油	190~193	肝油	168~193
棉實油	193~195	鯨油	188~194

【2】 산값(acid value)

유지 1 g 중에 함유되어 있는 유리지방산을 중화하는 데 필요한 KOH의 mg 수를 그 유지의 산값이라 한다. 유지가 오래된 것은 맛이나 냄새가 나쁘게 변한다. 이것은 글리세리드가 일부 가수분해되어 유리지방산을 생성하기 때문이다. 유리지방산의 생성은 유지가 오래 됨에 기인되는 것 외에 일광, 수분, 산소 등에도 관계되나, 유리지방산이 많으면 식용유지로서 품질이 저하되고, 윤활유로서 금속을 부식하기 때문에 산값은 유지의 가격에 큰 영향을 미친다.

1) 산값 측정법　시료 약 10 g을 정확히 칭량하여 300 ml 플라스크에 가하고, 미리 중성

으로 한 벤젠-알코올용액(2 : 1) 또는 알코올-에테르용액(1 : 1) 약 50 ml를 가하여 용해시킨 다음, 1%-페놀프탈레인 지시약 몇 방울을 가하고, N/10-KOH 용액으로서 적정한다.

주의

산값이 큰 시료에 있어서는 1~3 g을 취하여 N/2-알코올성 KOH 용액으로서 적정하며, 또 색이 진한 시료에 있어서는 페놀프탈레인 대신에 지시약으로서 2%-Alkali Blue 6B 알코올용액 또는 1%-치몰프탈레인 알코올용액 등을 사용하면 적정하기 용이하다.

예 어떤 유지시료의 산값적정

시료채취량 ································ 9.550 g

적정에 소요된 N/10-KOH 량 ········· 10.25 ml

N/10-KOH 의 factor ·················· 1.015

$$\text{산값} = \frac{10.25\times5.61\times1.015}{9.55} = 6.10$$

【3】 요오드값

유지 100 g에 흡수된 ICl의 양을 요오드의 g수로 표시한 값을 그 유지의 요오드값이라 한다.

불포화지방산 및 그 에스테르는 할로겐과 반응하여 그 불포화결합에 할로겐이 첨가하여 포화화합물이 된다. 할로겐흡수량은 불포화도에 비례한다. 즉 1분자의 올레산, 리놀레산, 리놀렌산은 각각 2,4,6 원자의 할로겐을 첨가하여 포화 할로겐화합물이 된다. 천연유지는 단일화합물이 아니기 때문에 그것의 할로겐 흡수량으로부터 전체로서의 불포화도를 알 수 있고, 따라서 그 성분지방산에 대해서도 대략적으로 추측할 수 있다.

할로겐 중에서 Cl은 첨가반응 이외에 치환반응도 일으키고, Br은 취급하기 불편하며, I는 첨가반응이 너무 느리고 또 불안정하기 때문에 일반적으로 일염화요오드(ICl)가 사용되고 지방산, 유지 등의 일염화요오드 흡수량을 요오드로 환산하여 이것을 요오드값이라 부른다.

표 17-2 몇 가지 유지의 요오드값

유 지 명	요오드값	유 지 명	요오드값
亞麻仁油	175~201	落花生油	86~ 99
桐 油	155~162	Olive 油	77~ 91
荏子油	193~203	蓖麻子油	84~ 85
大麻油	145~166	牛 脂	55~ 57
大豆油	121~124	豚 脂	69~ 75
옥수수油	115~128	鯨 油	116~128
棉實油	104~116	肝 油	138~167
胡麻油	103~115	魚 油	180~187

【측정방법】

요오드값 측정법으로서는 Wijs 氏 방법이 가장 널리 사용되며, 여기서는 이 방법에 관해서만 설명한다. 먼저 이 방법에 요하는 시약은 다음과 같이 조제한다.

1) **ICl 용액** ICl 7.9 g 과 I_2 8.7 g 을 따로따로 가열중탕 위에서 빙초산에 용해시키고, 이들을 1 l 의 눈금이 있는 플라스크에 넣어서 혼합한 후 빙초산을 추가하여 1 l 로 한다.

2) **N/10-$Na_2S_2O_3$ 용액** $Na_2S_2O_3$ (보통 $Na_2S_2O_3 \cdot 5H_2O$ 결정) 24 g 을 물에 용해시켜 1 l 로 묽게 하고, 순수한 $K_2Cr_2O_7$ 또는 순수한 요오드의 旣知量을 적정하여 요오드 0.2 g 에 해당하는 ml 수(n)를 측정해 둔다.

3) **CCl_4** 유지의 용제로 사용한다. $K_2Cr_2O_7$ 또는 conc H_2SO_4 와 함께 흔들어도 착색하지 않아야 한다.

4) 전분액 전분 또는 가용성전분 1 g 을 물 100 ml 와 끓여서 제조한다.

5) **KI 용액** KI 10 g 을 물 100 ml 에 용해시켜 제조한다.

6) 시료 대개 다음 범위로 취한다. 고체지방 0.8～1.0 g, 불건성유 0.3～0.4 g, 반건성유 0.2～0.3 g, 건성유 0.15～0.18 g

【방 법】

시료를 500～800 ml 플라스크 중에 정확히 칭량하여 가하고 CCl_4 10 ml 를 가해서 용해시킨 후, ICl 용액 25 ml 를 가하고 몇 번 조용히 흔든 다음 어두운 곳에 방치한다. 방치시간은 요오드값이 100 이하의 것은 30 분, 반건성유는 1 시간, 건성유는 2～6 시간을 표준으로 한다. 다음 여기에 KI 용액 10～15 ml 와 물 400 ml 를 가하고, N/10-$Na_2S_2O_3$ 용액으로 적정하여 액이 담황색이 되었을 때 전분용액을 가하고 액이 무색이 되었을 때를 적정종점으로 한다. 동시에 시료를 가하지 않은 것에 대하여 동일한 조작으로 blank test 를 행한다.

바탕시험에 필요한 N/10-$Na_2S_2O_3$ 용액의 ml 수(b)와 본 시험에 필요한 N/10-$Na_2S_2O_3$ 액의 ml 수(a)와의 차이가 시료에 흡수된 ICl 의 양에 해당하므로 다음 식에서 시료의 요오드값을 계산할 수 있다.

$$\text{요오드값} = \frac{0.2 \times (b-a)}{n \times (\text{시료의 g수})} \times 100$$

예 리놀레산의 요오드값 측정

시료 0.100 g 을 취하여 ICl 용액 25 ml 를 가하고 2 시간 작용시킨 후 과잉의 할로겐을 N/10-$Na_2S_2O_3$ 용액으로 적정한다.

적정에 소요된 N/10-$Na_2S_2O_3$ 용액 ························ 35.48 ml
blank test 에 소요된 N/10-$Na_2S_2O_3$ 용액 ·············· 49.80 ml
요오드 0.2 g 에 해당하는 N/10-$Na_2S_2O_3$ 용액 ········ 15.92 ml

$$\text{요오드값} = \frac{(49.80-35.48) \times 0.2 \times 100}{0.100 \times 15.92} = 179.9$$

18. 적정법에 의한 유기산의 분자량측정

이 실험에서는 숙신산($HOOC\,CH_2CH_2COOH$)을 시료로 사용하여 이 산의 일정량을 물에 녹인 후, $N/2$-NaOH 용액으로 적정하여 소요된 $N/2$-NaOH의 ml 수로부터 분자량을 계산한다. 숙신산은 2 염기산(dibasic acid)이기 때문에 이 산의 1 g 분자량은 1 N-NaOH 용액 2000 ml와 대등하고, $N/2$-NaOH 용액 4000 ml와 대등하다.

【실 험】

숙신산의 분말 약 2.5 g을 취해서 정확히 칭량하고, 100 ml의 메스플라스크에 넣어 증류수를 가해서 100 ml로 만든다. 잘 흔들고 균일한 용액이 되었을 때 피펫을 사용해서 이 용액 25 ml를 150 ml 삼각플라스크에 취하고 페놀프탈레인 지시약 1～2 방울을 가한 후, N/2－NaOH 용액으로 적정한다. 다시 용액 25 ml를 취해서 적정을 반복하여 일치된 결과를 얻는다.

【계 산】

Succinic acid의 사용량(g) ………………………………………………… A
윗용액 25 ml를 중화하는 데 소요된 N/2-NaOH 용액의 ml 수 …………… B
그러면, 윗용액 100 ml를 중화하는 데 필요한 N/2-NaOH의 ml 수 ……… 4B
1N-NaOH의 ml 수(환산) ………………………………………………… 2B

그러므로 숙신산 A(g)를 1 N-NaOH 2B로서 중화한 셈이 된다.

∴ 1 N-NaOH 2000 ml를 중화하는 데 필요한 숙신산의 소요량은,

1 N-NaOH	succinic acid
2B(ml)	A(g)
2000(ml)	x

$$\therefore\ x = \frac{A}{B} \times 1000\ (g)$$

여기서 x는 숙신산의 분자량에 해당한다.

예 숙신산의 사용량(g) ………………………………………………… 2.627
윗용액 25 ml를 중화하는 데 필요한 $N/2$-NaOH의 ml 수 22.2, 22.1, 22.1 평균 22.1

윗 숙신산(succinic acid)용액 100 ml 를 중화하는 데 필요한 $N/2$-NaOH의 ml 수 88.4

$1N$-NaOH 용액의 ml 수(환산)는 ······ 44.2

$1N$-NaOH 2000 ml 를 중화하는 데 필요한 숙신산의 소요량은,

$$\frac{2.627}{22.1} \times 100 = 119$$

즉, 숙신산의 분자량의 실험값은 119이다(실제 분자량 118).

19. 크로마토그래피의 원리

多孔質吸着劑(固定相)의 일부에 A, B 두 성분으로 된 혼합물을 흡착시키고 적당한 용매(移動相)를 서서히 한 방향으로부터 스며들게 하면 용매가 A와 B를 함유하고 있는 부분에 이르게 되어 A와 B는 각각 일정량(정도는 다름)만 용매중에 용출된다. 이때 용매중에 용출된 양과 흡착제에 아직 고정되어 있는 양 사이의 관계는 등온흡착식의 평형점에 가까울 것이며, A, B 두 성분은 스며들어오는 새로운 용매에 용출되어 이동할 것이다. B 성분이 A 성분보다 용출되기 쉽다고 하면, B 성분은 더 많이 용매에 의해 이동될 것이다(**전개, development**).

다음 A, B 성분을 용출한 용매가 A, B를 함유하지 않는 새로운 흡착제층에 스며들면 용질 A, B가 다시 흡착제에 일부 흡착된다. 이때에도 녹아 남아 있는 양과 재흡착된 양의 관계는 등온흡착식으로 표시되는 평형점에 가까울 것이므로 용출되기 힘든, 즉 흡착되기 쉬운 성분(A)일수록 다량 흡착제에 고정된다. 이와 같은 조작이 계속되면 흡착제와 용매의 分散系 界面에서의 용출, 재흡착이 반복되어 A와 B 사이의 被吸着力과 被溶出力에 약간의 차이만 있어도 두 성분의 이동에 차이가 생겨 결국은 완전히 분리될 것이다. 이것이 크로마토그래피의 원리이다.

지금 각 성분을 일정한 거리 L 만큼 이동시키는 데 필요한 용매의 통과량을 V, 흡착기둥의 단면적을 S 라고 하면 V/S, 즉 단위면적당의 용매통과량과 L 과의 비는 각 성분의 크로마토그래피의 樣式이 일정하면 일정한 값이 된다.

$$\frac{L}{V/S} = R$$

a를 이 흡착기둥 내에서 용매가 스며들 수 있는 空隙率이라고 하면,

$$\frac{L}{V/Sa} = R_f$$

즉, 어떤 성분이 이동한 거리와 이것을 이동시킨 용매가 흡착층에 스며든 거리와의 비는 실험조건이 일정하면 일정한 값을 가지게 된다. 이 R_f를 **이동률**(run of flow)이라 한다.

크로마토그래피는 유기 및 무기화합물의 정성·정량분석에 널리 이용되는 새로운 방법으로서 몇 가지 종류가 있으나, 이 책에서는 paper partition chromatography(약해서 paper chromatography, 종이 크로마토그래피)와 elution chromatography(용출 크로마토그래피)에 대해서만 다음장에서 취급한다.

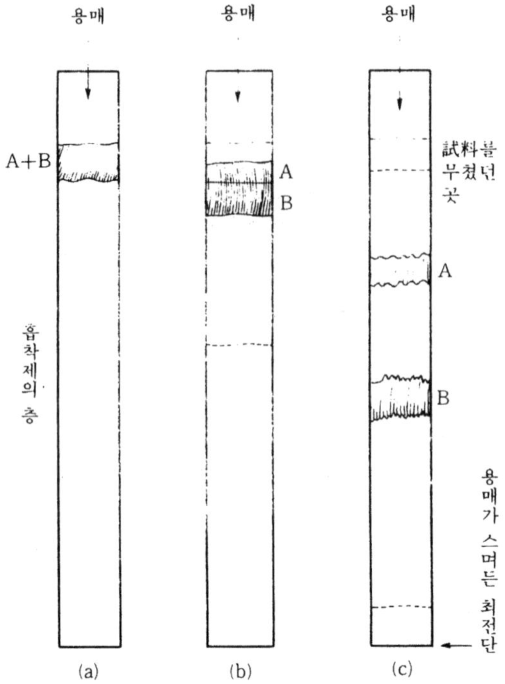

그림 19-1

20. 종이 크로마토그래피
(paper chromatography)

이 실험에서는 아미노산 및 합성수지 초기생성물의 종이분배 크로마토그래피(paper partition chromatography)를 취급한다.

20-1 아미노산의 종이크로마토그래피

중간을 접은(길이로) 여과지의 스트립(strip)을 약간 경사지게 한 시험관에 넣고(그림 20-1), 밑부분을 페놀용액에 침지시키면, 물과 부분적으로 혼합하는 유기용매인 페놀은 흡착수에 의해서 거의 방해되지 않고 모세관현상에 의해서 스트립을 상승해 간다. 이 종이분배 크로마토그래피에서는 흡착수가 고정상이고, 유기용매가 이동상으로 되어 있다. 여과지의 스트랩을 삽입하기 전에 페놀의 액면의 조금 위에 위치하도록 基線을 긋고(그림 20-2), 이 기선의 양단에 극소량의 아미노산을 침입시킨다. 페놀이 스트립의 정상을 향해서 상승해 가면 이 아미노산은 이동유기용매相과 고정상 간에 수없이 분배된다. 그 결과 油溶性인 아미노산은 유기용매와 거의 같은 속도로 상승해 가나, 반대로 水溶性인 아미노산은 대부분 吸着水에 의해서 저지되어 조금밖에 상승하지 않는다. 명확한 용매의 선단이 기선으로부터 10 cm 떨어진 곳에

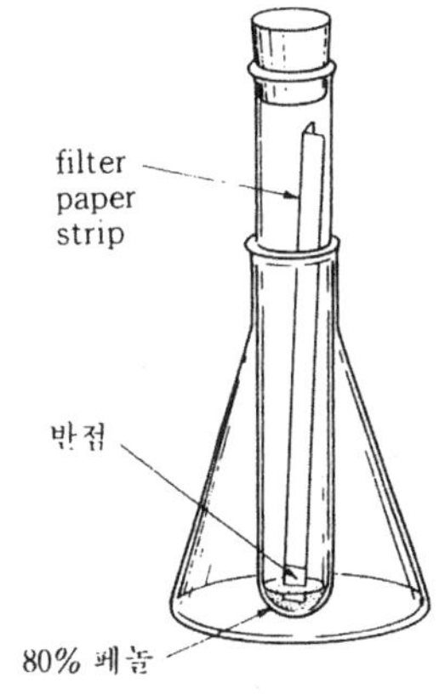

그림 20-1

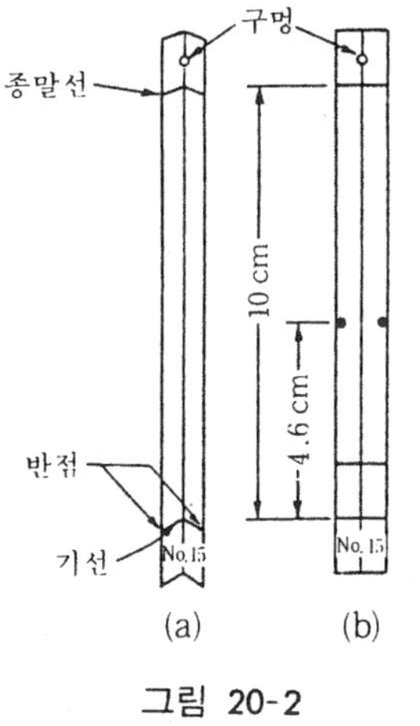

그림 20-2

있는 종말선(그림 20-2)에 도달하게 되면 크로마토그램을 중지하고 스트립을 제거하여 고정시켜 걸어둔다. 모든 아미노산은 무색이기 때문에 닌히드린용액을 뿜기 전에는 스트립에 아미노산이 분포되어 있는 상태를 알 수 없다. 아미노산과 닌히드린의 산화환원반응에 의해서 색소가 생겨, 이 색소는 여과지위에 작은 반점으로 나타난다(그림 20-2 b). 이 반점의 선단에 표를 하고 이것과 기선과의 거리를 자로 잰다. 각각의 아미노산의 이동률(run of flow), 즉 R_f 값은 아미노산이 이동한 거리와 용매가 이동한 거리와의 비를 말한다. 그림 20-2(b)의 예에서는 $R_f = 4.6/10 = 0.46$이 된다. α-아미노산은 분홍색으로부터 보라색의 반점을 나타내고 2차 아민인 프롤린이나 히드록시프롤린은 황색의 반점을 나타낸다.

R_f값은 사용한 용매나 여과지의 종류에 따라 변한다. 표 20-1에서 나타낸 R_f값은 다음에 기술하는 방법에 의해서 결정한 값들이다. 글리신, 알라닌, 발린, 류신의 계열에서는 분자량이 커짐에 따라 R_f값도 커진다. 즉, 알킬基의 크기가 커짐에 따라 유기용매와 함께 이동하기 쉽게 된다. 뿐만 아니라 R_f값과 분자량간에도 일정한 관계를 갖는다.

어떤 산의 親水性과 油溶性 간의 균형도는 분자이동률(molecular flow) M_f로 정의되는 양으로 표현된다. M_f는 다음과 같이 계산한다.

$$M_f = \text{분자량}/100\ R_f$$

표 20-1에서 보면 구조가 유사한 물질의 M_f값은 그 산의 형태에 특유한 일정한 범위 내에 있음을 알 수 있다. 표 20-1에서 *n*-alkyl acid 및 *iso*-alkyl acid의 평균 M_f(glycine = 1.8 alanine = 1.5 valine = 1.6 leucine = 1.7)는 1.65이다. methionine(M_f = 1.9)이나 phenylalanine(M_f = 2.0)의 M_f가 좀 큰 값을 나타내는 것은 황(S)원자나 페닐기가 그 물질의 친수성을 조금 증가시킴을 나타내고 있다. Proline은 環式 2차 아민이기 때문에 특별하며, 모든 아미노산 중에서 가장 작은 M_f값(= 1.4)을 가진다.

시스틴(cystine)의 M_f값 및 용해도가 異常的이나, 그 이유는 아직 알려져 있지 않다. 시스틴의 R_f값은 몹시 작고, 또한 물에 대한 용해도(25℃)는 leucine이 24.3 g/*l* 인데 비해서 겨우 0.112 g/*l* 에 지나지 않는다.

지방족 아미노산(평균 M_f = 1.6)의 側鎖(side chain)에 極性인 원자단이 도입되면 다음과 같이 친수성이 순차적으로 커진다.

塩基性基	$M_f = 2.1$
水 酸 基	$M_f = 2.5$
carboxyl 基	$M_f = 4.0$

【실 험】

Eaton-Dikeman No. 613 여과지(주의 1)를 사용하여 길이 13 cm, 폭 1.3 cm의 스트립을 끊어서 그림 20-2(a)처럼 표를 하고 작은 구멍을 뚫은 후 중앙을 길이대로 반으로 접는다(주의 2). 여과지에 손을 대면 피부의 단백질로 인해서 가짜 반점이 생기게 되므로 손이 닿지 않도록 주의해야 한다. 그러기 위해서는 미리 스트립을 필요한 길이보다 4 cm쯤 길게 끊어서 그 양쪽 끝 2 cm를 손잡이로 사용하여 이 부분을 쥐고 조작할 것이며, 모든 조작이 끝나면 절단해 버리면 된다.

표 20-1 Amino acid 의 R_f 값

산	화 학 식	R_f	Mol. Wt.	$M_f = \frac{\text{Mol. Wt.}}{100\ R_f}$
Cystine	$HO_2CCH(NH_2)CH_2SSCH_2CH(NH_2)C$	0.16	240.30	15
Glycine	$CH_2(NH_2)CO_2H$ CO_2H	0.42	75.07	1.8
Alanine	$CH_3CH(NH_2)CO_2H$ CO_2H	0.59	89.09	1.5
Valine	$(CH_3)_2CHCH(NH_2)CO_2H$ CO_2H	0.75	117.15	1.6
Leucine	$(CH_3)_2CHCH_2CH(NH_2)CO_2H$	0.79	131.17	1.7
Methionine	$CH_3SCH_2CH_2CH(NH_2)CO_2H$	0.77	149.21	1.9
Phenylalanine	$C_6H_5CH_2CH(NH_2)CO_2H$	0.82	165.19	2.0
Proline	$HNCH_2CH_2CH_2CHCO_2H$	0.85	115.13	1.4
Ornithine	$H_2NCH_2CH_2CH_2CH(NH_2)CO_2H$	0.65	132.16	2.0
Cation	$\overset{+}{H}_3NCH_2CH_2CH_2CH(NH_2)CO_2H$	0.47	133.17	2.8
Lysine	$H_2NCH_2CH_2CH_2CH_2CH(NH_2)CO_2H$	0.71	146.19	2.1
Cation	$\overset{+}{H}_3NCH_2CH_2CH_2CH_2CH(NH_2)CO_2H$	0.53	147.20	2.8
Arginine	$HN{=}C(NH_2)NHCH_2CH_2CH_2CH(NH_2)$	0.76	174.20	2.3
Cation	$\overset{+}{H}_2N{=}C(NH_2)NHCH_2CH_2CH_2CH(NH_2)$	0.60	175.21	2.9
Serine	$HOCH_2CH(NH_2)CO_2H$	0.43	105.09	2.4
Threonine	$HOCH(CH_3)CH(NH_2)CO_2H$	0.51	119.12	2.3
Tyrosine	$HOC_6H_4CH_2CH(NH_2)CO_2H$	0.62	181.19	2.9
Aspartic acid	$HO_2CCH_2CH(NH_2)CO_2H$	0.32	133.10	4.2
〃 Anion	$HO_2CCH_2CH(NH_2)CO_2^-$	0.25	132.09	5.3
Glutamic acid	$HO_2CCH_2CH_2CH(NH_2)CO_2H$	0.40	147.13	3.7
〃 Anion	$HO_2CCH_2CH_2CH(NH_2)CO_2^-$	0.35	146.12	4.0

그림 20-3 에는 基線 (c) 와 종말선 (b) (c 와 b 의 간격 10 cm) 및 경계선(a 및 d)이 표시되어 있고, 작은 구멍이 뚫어진 스트립을 나타낸다. 밑부분의 번호는 실험의 일련번호를 나타낸다.

중심을 길이로 접은 스트립의 밑부분 손잡이를 쥐고, 그 基線의 양끝에 아미노산용액(시료)의 작은 반점을 찍는다(그림 20-4). 이 반점의 면적은 지름이 2~3 mm 이상이 되지 않도록 하고 뒷면에서 투시하여 그 반점을 볼 수 없을 정도의 크기라야 한다. 다음 페놀의 80 % 용액(주의 3) 약 0.2 ml 를 2×15 cm 시험관에 측벽에 액이 묻지 않도록 조심스럽게 넣고 이 시험관을 스탠드나 삼각플라스크 등을 이용해서 약간 경사지게 세운다. 아미노산의 시료를 묻힌 스트립의 양끝 손잡이를 절단하고, 핀셋으로서 집어 주의깊게 이 시험관에 넣고 그림 20-1 처럼 스트립이 시험관의 위끝과 밑부분만 접촉하도록 한다. 이때 아미노산의 시료반점이 밑으로, 작은 구멍이 위로 가도록 넣을 것이며 거꾸로 되지 않도록 주의해야 한다. 시험관을 코르크로서 막고 용매의 선단이 10 cm 상승해서 종말선에 도달하는 데 필요한 시간을 기록한다(약 2~3 시간 필요). 종말선에 이르게 되면 스트립을 핀셋으로 집어들고, 페놀을 제거하고 건조를 빠르게 하기 위해서 아세톤을 뿜어서 잘 씻어 내리면서 그림 20-5 처럼 걸어서 건조시킨다. 다음 스트립의 밑부분을 핀셋으로 집고 닌히드린용액(주의 4)을 가볍게 일률적으로 뿜는

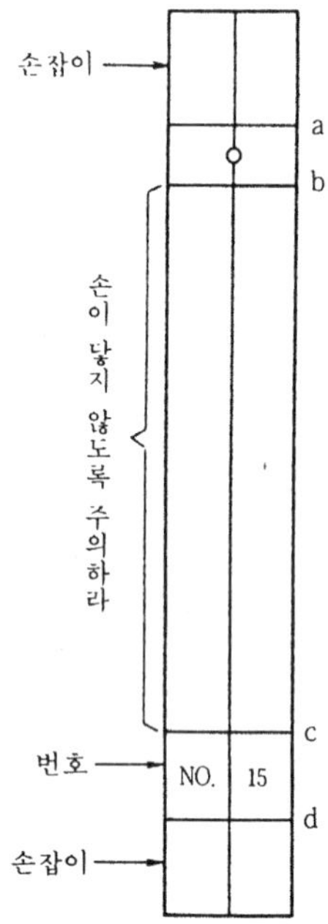

그림 20-3

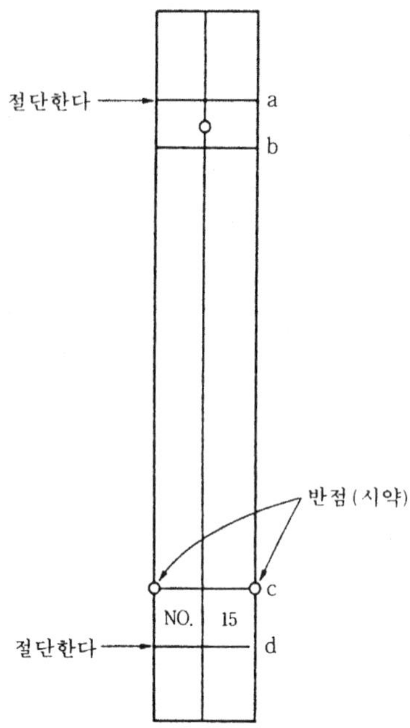

그림 20-4

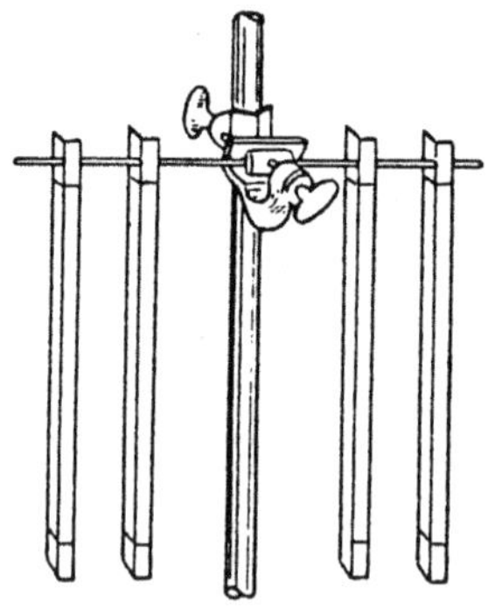

그림 20-5

다(여과지가 겨우 젖을 정도만). 반점은 보통 5～10분 내에 나타난다. 연필로 각 반점의 윤곽을 그리고 반점의 상단과 기선간의 거리를 자로 재어 R_f 값을 계산한다.

용매가 정확히 종말선에 도달하도록 크로마토그램의 전개를 행할 필요는 없다. 만일 종말선보다 조금 밑이나 위해서 전개를 중지했다고 하면 스트립을 제거하고, 용매의 선단에 표시를 해서 아세톤으로 씻고 위와 같이 처리하면 된다.

주의

① 이 실험에 사용한 여과지는 Eaton-Dikeman No. 613이다. 이 여과지 이외에 Whatman Filter Paper No. 1, 2, 3 또는 Schleicher and Schüll Filter Paper No. 597, 또는 日製 東

洋濾紙 No. 2, 50, 51, 52, 131 등으로도 가능하나, 주의할 점은 이들 여과지를 사용함에 따라 표 20-1에서의 R_f 값은 일치하지 않으므로 각 여과지에 따른 새로운 R_f 값을 각각 실측해야 된다.

② 중앙을 길이대로 직각으로 접을 때는 삼각자 같은 것을 사용함이 좋고, 스트립에는 일체 손이 닿지 않도록 주의할 일이다.

③ 이 80%-페놀용액은, (a) 화학용(1급) 페놀 80 g과 증류수 20 g을 용해할 때까지 가열하고 냉각시키거나, (b) 페놀 1 lb에 끓는물 114 g를 가하고 수분과 흔들면 고체는 곧 용해하고 온도는 13℃ 정도가 된다. 즉시 이 용액을 리그로인층(90°~120°)으로 두텁게 덮어 흔들어서 포화시킨다(리그로인은 극히 소량 밖에 용해하지 않음). 즉, 이렇게 하여 공기산화되지 않도록 보호해 두고 사용시는 스포이드로 밑부분의 페놀용액을 사용함이 좋다.

④ 닌히드린 40 mg과 *s*-collidine(2,4,6-trimethyl pyridine) 1.5 m*l*를 95% 에탄올 100 m*l*에 용해시켜서 사용한다. *s*-collidine 대신에 피리딘도 사용되나 후자는 발색이 좋지 못하다.

—— • 필 요 약 품 • ——

phenol(화학용)	80 g
amino acids mixture(sample)	소 량
ninhydrin	400 mg
collidine	1.5 m*l*
95%-ethanol	100 m*l*

—— • 필 요 기 구 • ——

Erlenmeyer flask	1
filter paper(Eaton-Dikeman No. 613 or Whatman No. 1, 2, 3 or Toyo No. 50, 51, 52)	
pincette	1
test tube (2×15 cm)	1

20-2 합성수지 초기생성물의 종이 크로마토그래피

【1】 요소수지 초기생성물

지금까지 분리 및 확인이 몹시 곤란했던 합성수지 제조시의 초기생성물에 대한 검출 및 定量까지 이 종이 크로마토그래피가 이용되고 있어, 고분자의 생성반응기구의 학문적 진보에 크게 공헌하고 있을 뿐만 아니라 제조공장 현장에서의 품질관리에도 중요한 역할을 하고 있다.

요소 1 mole에 포름알데히드 2.5 mole을 작용시키고 약한 알칼리성으로 하여 65°~75℃ 에서 가온하면서 이 액을 소량씩 취하여 앞에서와 같은 조작으로 종이 크로마토그래피를 행한다. 이때 전개제로서는 에탄올, 메탄올, 물의 3 : 1 : 1의 부피비로 혼잡한 용매를 사용하고 발색시약으로서는 Tollens 시약을 사용한다. 생성된 각 반점을 연필로 표를 하고 R_f 값을 계산하여 반응계 중에 생성된 성분을 확인한다. 이 방법을 행하기 전에 주의할 것은 이 실험과 똑같은 조건으로 반응에서 생성가능한 각 물질들의 순수한 개개물질에 대한 R_f 값을 미리 결정해야 한다는 점이다.

순수한 물질의 R_f 값은 표 20-2 에서 나타낸다.

시간이 경과함에 따라 자주 반응액을 취해서 전개시키고 얻은 R_f 값을 표에서 찾아 그 반점에 해당한 물질을 확인한다.

표 20-2 요소 및 요소수지 초기생성물의 R_f 값

물 질 명	구 조 식	R_f
1. Dimethylol urea dimethyl ether	$CH_3OCH_2NHCONHCH_2OCH_3$	약 0.75
2. Dimethylol urea	$HOCH_2NHCONHCH_2OH$	0.645±0.006
3. Monomethylol urea	$H_2NCONHCH_2OH$	0.603±0.010
4. Urea	H_2NCONH_2	0.576±0.004
5. Methylene bismethylol urea	–	약 0.55
6. Methylol methylene diurea	–	약 0.51
7. Methylene diurea	$H_2NCONHCH_2NHCONH_2$	0.424±0.013

실험조건 ;

전 개 제 : 에탄올 : 메탄올 : H_2O = 3 : 1 : 1(부피)

전개시간 : 7.5 시간

온 도 : 20~23℃

전개거리 : 약 30 cm

증색시약 : Tollens' reagent

여과지 : Toyo filter paper (日製) No. 50 (2×40 cm)

【2】 멜라민수지 초기생성물

멜라민 1 mole 에 포름알데히드 3.3 mole 을 작용시키고 약 알칼리성으로 하여 60~70℃ 에서 반응시키고 이 반응액을 때때로 소량씩 취하여 위와 마찬가지로 전개시킨다. 전개액으로서는 부탄올, 에탄올, 물의 4 : 1 : 2 의 부피비로 혼합한 용매를 사용하고 증색시약은 앞에서와 같이 Tollens 시약을 사용한다. 모노메틸올멜라민으로부터 di-, tri-, hexamethylol melamine 에 이르기까지 각각의 순수한 물질에 대한 R_f 값들을 결정해 놓고 이에 똑같은 조건으로 반응액에 대하여 행해보면, 반응시간이 경과함에 따라 반점의 수는 늘어가고 이로부터 결정한 R_f 값으로서 각 반점에 해당한 물질을 확인할 수 있다. 이 멜라민수지의 초기축합물에 대한 종이 크로마토그래피를 정성적으로, 경과시간에 따른 반점의 수를 보면, 5 분 후 1 개, 10 분 후 2 개, 15분 후 역시 2 개, 20분 후 4 개, 25분 후 5 개, 30분 후 역시 5 개, 35분 후 6 개, 40분 후 역시 6 개, 50분 후 역시 6 개, 60분 후 역시 6 개로 나타난다. 이것으로 반응시간이 경과함에 따라 멜라민에 포름알데히드가 첨가하여 점차로 메틸올基가 도입되어 여러 가지 메틸올멜라민의 혼합물이 생성됨을 알 수 있다.

21. 용출크로마토그래피
(elution chromatography)

시료(유기혼합물)를 소량의 용매에 녹이고 알루미나(Al_2O_3)를 충전시킨 컬럼에 흡착시키고, 이것을 순차적으로 용출력(흡착제로부터 흡착되어 있는 물질을 追出하는 능력)이 강한 용매로서 용출한다(그림 21-1). 용출액은 번호를 붙인 몇 개의 플라스크에 따로따로 모으고 각각을 증발시켜 殘分에 대해서 시험한다. 혼합물 중의 물질들이 서로서로 화학적으로 상이한 형의 것이 있으면 용출되는 시간이 빠른 것과 느린 것으로 나누어진다. 그 용출의 일반적인 순서는 다음과 같다.

alkanes—alkenes—dienes—aromatic hydrocarbons—ethers—esters, acetates—alcohols—diols—acids.

용출에 사용되는 용매는 다음 순서로 용출력이 커진다.

석유에테르 – 벤젠 – 에테르 – 메탄올

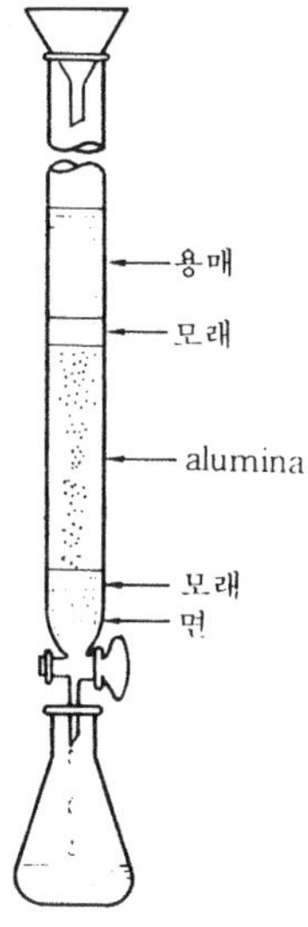

그림 21-1

미지시료에 대해서 실험할 때는 먼저 석유에테르로 용출하고, 다음으로 석유에테르- 벤젠의 혼합액을 4 : 1로부터 1 : 4에 이르기까지 순차적으로 변경시켜 사용하고, 다음은 벤젠, 벤젠-에테르혼합액, 에테르, 에테르-메탄올 혼합액의 순서로 행한다. 다음에서 컬럼을 만드는 방법과 두 가지의 실험방법을 기술한다.

【실 험】

(1) 크로마토 컬럼

필요량의 알루미나를 칭량해서, 50 ml 뷰렛의 콕(cock)에 그리스를 칠하지 않고 잠근 후, 35 ml의 눈금까지 30~60°의 석유에테르로써 채운다. 나무막대로 소량의 탈지면을 용매 중에 밀어 넣어 뷰렛의 밑부분까지 닿게 막고 이 탈지면 위에 1 cm의 층이 되기까지 모래를 깔때기를 통해서 용매 중에 넣는다. 가볍게 눌러 표면을 편편하게 한 후 뷰렛을 들어내어 바른손으로 뷰렛의 상단과 깔때기를 꽉 쥐고(즉 管壁에 알루미나가 부착하면 전체를 흔들어 떨어뜨릴 수 있도록 하기 위함) 왼손으로 종이에 있는 알루미나를 흘러내리게 한다. 작은 입자까지 가라앉게 된 후 소량의 모래를 넣어 알루미나의 상단을 눌러 놓는다. 콕을 열어 용매를 모래(上部)의 조금 위까지 유출시키고 잠근다. 이렇게 만든 컬럼을 다음 실험에 사용한다.

(2) 트리페닐카르비놀제조에서의 母液처리

실험 23에서 트리페닐카르비놀(triphenyl carbinol)을 정제했을 때 얻은 잔류분을 소량의 에테르에 녹이고 중량을 측정한 플라스크에 주입하여 증발시키고, 아스피레이터로서 흡인한 후 칭량한다. 이 油狀物 또는 반고체 2 g을 30~60°의 석유에테르 15~20 ml에 침지하고 고체가 생기는 일이 있으면 여과지로 여과하면서 위에서 만든 컬럼에 流入시킨다. 남은 결정은 이와 같은 결정을 얻게 되면 합치기 위해서 보관해 둔다.

처음 용출액은 혼합물이 되기 쉬우므로 작은 삼각플라스크 5개를 사용하여 5 ml씩 5개의 분류분(分溜分 : fraction)으로 모은다. 다섯 번째의 fraction을 모은 후, 용출액을 증발시키고 아스피레이터로 흡인하고 시험할 때까지 컬럼의 콕(cock)을 잠그고 크로마토그래프를 중지한다. 이들 fraction을 방치하고 결정이 잘 석출되는가 않는가를 시험한 후 크로마토그래프를 계속한다. 즉 다섯 번째의 fraction이 미량의 油狀物이 생긴 정도만으로 결정이 생기지 않으면 다시 석유에테르 20 ml로서 용출하고 유출액을 50 ml 삼각플라스크에 모아 fraction 6으로 한다. 계속해서 벤젠 20 ml씩을 사용하여 3개의 fraction을 모으고 크로마토그래프를 중지한 후 결과를 조사한다.

나중 fraction에서 생긴 유상물은 器壁을 긁으면 쉽게 결정화한다. 결정은 석유에테르로 씻고 녹는점을 측정한다. 처음 1,2개의 fraction이 결정화하면 그 결정은 대개 유상물이 섞여 있으므로 다음과 같이 하여 제거한다. 물 2 ml와 메탄올 8 ml의 혼합액을 얼음으로 냉각하고, 그 결정이 든 플라스크도 냉각한 후 여기에 용매를 가해서 흔들고 여과한 후 결정을 찬 용매로 세척한다.

결정은 녹는점을 측정하고 확인한다.

(3) 니트로아닐린(*o*-, *m*-, *p*-) 이성질체의 분리

시료 약 40 mg을 클로로포름 40 ml에 용해하고 사염화탄소 4 ml를 가한다. 이 혼합액을 알루미나층에 흡착시키고, 클로로포름과 사염화탄소의 1 : 1(용량) 용액을 용매로 사용하여 계속적으로 전개시킨다. 처음은 상단에 극히 짙은 황색의 좁은 흡착대와 약간 밑에는 이것을 따르는 폭이 넓은 희미한 황색의 흡착대가 나타난다(그림 21-2 a).

전개에 따라 아래로 펼쳐진 부분은 속히 움직여 선단에 차차 모여 짙은 황색을 띤다. 상부에 남은 황색대도 이동은 느리나, 이것과 유사하게 이동하여 위쪽에 한 줄기 흡착대를 형성하고, 최상부의 짙은 황색대는 전혀 움직이지 않으므로 결국 그림 21-2 (b)와 같이 세부분의 흡착대로 전개된다. 그 후 계속해서 용출시키면 최하대가 밑부분에 도달하여 황색액이 용출하기 시작한다(fraction 1). 이 부분이 용출되면 알루미나층의 下半은 백색으로 된다.

다음에는 클로로포름만으로 전개하면 그림 21-2 (c)와 같이 중간황색대가 이동하여 하단에서 용출된다(fraction 2). 이때 최상부의 흡착대는 약 1/3 정도 밑방향으로 이동된다. 이 층을 메탄올로 용출시키면 fraction 3을 얻는다. 황색을 띠는 각 fraction에서 되도록 용매를 전부 追出하고 각 잔사(殘渣)를 소량의 에탄올에서 재결정한다. fraction 1, 2, 3은 각각 *o*-, *m*-, *p*-nitroaniline이다.

——• 필요약품 •——

alumina	약 150 g 정도
petroleum ether (bp 30～60°)	약 120 m*l* 정도
sample(*o*-, *m*-, *p*-nitroaniline mixture)	40 mg
sample(triphenyl carbinol 母液)	소 량
benzene	60 m*l*
ether	소 량
methanol	소 량
chloroform	약 100 m*l*
carbon tetrachloride	약간량
ethanol	소 량
sand(精製)	소 량

——• 필요기구 •——

50 m*l* buret	2
funnel	1
aspirator	1
suction bottle	1
Erlenmeyer flask (20～30 m*l*)	6
Erlenmeyer flask 50 m*l*	5
ice bath	1
beaker	3

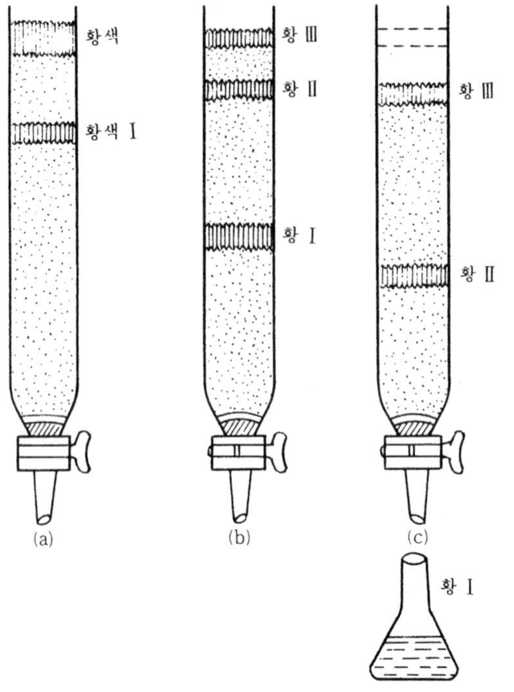

그림 21-2

22. 기체 크로마토그래피
(gas chromatography)

기체 크로마토그래피에서는 분리하려는 혼합물이 기화되어 주입된 질소나 헬륨(운반기체)과 같은 불활성 기체와 함께 관을 따라 함께 이동하게 된다. 이 기체혼합물이 移動相이다. 컬럼(管)은 곱게 분쇄한 고체물질로 채운다. 고체의 표면에는 비교적 휘발성이 낮은 액체를 입힌다. 이 액체층이 固定相으로 작용하게 된다. 혼합물 중의 성분들이 이동상과 고정상 사이에서 서로 다른 상분포를 하기 때문에, 이들 성분들이 컬럼 안을 지나가는 속도가 달라, 각각 분리되어진다. glpc 관 속에서 혼합물의 성분들이 분리되는 물리적인 工程은 氣相과 液相 간에 일어나는 성분들의 분배(partitioning)이다.

공업적으로 이용되는 기체 크로마토그래피는 그 형태가 아주 다양하지만, 이들의 기본구조는 거의 같고 그림 22-1에서 보는 바와 같은 형태로 되어 있다. 1~5 부분은 건조된 운반기체를 조정된 流速으로 공급하는 데 필요한 장치이고, 컬럼 7은 기체 공급선에 연결되어 오븐 8에 장치되어 있다. 오븐의 온도는 온도조절기로 조절한다. 분리하려는 試料는 注入部 6에 있는 흐름구로 주입되고, 주입부는 시료의 기화를 촉진하기 위해 별개의 가열장치가 있다.

氣化된 시료는 운반기체에 의해서 컬럼 안으로 빨려 들어간다. 시료가 컬럼을 따라 흐르는

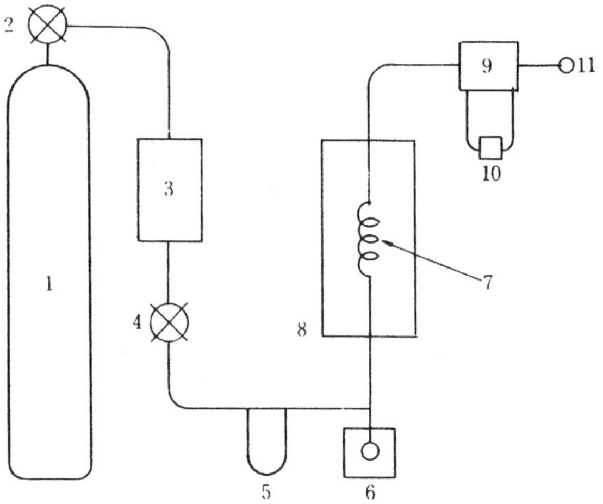

그림 22-1 기체 크로마토그래피의 장치도

동안 이들의 성분은 운반기체 속으로 개개의 띠로 분리된 다음에 검출기 9를 지나게 된다. 검출기는 전압이 기체의 흐름 속에 있는 운반기체와는 무관하게 물질의 양에 비례하는 電子信號를 만들어 낸다. 기록계는 이 전압을 시간의 함수로 도시하여 기체 크로마토그램을 만든다. 검출기를 지난 증기는 대기 중에 방출되거나 출구 11에 있는 분취함에 모은다.

한 성분이 주입구에서 검출기에 이르는 데 소요되는 시간을 머무른 시간(retention time)이라 한다. 한 성분의 머무른 시간에 영향을 주는 중요한 4개의 실험인자는 다음과 같다.

즉 ① 固定液相의 특성, ② 관의 길이, ③ 관이 들어 있는 곳의 온도 및 ④ 불활성 기체의 흐름속도이다. 머무른 시간은 혼합물 중에 다른 성분과는 아무런 관계가 없다. 사용할 컬럼이 정해지고 온도와 흐름속도를 일정하게 고정하면, 머무른 시간은 그 성분의 성질에 따르기 때문에, 물질을 확인하는 데 사용될 수도 있다.

많은 연구실험에서는 정확한 측정을 해야 되는데, 이 경우 머무른 시간 대신에 머무른 부피(retention volume)가 사용된다. 이것의 측정은 어려우나 재생성이 더 좋으며, 한 성분이 기구를 통과하는데 걸린 시간의 측정이 아니라, 성분을 운반하는 데 필요한 불활성 기체의 부피를 측정하는 방법이다.

GLPC(Gas-Liquid Partition Chromatography) 실험에 가장 적합한 고정액상의 선택은 대부분의 경우에 분리하려는 성분의 형태에 따라서 다르다. 사용이 가능한 液相은 많이 있으나, 널리 사용되는 것 몇 가지만 표 22-1에 소개한다. 가장 좋은 액상은 분리하려는 성분들의 분배계수의 차가 가장 큰 것이다. 또한 유기물질의 용해도원리도 반드시 고려해야 할 사항이다.

액체에 대한 기체의 용해도는 증기압에 어느 정도 관계가 있다. 일반적으로 낮은 끓는점, 높은 휘발성 성분이 낮은 휘발성 성분보다 컬럼을 빨리 통과하여 지나간다. 그 이유는 대략적으로 볼 때 기체의 증기압이 높을수록 액체에 대한 용해도는 낮아지기 때문이다. 컬럼을 통과하는 물질의 속도를 측정하는 데 있어서 휘발성 이외에 중요한 인자들(간접적이지만 분자량)이 또 있다. 액체에 녹는 물질의 용해도는 용질과 溶媒分子간의 極性 상호작용, 즉 수소결합과 기타 靜電氣的 상호작용에도 영향이 있다.

화학분야에서 오래 전부터 내려오는 규칙에는 "같은 것이 같은 것을 녹인다"라는 말이 있다. 이것은 非極性 물질을 분리하고자 할 때는 비극성 액체기질을 사용해야 한다는 것을 암시하고 있다. 반면에 극성이 서로 다른 물질을 분리할 때 비극성 기질을 액상으로 선택하는 것은 좋지 않다는 뜻이다. 이런 경우에는 어떤 성분도 거의 녹지 않기 때문에 모든 성분이 거의 방해 없이 관을 빠져 나가게 되며, 따라서 분리가 일어나도 극히 소량일 뿐이다. 따라서 극성 시료에는 극성 액상을 사용함이 가장 좋다.

컬럼 안에 液相을 입히는 가장 일반적인 방법은 얇은 막을 불활성 고체담체에 입히는 방법이다. 이 고체담체는 큰 표면적을 가질 수 있도록 아주 작은 알갱이라야 한다. 이렇게 해서 증기상과 접촉하는 막의 면적이 커지게 되고, 동시에 효과적인 분리가 일어난다. 일반적으로 사용하는 고체담체를 표 22-1에 몇 가지 소개한다.

고체담체에 액상을 입히는 방법은 액상을 적당한 낮은 끓는점 용매에 녹여, 이 용액 속에 고체를 넣어서 섞는다. 다음에 낮은 끓는점의 용매를 증발시키면 고체 알갱이에 고르게 입혀진다. 이렇게 액상을 입힌 알갱이를 컬럼에 채워 넣는다.

표 22-1 **GLPC*고정상**

Liquid Phase	Type	Property	Maximum Temperature Limit, ℃	Used for Separating
Squalane	Hydrocarbon grease	Nonpolar	100	Hydrocarbons, general application
Apiezon-L	Hydrocarbon grease	Nonpolar	300	Hydrocarbons, general application
Carbowax 20 M	Hydrocarbon wax	Polar	250	Alcohols, C_6-C_{18} aldehydes, sulfur compounds
DC-550	Silicone oil	Intermediate polarity	275	C_1-C_5 aldehydes, C_6-up hydrocarbons, halogen compounds
QF-1	Silicone (fluoro)	Intermediate polarity	250	Polyalcohols, alkaloids, halogen compounds, pesticides, steroids
SE-30	Silicone gum rubber	Nonpolar	375	C_5-C_{10} hydrocarbons, pesticides, steroids
Diethyleneglycol succinate (DEGS)	Polyester	Polar	190	Esters, fatty acids
Butanediol succinate	Polyester	Intermediate polarity	225	Esters, fatty acids

* Gas-Liquid Partition Chromatography

표 22-2 고 체 담 체

Chromosorb P	Pink diatomaceous earth (surface area : 4-6 m^2/g)
Chromosorb W	White diatomaceous earth (surface area : 1-3.5 m^2/g)
Crushed Firebrick Chromosorb T	40/60 mesh Teflon 6

액상을 만드는 다른 방법은 Golay 형의 모세관컬럼을 사용하는 것이다. 이 모세관은 대단히 길고(300 m 이상), 지름이 아주 작은(0.1~0.2 mm) 컬럼이다. 이 모세관 컬럼 내부벽에 직접 액상을 입히는 것으로 값은 비싸지만 효능은 극히 우수하다.

일반적으로 컬럼효율은 관의 길이가 길어지면 증가하고, 관의 지름이 증가하면 감소한다. 서론에서 언급한 바와 같이 띠 사이의 분리는 관의 길이가 증가하면 증가한다. 그러므로 관의 길이가 길수록 두 성분을 분리할 가능성은 커지게 된다(이 경우 머무른 시간의 차가 더 길어진다). 관의 지름은 띠의 폭에 영향을 주는데, 관의 지름이 작을수록 띠너비는 좁아지고, 분리효율은 더 좋아진다. 넓은 띠[그림 22-2 (a)]는 좁은 띠[그림 22-2 (b)]보다 중첩되는 부분이 많다. 따라서 관의 지름이 작을수록 分離效率은 더욱 커진다. 즉 分解能(resolution)이 더 커진다.

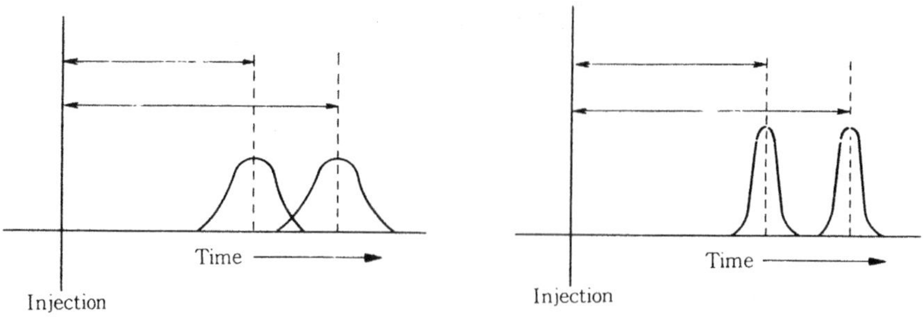

(a) (b)

그림 22-2 분해능에 따른 띠 너비의 효과

컬럼의 온도가 GLPC 실험에서 또 하나의 중요한 인자가 된다. 액체에 대한 기체의 용해도는 온도의 상승에 따라 감소하기 때문에, 머무른 시간은 온도가 높아지면 짧아진다. 분배계수는 이와 같이 영향을 받고 띠는 컬럼을 따라 빠른 속도로 이동한다. 빠른 실험을 위해서는 높은 온도가 가끔 필요하지만, 이 경우에는 띠분리가 감소하고 분해능이 낮아지는 결과를 초래한다.

각 액상에는 최고온도의 한계가 있다. 이 한계는 사용할 액상의 안정성과 휘발성에 따라 결정된다. 보다 높은 온도에서는 액상이 어느 정도는 증발할 수도 있고 또 바람직하지는 않지만, 운반기체에 의해서 관이 씻겨 나간다. 최소온도를 정해야 되는 액상도 더러 있는데, 이는 그 물질의 녹는점과 점성도에 따라서 정해진다. 액상이 부분적으로 고화하든지 아주 점성이 높으면, 기체혼합물 중의 성분을 분리하는 데 아주 비효율적이다.

높은 온도에 있어서와 마찬가지로, 운반기체의 흐름속도가 커지면 머무른 시간이 짧아지는 이유가 된다. 높은 온도와 빠른 흐름속도가 분해능을 감소시키는데도 불구하고, 머무른 시간이 아주 긴 물질에 대해서는 가끔 필요한 조건이 된다.

기체 크로마토그래피를 이용해서 행하는 두 가지 실험의 기본형태는 다음과 같다. 즉 첫째 시료의 定性分析 및 定量分析이고, 둘째는 시료성분을 분리하고 정제하는 목적의 예비실험이다.

일련의 주어진 조건(컬럼, 온도, 흐름속도 등)하에서 한 성분의 머무른 시간은 그 성분의 특성이기 때문에, 물질을 확인하는데 사용될 수 있다. 어떤 성분의 확인은 아는 물질을 같은 조건하에서 주입하고 머무른 시간을 측정해서 미지물질과 비교하여 행한다. 아는 물질의 머무른 시간이 크로마토그램의 봉우리까지의 머무른 시간과 일치하면, 이것은 두 물질이 같다는 필요조건이 된다. 그러나 한 가지 물질 이상이 같은 머무른 시간을 나타낼 수도 있기 때문에, 충분조건이 되지는 못한다. 혼합물 중에 들어 있는 성분이 무엇인가에 대한 얼마간의 지식이 있기 마련이기 때문에, 이 확인법은 어느 정도 합리적이다. 나아가서, 검출기의 電壓출력(기록계의 펜응답)이 증기상의 검출하려는 물질의 물분율에 비례한다고 하면, 크로마토그램의 두 봉우리의 상대면적이 혼합물 중에 있는 두 성분의 퍼센트比와 같게 된다. 상대적 검출기의 감응이 혼합물 중의 두 성분의 물분율에 정확히 대응하지는 않더라도, 그 편차는 아주 작은게 일반적이다. 이와 같이 봉우리의 면적측정으로 혼합물을 상당히 정확하게 정량분석(quantitative analysis)하게 된다.

크로마토그램으로 定量을 하기 위해서 필요한 봉우리면적을 구하는 방법이 몇 가지 있다.

① 검출기의 출력이 電子的으로 집적되어 면적이 글자판에 자동적으로 나타난다. 이 장치는 값이 상당히 비싸고 정밀한 연구실험에는 적합치 않다.

② 求積計(planimeter)를 써서 면적을 잰다(추적한 경계영역 내의 면적에 비례하는 數를 제시하는 추적장치).

③ 봉우리의 모양이 대칭이면, 면적을 3각형으로 생각해서 측정하는 개략적 방법이 있다. 대칭봉우리의 면적은 대개 높이에 중간높이의 폭을 곱한다.

④ 도표지의 두께와 밀도가 아주 균일하고, 가위로 정교하게 오려낸 면적이 무게에 비례한다면, 화학천칭에 단다.

일단 봉우리의 면적이 계산되면, 혼합물 중에 들어 있는 각 성분의 퍼센트는 크로마토그램에 나타난 전체 봉우리 면적의 총계에 대한 그 성분의 봉우리 면적의 비로 나타낸다.

특별히 정확한 정량분석이 필요할 때는, 사용한 검출기의 혼합물 중의 각 성분에 대한 感度나 감응이 똑같지는 않다는 것을 유념해야 한다. 따라서 시료 혼합물 중에 2개의 성분이 같은 양이 들어 있는 경우까지도, 크로마토그램에 나타난 각 봉우리의 면적은 약간씩 다를 수 있다. 한 예로서, 톨루엔과 벤젠이 무게로 50 : 50으로 섞인 혼합물의 크로마토그램에 나타난 봉우리의 크기가 똑같지 않다. 즉 톨루엔의 봉우리가 벤젠의 봉우리보다 약 2% 더 작다(이 값은 열전도 검출기의 경우이고, 이온불꽃 검출기인 경우에는 그 차이가 1%로 줄어든다). 따라서 정확한 분석을 위해서는 혼합물 중의 성분의 %를 계산하기 전에 톨루엔의 봉우리면적에 1.02를 곱해 주어야 한다.

많은 유기화합물에 대한 상대 감응인자는 여러 가지의 참고문헌에 검출기별로 나와 있기 때문에 참고하면 된다. 일반적인 실험에서 많이 사용하는 몇 가지 물질에 대한 因子를 표 22-3

표 22-3 몇 가지 표준물질에 대한 질량(W_f)과 몰(M_f) 보정인자

Substances	Thermal Conductivity		Flame Ionization	
	W_f	M_f	W_f	M_f
Benzene	1.00	1.00	1.00	1.00
Toluene	1.02	0.86	1.01	0.86
Ethyl benzene	1.05	0.77	1.02	0.75
Isopropyl benzene	1.09	0.71	1.03	0.67
Ethyl acetate	1.01	0.895	1.69	1.50
n-Butyl acetate	1.10	0.74	1.48	0.995
Heptane	0.90	0.70	1.10	0.86
o-Xylene	1.08	0.79	1.02	0.75
m-Xylene	1.04	0.765	1.02	0.75
p-Xylene	1.04	0.765	1.02	0.75
Ethanol	0.82	1.39	1.77	3.00
Water	0.71	3.08	–	–

에 기재해 둔다. 이들 감도인자는 인자를 알고자 하는 무게를 아는 물질과 무게를 아는 표준물질(예로 표 22-3에 있는 벤젠)이 들어 있는 표준용액을 만들어서 측정한다. 시료를 포함해서 각 성분의 정확한 무게를 계산할 수 있기 위해서는 용액의 밀도를 측정한다. 시료는 1 μL(한 예로) 정도의 부피로 주입되기 때문이다. 다음에 여러 개의 봉우리면적을 측정하고, 주입한 시료 속에 들어 있는 성분의 정확한 무게로 각각을 나눈다. 이렇게 얻은 각 수의 逆數를 표준성분에 대해서도 같은 방법으로 얻어낸 수로 각각을 나누어서 다시 표준값으로 사용하게 된다.

무게인자를 아는 물질이 들어 있는 혼합물을 정량적으로 분석하기 위해서, 혼합물의 각 성분에 대한 봉우리면적에 특수성분의 무게인자를 곱하고, 이렇게 얻은 보정면적이 혼합물의 % 조성을 계산하는데 이용된다. 물인자 M_f를 구하기 위해서는 무게인자를 표준용액의 각 성분의 분자량으로 나누고, 이 수를 다시 표준으로 사용한다.

熱傳導檢出器를 장치한 기체 크로마토그래피를 사용하여 에탄올, 헵탄, 벤젠, 및 아세트산 에틸의 혼합물을 분석하는 데 있어서, 이들 보정인자를 이용하는 표본계산을 하면 아래와 같다. 마지막 항은 측정한 봉우리 면적으로부터 직접 계산한 % 조성이다. 마지막 두 항에 기재된 바와 같이 보정한 조성과 보정하지 않은 조성의 큰 차이는 정확한 정량값이 필요한 경우에는 보정의 필요성을 강조하고 있다.

표 22-4

Compounds	Area(A) (mm^2)	M_f	$A\times M_f$	mol % $\left(\frac{A\times M_f}{194}\times 100\right)$	Uncorrected % $\left(\frac{A}{207.1}\times 100\right)$
Ethanol	44.0	1.39	61.16	31.5 %	21.2 %
Heptane	78.0	0.70	54.6	28.1 %	37.7 %
Benzene	23.2	1.00	23.2	11.9 %	11.2 %
Ethyl acetate	61.9	0.89	55.4	28.5 %	29.9 %
	Total = 207.1		Total = 194	100 %	100 %

제조 GLPC에서는 혼합물 중에서 정제된 성분이 출구에서 나오는 증기를 모아서(응축해서) 얻어진다. 기록계가 물질이 검출기 속을 지나가는 것을 알려주기 때문에, 물질이 검출기에서 출구까지 가는 데 걸리는 시간을 알게 된다. 따라서 응축된 증기를 모을 시간간격을 알게 된다. 새로운 봉우리가 그려지면, 새그릇에 응축액을 받는다.

분석을 하는데 특수하게 고안된 기기가 많이 있다. 비교적 작은 컬럼이 사용되고, 극소량의 시료가 주입된다(약 0.1~5 μl). 제조실험에서 한 성분을 상당량 모우기 위해서는 수없이 시료의 주입을 반복해야 함은 분명한 사실이다. 따라서 제조실험에 알맞게 설치된 장치도 있는데, 하는 많은 시료를 취급할 수 있도록 훨씬 큰 컬럼(이중에서 큰 것은 지름이 30 cm인 것도 있다)을 사용한다. 이런 장치를 이용하면 주입-분리-수집 사이클을 몇 번만 반복하여 상당량의 순수한 물질을 얻을 수 있다.

23. 유기정성분석

우리들이 여러 가지 단위반응에 의해서 어떤 원료 A로부터 제품 B를 합성하는 경우 반응생성물로서 목적물 B 이외에 부반응에 의해서 생성되는 부생물, 중간체, 미반응 원료 등 복잡한 혼합물을 얻는 것이 보통이다. 일반적으로 제조공정에 있어서 반응생성물들을 분리하여 분석한다는 것은 제조반응의 관리 및 합리화와 불가분의 관계가 있을 뿐만 아니라, 목적한 제품을 정제함에 있어서도 몹시 중요하다.

유기화합물에 대한 정성분석은 시료가 어떤 화합물인가를 확인하는 것이 목적이며, 그 시료의 물리적·화학적 성질을 알아내어 이와 일치하는 화합물을 이미 알고 있는 화합물 중에서 찾아내는 것이지만, 50만종 이상이나 되는 유기화합물 중에서 몇 가지 성질만으로서 목적물을 찾아내기는 곤란한 일이기 때문에, 먼저 시료가 상온에서 액체인가 고체인가 빛깔이나 냄새가 어떤가, 단일물질인가 혼합물질인가 등으로부터 가능한한 범위를 좁혀 나가야 한다. 그러나 몹시 복잡하게 생각되는 유기화합물의 분석의 경우도 계통적으로 시험해 나가면 상당히 간략히 행할 수도 있다.

여기서 그 계통적 분석을 상세히 기술함은 불가능하기 때문에 대략적인 것만 기술하기로 한다.

23-1 시료의 정제

주어진 미지시료가 순수한 물질인가 아닌가, 단일물질인가 혼합물인가를 먼저 알아야 한다. 순도의 측정은 몇 가지 물리상수를 측정해서 행할 수 있다. 가장 일반적으로 행하는 방법으로서는 시료가 고체인 경우는 녹는점, 액체인 경우는 끓는점을 측정하는 것이다. 시료가 불순물 또는 여러 가지 혼합물이라 생각되는 경우는 확인에 앞서 각 성분의 분리, 정제를 행해야 한다. 이하 순수한 단일화합물에 관해서 계통적 시험법의 개요를 기술하나, 이 시험법은 또한 혼합물의 분리, 정제법에 대한 지침도 된다.

23-2 계통적 시험법

A. 예비시험 : 물리적 性狀, 색, 냄새, 연소시험

B. 물리상수의 측정
C. 구성원소의 검출
D. 용해성 시험
E. 유도체에 의한 확인
F. 문헌조사
G. 판별시약의 작용

【1】 예비시험

물리적 성상, 색, 냄새 등을 관찰하고 연소시험을 행한다.

(1) 물리적 성상

액체인가, 고체인가, 결정형인가를 시험한다.

(2) 색

분자 내에 발색단(chromophore or chromophoric group)이 있으면 착색되어 있다. 예를 들면, 니트로화합물, 아조화합물, 카르보늄塩類(triphenyl methane계 염료 등)는 강하게 착색되어 있다. 또한 무색의 화합물이라도 보존 중 산화되어서 착색되는 것이 있다. 예로서 아닐린은 보통 적갈색의 액체이나, 증류한 직후의 純品은 거의 무색이다.

안정한 무색의 액체 또는 백색결정이면 분자 내에 발색성의 作用基가 없다고 생각해도 좋다.

(3) 냄 새

유기화합물 중에는 특유한 냄새를 가진 것이 많다. 이들의 냄새를 표현하기는 어렵고, 보통 많이 쓰는 화합물에 대해서는 상식으로 이들의 냄새를 기억해 두는 것이 좋다. 예를 들면, 알코올, 에스테르, 페놀, 아민, 알데히드, 케톤, 메르캅탄, isocyanide 등은 각각 특유한 냄새를 가지고 있다. 또한 탄화수소라도 냄새가 틀리는 것이 상당히 많다. 예를 들면, 벤젠, 헥산, 이소프렌, 인덴, 피넨, 나프탈렌 등이다.

(4) 연소시험(ignition test)

소량의 시료(약 0.1 g)를 磁製도가니의 뚜껑이나 spatula 위에 취하고, Bunsen 버너의 불꽃에서 서서히 가열하여 다음을 관찰한다.

a. 착화성, 불꽃의 상태
b. 용융상태, 녹는점의 유무, 분해, 폭발 등
c. 氣發性(승화)
d. 氣發증기 또는 분해가스의 타는 방식. 냄새(유독가스가 발생하는 일이 있으므로 주의!)
  다량의 그을음을 내면서 탄다. ……………… C 함량 많음
  거의 그을음이 없다. ………………………… O 함량 많음, C 함량 적음
e. 탄화여부
  탄화하는 것. ……………… 유기화합물
  탄화하지 않는 것. …… 무기화합물, 특수한 유기화합물(urea, hexamethylene-tetramine, cyanuric acid 등)

f. 강열한 후 잔유물(회분)이 남는가, 않는가?
회분이 남으면 금속염의 존재를 나타낸다.
이 경우는 회분의 상태를 관찰한다.
무색기름상, 냉각시킬 때 희게 고화(적색 Litmus시험지 青變) ……… 알칼리금속
용융하지 않는 백색회분(적색 Litmus시험지가 청변) ……… 알칼리토금속 및 Al, Zn 등
착색회분 …………… 上記 이외의 금속.

【2】 물리상수의 측정

(1) 녹는점의 측정

시료가 고체인 경우는 녹는점을 측정한다. 녹는점 범위가 2.0℃ 이상의 경우는 일반적으로 불순품이라 생각해도 좋다. 이 경우는 재결정 기타의 방법으로 정제한 후 다시 측정할 필요가 있다. 유기화합물에는 비슷한 녹는점을 가진 것도 있고 또 동일한 녹는점을 가져도 다른 화합물인 것들이 있다. 따라서 녹는점을 측정해서 물질을 확인하고자 할 때는 시료와 이미 알고 있는 물질과의 混融試驗*[1] 을 행할 필요가 있다.

(2) 끓는점의 측정

시료가 액체의 경우는 끓는점을 측정한다. 끓는점 범위가 5.0℃를 초과하는 경우는 정제할 필요가 있다.

(3) 기 타

필요에 따라서는 다음과 같은 여러 가지 상수를 측정한다.
응고점, 비중, 굴절률, 선광도, 흡광도(자외, 가시, 적외선).

【3】 구성원소의 검출

유기화합물의 수는 매우 많으나, 이들을 구성하는 원소의 종류는 그다지 많지 않다. C, H, O, N, S, X 등 몇 가지 원소에 지나지 않는다. 이들 중 특히 C, H는 모든 유기화합물의 기본이 되는 것이며*[2], 또한 O는 작용기의 검출에 의해서 용이하게 그 존재를 알 수 있으므로 이 원소에 대해서 특별히 검출하는 일은 드물다.

C, H를 특별히 검출할 필요가 있을 경우에는 시료를 산화구리와 함께 가열해서 발생되는 CO_2, H_2O를 검출하면 된다. O의 간단한 검출법은 없다.

(1) **C 및 H의 검출** 시료 0.5 g에 산화구리분말 3~4 g을 가해서 혼합하고 시험관에 넣고 導管을 연결한 후 가열해서 발생하는 가스를 石灰水를 넣은 다른 시험관 내에 통과시킨다. 이때 $CaCO_3$의 백색침전이 생기면 시료 중에 C가 있는 증거이다. 또한 시료를 넣은 시험관의 위쪽 벽에 작은 물방울이 있으면 H를 함유하는 증거이다.

---

*1) 녹는점이 거의 같아도 화합물이 相異하면 혼합물이 녹는점은 10~20℃ 정도 낮아지는 것이 보통이다. 동일물질이면 강하하지 않음.

*2) 유기화합물인가 아닌가는 연소시험으로 알 수 있다.

(2) 금속나트륨용융법

깨끗이 씻어서 건조시킨 작은 경질시험관(10×100 mm 정도)을 클램프로 수직으로 고정시키고, 팥알크기의 금속나트륨*3) 을 시험관에 투입하고 즉시 시험관의 밑을 Bunsen 버너로 가열한다. Na 는 먼저 용융하고 다음 증기가 발생하게 된다. 이 증기가 대략 관의 밑부분 1~2 cm의 높이까지 도달했을 경우 시료 약 2~3 mg*4) 을 투입한다. 불꽃을 내면서 순간적으로 반응하여 유기물은 모두 탄화분해해서 C 의 그을음이 발생한다. 이때 시료 중에 함유된 원소들은 다음과 같이 되어 남는다.

$$\text{C, H, O, N, S, X} \xrightarrow{\text{Na}} \left[\begin{array}{l} \text{NaCN} \\ \text{Na}_2\text{S} \\ \text{NaCNS} \\ \text{NaX} \end{array}\right.$$

다시 시험관의 밑부분을 강하게 가열해서 충분히 탄화시킨 후 냉각시키고, 에탄올 1 ml 를 가해서 과잉의 Na 를 녹인다. 다시 밑부분을 가열해서 아직도 뜨거울 때, 증류수 20 ml 를 넣은 작은 증발접시에 넣고 시험관의 밑부분을 깨어 녹인 후 여과하고, 여액*5) 에 대해서 다음 시험을 행한다.

1) N의 검출

① 시료액 약 3 ml 를 취하고 식초산으로써 산성으로 한다. 여기에 새로 조제한 벤지딘액*6) 두 방울을 가하고 교반한 후 $CuSO_4$ 1 % 수용액을 滴加한다. N 이 존재하는 경우는 청색을 나타내거나 청색침전을 생성한다. 단, 요오드가 존재하면 녹청색의 침전을 생성하므로 주의를 요한다.

② 시료액 약 3 ml 에 황산제 1 철용액*7) 4~5 방울을 가하고 수분간 끓인 후 냉각시켜 HCl 산성으로 하고 염화제이철용액*8) 2~3 방울을 가하면 남색침전(Prussian blue) 또는 녹남색을 나타낸다.

$$\text{NaCN} + \text{Fe}^{++} \longrightarrow [\text{Fe(CN)}_6]\text{Na}_4$$

$$[\text{Fe(CN)}_6]\text{Na}_4 + \text{Fe}^{+++} \longrightarrow [\text{Fe(CN)}_6]_3\text{Fe}_4$$

염화제이철용액을 가하지 않아도 가끔 증색하는 일이 있다. 이것은 가열중 수산화아산화철의 산화가 일어나기 때문이다.

2) S의 검출

① 시료액 수 ml 를 취하고, 식초산으로 산성으로 한 후, 식초산납($PbAc_2$)용액 몇 방울을

---

*3) 칼로서 표면을 깎어내고, 묻어 있는 석유를 여과지로 재빨리 흡수하고 사용한다.

*4) 거의 같은 양의 서당(蔗糖)을 잘 혼합해서 사용하면 더 조작하기 쉽다.

*5) 무색투명한 것이라야 한다.

*6) 벤지딘(benzidine) 1 g 을 50 % 식초산용액 100 ml 에 녹인다.

*7) $FeSO_4 \cdot 7H_2O$ 의 2 % 수용액에 묽은 H_2SO_4 소량을 가해서 약한 산성으로 한다.

*8) 농도는 적당히 하면 된다.

가하면 황화납(PbS)의 흑색침전을 생성한다[*9].

② 시료액 수 ml 에 sodium nitroprusside 0.5 % 용액 2~3 방울을 가하면 적자색을 나타낸다.

3) **X** (halogen)의 검출

① 시료액 약 2 ml 를 묽은 질산으로써 산성으로 하고 [*10] $AgNO_3$ 용액 수 방울을 가하면 할로겐화은의 침전을 생성한다. F, Cl, Br, I 를 각각 개별로 검출할 필요가 가끔 있으나 여기서는 이들에 대한 상세한 것은 생략한다.

② Beilstein test : 끝을 작은 고리모양으로 구부린 구리선을 Bunsen 버너의 무색불꽃에서 녹색을 나타내지 않을 때까지 충분히 가열한다. 냉각시킨 후 고리에 소량의 시료를 부착시키고 다시 Bunsen 버너의 무색불꽃에서 가열하면 녹색불꽃[*11] 을 나타낸다.

이 방법은 극히 민감하며, 시료 중에 미량의 할로겐화합물이 불순물로서 混在하는 경우도 검출된다.

【4】 용해성 시험

잘 분쇄한 시료 약 0.1 g[*12] 을 시험관에 취하고, 물을 계속해서 3 ml 씩 가한다. 물을 가할 때마다 충분히 흔들어서 시료가 용해하는가를 본다. 물에 용해하지 않을 때는 5 %-NaOH 용액, 5 %-$NaHCO_3$ 용액, 5 %-HCl, 찬 진한 H_2SO_4, 85 %-H_3PO_4 를 사용해서 차례로 용해성[*13] 을 시험한다. 물에 용해하는 것은 다시 에테르를 사용해서 용해성을 시험해서 분류한다.

각 분류에 속하는 대표적인 화합물을 표 23-2 에 표시한다.

표 23-1

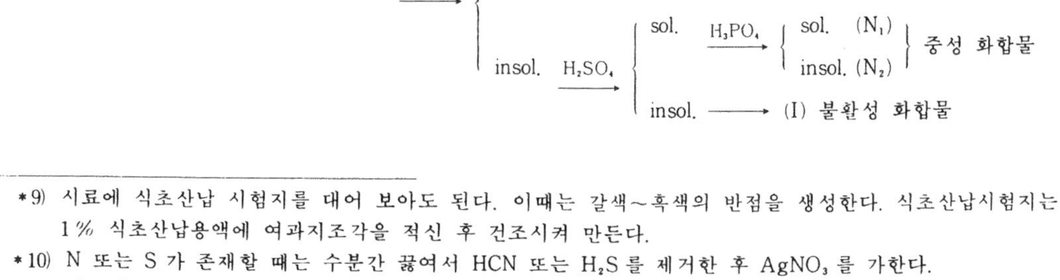

---

*9) 시료에 식초산납 시험지를 대어 보아도 된다. 이때는 갈색~흑색의 반점을 생성한다. 식초산납시험지는 1 % 식초산납용액에 여과지조각을 적신 후 건조시켜 만든다.

*10) N 또는 S 가 존재할 때는 수분간 끓여서 HCN 또는 H_2S 를 제거한 후 $AgNO_3$ 를 가한다.

*11) 할로겐이 존재하지 않아도 피리딘 및 퀴논유도체, 유기산류, 요소, 시안화구리 등의 존재에 의해서 같은 증색을 할 때가 있다.

*12) 시료가 액체이면 약 0.2 ml 정도

*13) 여기서는 용매 100 ml 에 3 g 이상 녹는 것을 souble 이라 한다.

표 23-2

용해성에 의한 분류	주 요 화 합 물	휘 발 성	수증기증류
S_1	저분자량 alcohols, aldehydes, ketones, acids, esters, amines, nitriles, acid chlorides etc.	100℃ 이하에서 증류되는 것이 많음.	"가능"
S_2	多價 alcohols, diamines, 탄수화물, amine 염, carboxylic acids 및 sulfonic acids의 금속염, 다염기산, oxyaldehydes, oxyketones, oxyacids, amino acids etc.	휘발성이 적음. 대부분이 常壓에서 증류되지 않음.	"불가능"
A_1	carboxylic acids, sulfonic acids, 음성기를 가진 phenols	휘발성이 적음.	"불가능"이 많음
A_2	phenols, 1차 amines의 sulfonamides, 1차 및 2차 nitro compd. imides, thiophenols etc.	높은 끓는점. 증류 안되는 것이 많다.	"불가능"이 많음
B	arylamines, hydrazines etc.	높은 끓는점.	"불가능"이 많음
M	nitro compd, amides, 음성기를 가진 amines, 2차 amines의 sulfonamides, azo 및 azoxy compd, nitriles etc.	높은 끓는점. 증류 안되는 것이 많다.	"가능"도 좀 있음
N_1	C_9 이하의 alcohols, aldehydes, methyl ketones 및 esters	S_1 보다 높은 끓는점. N_2 보다 낮은 끓는점.	"가능"
N_2	C_9 이상의 alcohols, aldehydes, ketones 및 esters (불포화)	높은 끓는점.	"가능"이 많음
I	aromatic or saturated aliphatic hydrocarbons 및 이들의 halogen 유도체	휘발성	"가능"

이와 같이 하여 일단 분류를 한 후 다시 개개의 화합물을 확인한다.

시료가 2종 이상의 화합물들의 혼합물이라고 생각될 때는 이들을 분리 정제해서 각각 단일 화합물로 분리하여 이상의 시험들을 행한다.

혼합물의 분리, 정제는 분석과 별개의 것으로는 생각할 수 없는 중요한 과정이다. 분리, 정제법으로서는 여러 가지 방법이 있으나, 중요한 것을 列記하면 다음과 같다.

1. 용해성을 응용한 분리법(재결정을 포함)
2. 증류, 수증기증류
3. 추출
4. 크로마토그래피, 종이 크로마토그래피
5. 전기영동, 전기투석

【실험 1】

다음 혼합물을 분리하고 각 성분을 확인하라.

a) aniline, benzoic acid, benzaldehyde, benzene

b) benzene, *p*-dichlorobenzene, aniline, phenol

c) benzene, *p*-dichlorobenzene, aniline, benzoic acid

【실험 2】

Monohydroxy alcohol 들을 산화했을 경우의 반응생성물의 혼합물이 있다. 각 성분을 분리, 확인하고, 어느 정도 양적으로 조사하라(주의).

a) *n*-butanol 의 산화생성물

b) benzyl alcohol 의 산화생성물

주의

알코올은 물리상수(bp, 용해성 및 기타)에 의해서 확인하며, 알데히드류는 카르보닐基의 반응을 응용해서 분리, 확인하면 좋다. 예로서 $NaHSO_3$, phenylhydrazone 및 semicarbazone 등.

예 1. 불불용성 혼합물의 예

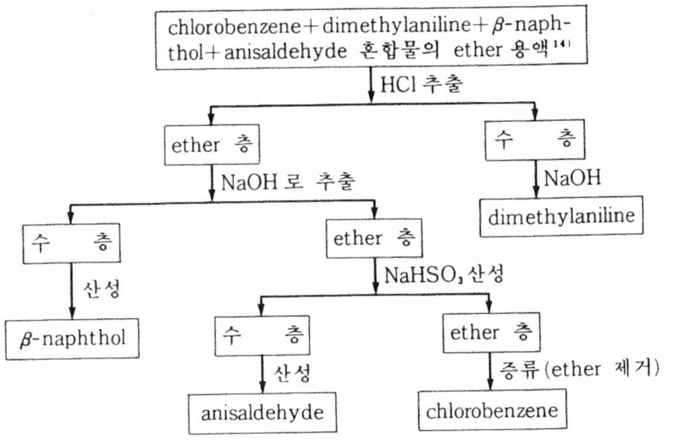

예 2. 수용성 혼합물의 예

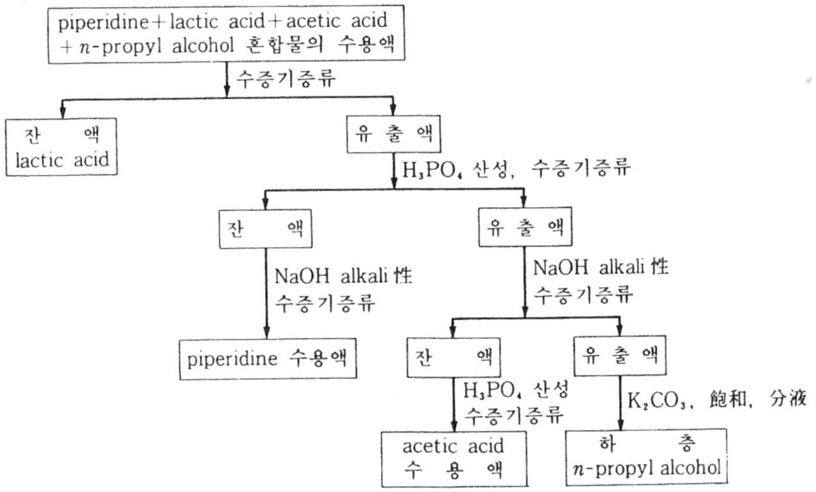

* 14) 조작중의 손실을 가급적 적게 하고, 또한 조작하기 쉽도록 에테르에 녹인다.

【5】 유도체에 의한 확인

위와 같이 분리한 각 시료는 적당한 유도체로 만들어 그 성질과 일치하는 물질을 문헌에서 찾아서 확인을 한다. 유도체는 용이하게 만들 수 있고 또 순수하게 얻을 수 있는 것을 택한다. 결정성인 것이 취급하기 용이하며, 녹는점은 끓는점보다 용이하게 또한 정확히 측정할 수 있다. 다음에서 가장 일반적인 유도체와 그 제법을 설명한다.

(1) 포화탄화수소

유도체를 만들기 힘든다. 따라서 끓는점, 녹는점, 밀도, 굴절률 등의 물리상수의 측정에 의해서 확인한다.

(2) 불포화탄화수소

간단한 올레핀계 탄화수소는 물리상수의 측정에 의해서 확인한다. 요오드, 할로겐화 수소, 염화니트로실 등과의 첨가물이 고체유도체를 만들 때도 있다. 특히 염화니트로실은 테르펜류의 유도체를 만드는 데 사용된다.

대칭 올레핀, 아세틸렌유도체, 1-알켄, 1-알킨은 $KMnO_4$로서 산화하면 산이나 또는 산과 CO_2를 생성한다.

$$\begin{aligned} &RCH{=}CHR \longrightarrow 2\,RCOOH \\ &RC{\equiv}CR \longrightarrow 2\,RCOOH \\ &RCH{=}CH_2 \longrightarrow RCOOH + CO_2 \\ &RC{\equiv}CH \longrightarrow RCOOH + CO_2 \end{aligned}$$

이들 산이 고체인 경우는 유도체로서 필요한 것이 되나, 산이 액체인 경우에는 각각 적당한 유도체로 만들어 확인해야 한다.

1-알킨에 대하여는 수은유도체나 제 1 구리의 유도체(적갈색)로 만드는 것이 적당하다.

$$2R{-}C{\equiv}CH + K_2HgI_4 + 2KOH \rightarrow (R{-}C{\equiv}C)_2Hg + 4KI + 2H_2O$$

$$R{-}C{\equiv}CH + Cu(NH_3)_2OH \rightarrow R{-}C{\equiv}C\ \ Cu + 2NH_3\uparrow + H_2O$$

2 치환 아세틸렌은 알코올용액 중에서 황산수은의 작용으로 물을 첨가하여 케톤이 된다. 이 케톤은 적당한 카르보닐반응으로 확인된다.

$$R{-}C{\equiv}C{-}R + H_2O \xrightarrow[(HgSO_4)]{H_2SO_4} RCOCH_2R$$

(3) 사슬탄화수소의 할로겐유도체

3 차 할로겐화물은 물리상수에 의해서 확인된다. 그외의 할로겐화물에 있어서는 이들을 해당 Grignard 시약으로 변화시키고, 여기에 phenyl isocyanate, *p*-tolyl ester, *α*-naphthyl ester를 작용시켜 탄소 1 원자가 많은 산의 각 anilide, toluide, *α*-naphthalide를 만드는 방법이 가장 좋다.

$$RX + Mg \longrightarrow RMgX$$

$$RMgX + ArNCO \longrightarrow Ar{-}\overset{\displaystyle R\atop |}{N}{=}COMgX \xrightarrow{H_2O} ArNHCOR$$

건조한 시험관에 건조에테르 15 m*l* 와 Mg 분말 0.3 g 을 취하고, 할로겐화물 1 m*l* 와 I_2 의 작은 조각을 가해서 반응시켜 Grignard 시약을 만든다. 에테르 10 ml 에 녹인 phenylisocyanate 를 윗 용액에 가하고 잘 흔든 후 10분간 방치한다. 다음 2%-HCl 을 가하고 흔든 후 分液깔때기에 옮겨 에테르층을 취하고 염화칼슘으로 건조시킨다. 에테르를 溜去하고 殘渣를 메탄올 또는 석유에테르로부터 재결정한다.

(4) 방향족탄화수소 및 할로겐유도체

니트로化에 의해서 니트로화합물을 만들거나 곁사슬을 산화시켜 카르복시산을 만들며, 무수프탈산과 염화알루미늄에 의해서 aroyl benzoic acid 를 만든다. 또한 picric acid 를 작용시켜 분자화합물 picrate 를 생성하는 반응도 확인에 이용되고, chlorosulfonic acid 의 작용으로 sulfonyl chloride 를 만들고 이것을 sulfonamide 로 변화시키는 반응 역시 확인에 이용된다.

1) **Nitration A** 진한 H_2SO_4 4 ml 에 검체 1 g 을 가하고 잘 흔들면서 진한 HNO_3 4 ml 를 한 방울 한 방울씩 주의하면서 가한다. 다음 45℃ 의 물에 넣어 5분간 가온하고, 반응혼합물을 얼음물 중에 注加하고 석출물을 여과, 물로 씻은 후 묽은 알코올용액 중에서 재결정한다.

2) **Nitration B** 윗반응에서 진한 HNO_3 대신에 발연 HNO_3 4 ml 를 사용하고, 반응혼합물을 끓는 물중탕에서 10분간 가열한다.

방향족화합물의 니트로화는 화합물에 따라서는 몹시 격렬하게 반응하는 일이 있기 때문에 未知시료에 대하여 행할 경우에는 주의해야 한다. A 방법에서는 벤젠과 니트로벤젠에서 *m*-디니트로벤젠을 얻고, 클로로벤젠, 브로모벤젠, 톨루엔은 *p*-nitro 화합물을 얻으며, 페놀이나 나프탈렌에서는 디니트로화합물을 얻게 된다. 할로겐화벤젠에 대하여는 B 방법을 사용함이 좋으며, 이 경우는 디니트로화합물을 생성하며, 모노니트로화합물보다 정제하기가 쉽다.

3) 곁사슬의 산화 20 ml 둥근바닥플라스크에 $KMnO_4$ 4 g 과 물 8 ml 를 취하고, 檢體 1 g 및 10%-NaOH 수용액 1 ml 를 가한 후 환류냉각기를 부착하고 끓인다.

$KMnO_4$ 의 색이 없어지면(30 분~3 시간 후) 냉각시켜 H_2SO_4 산성으로 하고, 30 분간 끓이고 다시 냉각시킨다. 남아 있는 MnO_2 는 $NaHSO_3$ 를 필요량 만큼 가하여 녹여버린다. 석출한 산을 흡인여과하고, 알코올 또는 물로 재결정한다.

4) **Picrate** 의 생성 檢體 0.1~0.3 g 을 95%-알코올 5 ml 에 가하고, 만일 녹지 않으면 여과하고 여액에 picric acid 의 95%-알코올포화용액 5 ml 를 가한다. 한번 끓이고 서서히 냉각시키면 picrate 의 황색결정이 석출한다. 여과하여 알코올로 재결정한다.

Aroyl benzoic acid

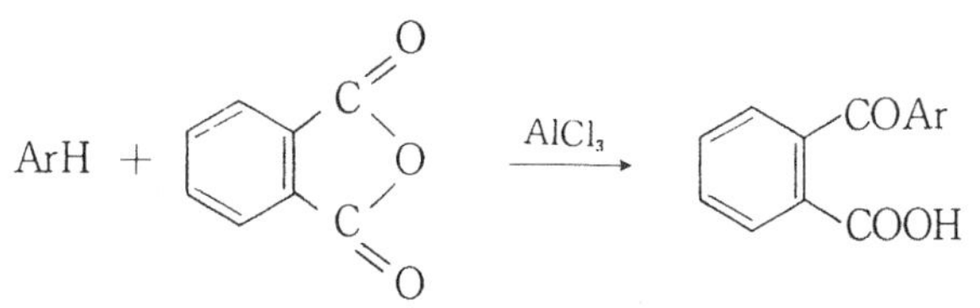

건조시킨 이황화탄소 10 ml 에 건조시킨 방향족 탄화수소 10 g, 무수프탈산 1.2 g, $AlCl_3$ 24 g을 가하고, 환류냉각기를 달고 끓는 물중탕에서 30 분간 가열한다. 냉각시켜 이황화탄소를 경사법으로 제거하고, 냉각시키면서 진한 HCl 10 ml 를 서서히 가한 후 물 10 ml 를 가하여

전체를 잘 흔든다. 결정을 濾別하고 진한 NH_4OH 10 ml 와 물 20 ml 를 가하고 활성탄 0.1 g 을 가하여 1분간 끓이고 뜨거울 때 여과한다. 냉각시킨 후 HCl 로서 산성으로 한다. 결정을 흡인여과하고 묽은 알코올용액(30~80%)에서 재결정한다.

Sulfonamide

$$ArH + 2ClSO_3H \longrightarrow ArSO_2Cl + H_2SO_4$$
$$ArSO_2Cl + 2NH_3 \longrightarrow ArSO_2NH_2 + NH_4Cl$$

檢體 1 g을 클로로포름 5 ml에 녹이고 얼음중탕 중에서 0°C로 냉각시킨다. 클로로술폰산 약 5 ml 를 滴加하고, HCl의 발생이 일단 중지되면 얼음중탕에서 들어내어 방치한 그대로 실온을 유지시킨다. 반응액을 얼음조각으로 채운 50 ml 비커 내에 注加하고 分液깔때기를 사용해서 클로로포름층을 분리하고, 물로 씻은 후 클로로포름을 抽出시킨다. 殘渣를 낮은 끓는점의 석유에테르, 벤젠 또는 클로로포름에서 재결정한다. 위 조건은 방향족 할로겐화합물이나 알킬벤젠에 적합하다.

위에서 얻은 염화술포닐 0.5 g을 진한 NH_4OH 5 ml 와 10분간 끓인 후 10 ml 의 물로 묽게 하고 냉각시킨 후 여과한다. 얻은 crude sulfonamide 를 5%-NaOH 수용액에 녹인다. 필요하면 서서히 가열하여 녹인다. 용액을 여과한 후 여액을 묽은 HCl 로서 산성으로 한다. 석출한 sulfonamide 를 여과하고 묽은 알코올에서 재결정한 후 100°C 에서 건조시킨다.

(5) 알코올

3차알코올은 일반적으로 다음에 기술하는 유도체를 생성하기 어렵거나, 해당 불포화 화합물을 생성하든지 또는 酸塩化物에 의해서는 클로로화합물이 된다. 그러므로 그대로 물리상수의 측정에 의해서 확인하든지 塩基를 가해서 탈수를 방지하고 酸塩化物이나 酸無水物로 에스테르를 생성케 한다.

• **Urethane** Isocyanic acid 의 α-naphthyl, *p*-nitrophenyl 또는 phenyl ester 의 1차 및 2차 알코올과 반응하여 해당 우레탄을 생성한다.

$$ArNCO + ROH \longrightarrow ArNHCOOR$$

시험관에 건조시킨 檢體 1 g을 취하고, isocyanic acid ester 0.5 ml 를 가한다. 그래도 반응이 일어나지 않으면 물중탕 위에서 5분간 가온한다. 다음 얼음물로서 냉각시키고 유리봉으로 관벽을 긁어 결정의 생성을 촉진시키고, 결정을 모아서 석유에테르나 사염화탄소 5 ml 에 가하여 가열하고, 여과한 후 냉각시키고 생성한 결정을 건조시켜 녹는점을 측정한다. 물이 존재하면,

$$ArNCO + H_2O \longrightarrow ArNHCOOH \longrightarrow ArNH_2 + CO_2$$
$$ArNCO + ArNH_2 \longrightarrow ArNHCONHAr$$

와 같은 반응이 일어나서 방해작용을 하므로 이와 같은 경우는 다음에 설명하는 3,5-dinitrobenzoic acid ester 의 방법이 더 낫다.

p-Nitrophenyl urethane 의 경우도 마찬가지이나 *p*-nitrophenyl isocyanate 에 녹이고 반응이 끝난 후는 벤젠을 제거할 필요가 있다. 3차 알코올로부터 urethane 의 생성은 어렵다. Isocyanate*[15]가 脫水的으로 반응해서 올레핀과 diaryl urea를 생성한다.

• **Benzoic acid ester와 *p*-nitrobenzoic acid ester** 檢體 1 m*l*를 건조시킨 피리딘 3 m*l*에 녹이고 benzoyl chloride나 *p*-nitrobenzoyl 0.5 g을 가한다. 최초의 반응이 끝나면 작은 불꽃에서 1분간 가열하고, 물 10 m*l*에 가한다. 상징액(上澄液)은 경사법으로 제거하고 밑에 남은 것에 5 %-Na_2CO_3 수용액 5 m*l*를 가하고 잘 흔든 후 여과하여 모으고 알코올에서 재결정한다.

검체가 3차알코올이 아닌 경우는 피리딘을 사용하지 않아도 좋으며, 이때는 가열을 5분간 계속한다.

• **Dinitrobenzoic acid ester** 3,5-Dinitrobenzoic acid 0.5 g과 오염화인 1 g을 시험관에 취하고, 약간만 가열하여 반응을 개시시킨다. 최초의 격렬한 반응이 끝나면 4~5분간 기포가 생길 정도로 가열한 후 내용물을 시계 유리 위에서 固化시킨다. 이렇게 얻은 3,5-dinitrobenzoyl chloride를 검체 1 g과 함께 시험관에 취하고 5분간 서서히 끓인다. 다음 증류수 10 m*l*를 가하고 얼음 중탕 중에서 생성물이 결정으로 석출할 때까지 냉각시킨다. 침전을 취하고 2 %-Na_2CO_3 수용액을 10 m*l*와 함께 잘 흔들고 여과한 후 알코올 또는 묽은 알코올용액 중에서 재결정한다.

이 방법은 물이 다소 함유되어 있어도 지장이 없다. 3차 알코올에는 피리딘을 사용한다.

• **Acetic acid ester** Polyhydroxy alcohol의 확인에 적합하다. 건조시킨 polyhydroxy화합물 1 g을 무수아세트산나트륨 0.5 g 및 무수아세트산 5 m*l*와 혼합하고 물중탕 위에서 2시간 동안 때때로 흔들면서 가열한다. 더운 반응혼합물을 얼음물 35 m*l* 중에 注加하고 때때로 흔들어서 무수아세트산이 분해될 때까지 기다린다. 결정을 모아 알코올에서 재결정한다.

(6) Phenols

다음 반응들 이외에 니트로 치환체, picrate 등도 이용된다.

• **Urethane** 알코올의 경우와 마찬가지로 만드나, 일반적으로 塩基로서 피리딘이나 트리에틸아민을 가하여 반응시킨다.

• **브롬 치환체** 빙초산 15 m*l*에 검체 1 g을 녹이고 브롬 1 m*l*를 滴加한다. 15~30분간 방치하고 물 50~10 m*l*를 주가한 후 석출물을 모아 묽은 알코올에서 재결정한다.

• **Aryloxy acetic acid** $ArONa + ClCH_2COONa \rightarrow ArOCH_2COONa + NaCl$

검체 1 g, 클로로아세트산 1.5 g, 33 %-NaOH용액 5 m*l*를 시험관에 취하고 잘 혼합한다. Na-염이 잘 녹지 않으면 물 1~5 m*l*를 가해서 균일하게 한다. 끓는 물중탕 중에서 1시간 동안 가열한 후 물 10~15 m*l*를 가하여 묽게 하고 묽은 HCl로서 Congo red 시험지에 대하여 산성으로 한다. 에테르 5 m*l*로서 추출하고 에테르 추출액을 찬물 10 m*l*와 함께 흔들고, 다음 5 %-Na_2CO_3 수용액 25 m*l*와 함께 흔들어 aryloxy acetic acid를 추출한다. 추출액에 묽은 HCl을 가하여 aryloxy acetic acid를 석출시키고, 끓는물 또는 묽은 알코올용액 중에서 재결정한다.

*15) Isocyanate는 점막을 상하게 하므로 주의해야 한다.

(7) **Ethers**

사슬 에테르로부터 고체유도체를 만드는 유일한 방법은 에테르결합을 3, 5-dinitrobenzoyl chloride로서 절단시켜 해당 에스테르를 만드는 것이다.

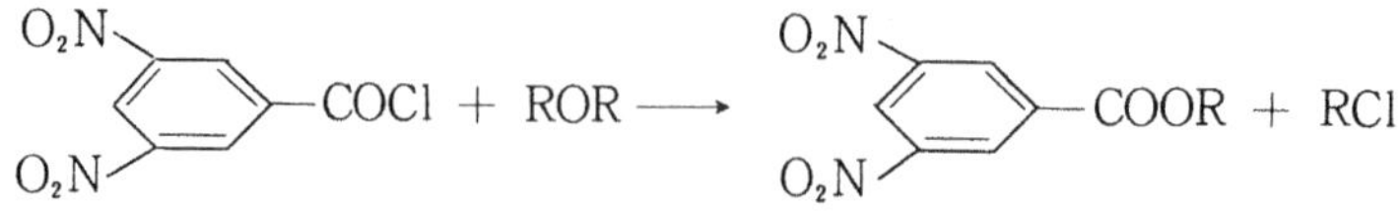

檢體 1 ml, 무수 염화아연 0.15 g, 3,5-dinitrobenzoyl chloride 0.5 g의 혼합물을 환류냉각기를 단 시험관에 넣어서 1 시간 동안 가열한다. 냉각시킨 후 5 %-Na_2CO_3 수용액 10 ml를 가하고 물중탕에서 90℃까지 가열하고, 냉각시킨 후 여과한다. 남은 고체는 5 %-Na_2CO_3 수용액 5 ml로 씻고, 증류수 10 ml로 씻는다. 다음 사염화탄소 100 ml를 殘渣에 가해서 재결정한다.

방향족 에테르는 브롬치환체, 니트로치환체, picrate 등으로도 확인되지만, 다음에 기술하는 술폰산의 유도체가 가장 유용하다.

檢體 1 g을 건조시킨 클로로포름 5 ml에 녹이고 시험관 내에서 0℃로 냉각시킨다. 클로로술폰산 약 5 g을 한 방울씩 가하여 격렬한 HCl 가스의 발생이 그치면 시험관의 냉각을 중지하고 방치하여 온도를 실온까지 상승시킨다(약 20 분). 내용물을 50 ml의 비이커에 가득히 넣은 얼음에 注加하고, 클로로포름층을 취하여 물로서 씻는다. 클로로포름을 증류하여 제거하고, 殘渣가 결정으로 석출하면 석유에테르, 벤젠, 클로로포름 등으로 재결정한다. 결정으로 석출하지 않으면 술폰아미드를 만들어 본다.

술폰아미드를 만들려면 위에서 만든 염화술포닐에 건조시킨 분말상태의 $(NH_4)_2CO_3$ 2 g을 가하고 100℃에서 30 분간 가열하고 냉각시킨 후 냉수 10 ml로써 세번 씻는다. 생성한 술폰아미드를 5 %-NaOH 수용액 10 ml에 녹이고(만일 녹지 않으면 가온한다), 녹지 않는 부분을 여과하여 분리하고 여액을 묽은 HCl로써 산성으로 한다. 침전을 모아 묽은 알코올에서 재결정한다.

(8) 알데히드(aldehyde)

1) 酸化

(a) $KMnO_4$에 의한 방법 : 검체 1 g을 물 10~20 ml에 가하고(녹이지 않아도 좋다), 10% NaOH 수용액을 2~3 방울 가하고, $KMnO_4$의 포화수용액을 가하여 잘 흔든다. 이때 $KMnO_4$는 색이 없어지지 않을 때까지 가해주고 흔드는 조작을 반복한다. 다음 묽은 황산을 가해서 산성으로 하고, Na_2SO_3를 가해서 MnO_2와 과잉의 $KMnO_4$를 녹인다. 석출한 산을 모아서 묽은 아세톤용액으로 재결정한다. 산이 석출하지 않을 때는 클로로포름이나 에테르로서 추출한다.

(b) H_2O_2에 의한 방법 : 500 ml 플라스크에 5 %-NaOH 수용액 200 ml와 3 %-H_2O_2 수용액 30 ml를 가하고 65~70℃로 가온한다. 여기에 검체 1 g을 가하고 잘 흔들면서 65℃로 15 분간 가온한다. 만일 검체가 녹지 않으면 알코올 수 ml를 가하면 된다. 다시 3 %-H_2O_2 수용액 100 ml를 가하고 10 분간 가온한다. 용액을 Congo red 시험지에 대하여 산성으로 하고 생

성된 침전을 모은다.

만일 생성된 산이 물에 녹으면 용액을 페놀프탈레인을 지시약으로 하여 중화하고, 증발건후(蒸發乾涸)시켜 남은 Na-염을 카르복시산의 항에서 기술하는 방법에 의해서 적당한 유도체로 만들면 된다.

2) **Oxime** 히드록시아민 염산염 0.5 g을 물 3 ml에 녹이고 10%-NaOH 수용액 2 ml를 가하고, 다음으로 알데히드 0.2 g을 가한다. 만일 녹지 않으면 맑은 용액을 얻을 때까지만 알코올을 가한다. 물중탕에서 10분간 가열하고 물중탕에서 냉각시킨다. 유리막대로 벽면을 긁으면 결정이 석출하므로 이것을 모아서 물 또는 묽은 알코올에서 재결정한다.

Camphor와 같은 어떤 종류의 環式 케톤은 옥심을 생성하는데 과잉의 알칼리를 필요로 한다. 만일 위 방법으로 옥심이 생성되지 않으면 검체 1 g에 히드록실아민 염산염 1 g과 KOH 4 g을 가하고 95% 알코올용액 20 ml에 녹여 환류냉각기를 달고 2시간 동안 가열하고, 다음으로 150 ml의 물에 注加한다. 미반응한 케톤이 석출하면 여과하여 제거하고, 여액을 묽은 염산으로서 산성으로 하여 옥심을 모은다. 옥심은 묽은 알코올용액으로 재결정한다.

3) **Semicarbazone**

(a) 수용성 화합물: 물에 녹는 알데히드는 1 g을 취해서 semicarbazide hydrochloride 1 g 및 초산나트륨 1.5 g과 함께 물 10 ml에 녹이고 심하게 흔들고 잠시 동안 끓는 물중탕 중에서 가열한다. 얼음으로 냉각시킨 후 유리막대로 긁으면 결정이 석출하므로 이것을 모아서 25~50% 알코올용액으로 재결정한다.

(b) 물에 불용인 화합물: 검체 1 ml를 취하여 알코올 10 ml에 녹이고, 겨우 흐리게 될 때까지만 물을 가한 후, 다시 2~3방울의 알코올을 가해서 흐린 것을 없앤다. 여기에 semicarbazide hydrochloride 1 g과 초산나트륨 1.5 g을 가해서 위와 같은 조작을 행한다.

4) ***p*-Nitrophenyl hydrazone** *p*-Nitrophenylhydrazine 0.5 g, 검체 0.5 g 및 알코올 10~15 ml의 혼합물을 끓을 때까지 가열하고, 빙초산 한 방울을 가한다. 수분간 가열하고(석출하는 것이 있으면 용해할 때까지 알코올을 가한다), 냉각시킨 후 hydrazone을 모아 알코올에서 생성하지 않으면 다시 끓을 때까지 가열하고, 흐리게 될 때까지 물을 가한 후, 흐린 것을 알코올을 가하여 녹인 후 냉각시킨다.

5) **2, 4-Dinitrophenyl hydrazone** 2,4-Dinitrophenyl hydrazine 용액은 다음과 같이 하여 만든다.

2,4-dinitrophenyl hydrazine 0.4 g을 25 ml 삼각플라스크에 넣고 진한 황산 2 ml를 가한 후 물 3 ml를 잘 흔들면서 가한다. 이것의 더운 용액에 95%-알코올용액 10 ml를 가하고 하룻동안 정치한 후 윗용액을 사용한다.

검체 0.5 g에 알코올 20 ml를 가하여 녹이고 위에서 만든 용액을 가한 후 실온에서 방치한다. 2,4-dinitrophenyl hydrazone의 석출은 보통 5~10분 후에 시작된다. 하룻밤 방치한 후 결정을 모아 알코올이나 초산에틸에서 재결정한다.

(9) 케톤(ketone)

케톤은 알데히드와 마찬가지로 oxime, semicarbazone, hydrazone 등을 만들어 확인한다.

티오염소산으로 산화되어 카르복시산을 생성하면 메틸케톤이다(메틸케톤은 요오드포름반응에도 양성).

(10) 카르복시산(carboxylic acid)

여러 가지 유도체가 있으나, 고체로서 순수한 산의 경우는 중화당량의 결정도 한 확인법이 된다.

1) ***p*-Nitrobenzyl-, Phenacyl-, 치환Phenacyl ester** 검체 1 g을 취하고 물 5 ml를 가한 후 페놀프탈레인을 지시약으로 하여 10%-NaOH 수용액으로 중화한다. 만일 Na-염의 형태이면 그대로 검체 1 g을 물 5∼10 ml에 녹인다. 여기에 phenacyl bromide*[16] 1 g을 알코올 10 ml에 녹인 용액을 가하고, 환류냉각기를 달고 가열한다. 1염기산에 대해서는 1시간, 2염기산에 대해서는 2시간, 3염기산에 대해서는 3시간 가열한다. 만일 도중에서 고체가 석출하면 다시 소량의 알코올을 가해서 녹인다. 냉각시킨 후 에스테르를 모아서 알코올에서 재결정한다.

2) **Amide** 산 1 g과 thionyl chloride 5 ml를 염화칼슘관을 부착한 환류냉각기를 달고 15∼30분간 가열한다. 반응혼합물을 얼음을 띄운 진한 암모니아수 15 ml에 주가하고 amide를 모아 물이나 묽은 알코올에서 재결정한다.

3) **Anilide, Toluide** 검체를 Na-염으로 하여 이것을 0.4 g 취하고 arylamine 1 ml와 진한 염산 0.3 ml를 가하고 150∼160℃에서 45∼60분간 가열한다. 그 후는 다음과 같은 방법으로 정제한다.

(a) 만일 산이 탄소의 수가 6 이하로 생각되는 경우는 粗製生成物을 95%-알코올 5 ml와 가열하고 뜨거운 물 50 ml에 경사법(decantation)으로 주가한다. 이 용액을 10∼12 ml가 될 때까지 농축하고 물중탕에서 냉각하고, 결정은 물이나 묽은 알코올에서 재결정한다.

(b) 만일 산이 탄소수 6 이상으로 생각되는 경우는 조제생성물을 분쇄하고 5%-염산 5 ml를 95%-알코올 40 ml와 끓인 후 여과한다. 여액을 냉각시키고, 결정은 묽은 알코올에서 재결정한다.

4) **중화당량** 검체 약 0.2 g을 정확히 칭량하고 50∼100 ml의 물이나 묽은 알코올에 녹인다. 만일 녹지 않으면 가열한다. 이 용액을 페놀프탈레인을 지시약으로 농도를 정확히 알고 있는 0.1 N-NaOH 용액으로 적정한다. 중화당량은 다음 식에서 계산된다.

$$\text{중화당량} = \frac{\text{검체의 양} \times 100}{\text{알칼리용액의 m}l\text{ 수} \times \text{알칼리용액의 規定濃度}}$$

산의 분자량은 중화당량에 산성基의 수를 곱해서 구한다. 적정의 용액이 다르면 산과 지시약의 pK가 변하기 때문에 될 수 있는대로 물이나 묽은 알코올을 용매로 하여 적정함이 좋다. 95%-알코올로서는 페놀프탈레인이 민감하게 변색하지 않기 때문에 이 경우는 지시약을 브로모티몰 블루를 사용함이 좋다. 이렇게 구한 중화당량은 ±1%의 오차범위를 갖는다.

(11) 아미노산(amino acid)

아미노산의 녹는점이나 분해온도는 가열의 속도에 따라 달라지므로 녹는점이나 분해온도로

*16) Phenacyl bromide는 자극성이므로 충분히 주의해서 취급해야 한다.

서 확인하는 것은 어렵다. 고체유도체로서는 카르복시基로부터 유도하는 것보다 아민基로부터 유도하는 방법이 일반적이다.

• ***p*-Toluenesulfonyl 유도체** 검체 약 1 g을 1 *N*-NaOH 20 m*l* 에 녹이고, *p*-toluenesulfonyl chloride 2 g을 에테르 25 m*l* 에 녹인 용액을 가한 후 3~4 시간 동안 잘 교반한다. 에테르층을 분리하고 물층을 묽은 염산으로서 산성으로 하고, 생성된 침전을 60 %-알코올 4~5 m*l* 로서 재결정한다.

(12) 에스테르(ester)

가수분해한 화합물을 분리하는 것은 곤란하므로 유도체는 에스테르에서 직접 만드는 것이 좋다. 알코올基가 에틸基보다 클 때는 amide나 hydrazide를 만들지 않으므로 이런 경우는 에스테르 1 g을 무수 메탄올 5 m*l* 에 녹이고, 금속나트륨 0.1 g을 가해서 30 분간 가열하고, 메탄올을 추출한 후 그 殘渣를 반응에 사용한다.

• 에스테르의 비누화(鹼化)당량, 알코올성 **NaOH**의 조제 NaOH 8 g을 무수알코올 250 m*l* 에 녹인 후 물 25 m*l* 를 가한다. 이 용액을 농도를 정확히 알고 있는 0.25 *N*-HCl 로써 적정한다.

1) 에스테르의 가수분해 에스테르를 작은 피펫과 함께 칭량병에 넣어서 정확히 칭량하고 피펫으로 에스테르 0.2~0.4 g을 150 m*l* 삼각플라스크에 옮긴 후, 다시 피펫과 칭량병을 달아서 정확한 에스테르의 양을 구한다. 뷰렛으로서 위의 알코올성 NaOH 용액 약 15 m*l*를 가하고 정확한 m*l* 수를 읽는다. 삼각플라스크에는 잘 씻은 고무마개로 환류냉각기를 달고, 1 시간 15 분~1 시간 30 분 동안 가열한다. 냉각시킨 후 환류냉각기와 고무마개를 세척병을 사용하여 물로써 잘 씻고 그 씻은 액을 플라스크에 합한다. 페놀프탈레인을 가하고 0.25 *N*-HCl 로서 페놀프탈레인의 착색을 없애고, 다시 위의 알코올성 NaOH 용액으로 희미하게 착색될때까지 적정한다.

(a) 알코올성 NaOH는 사용 직전에 그 농도를 정해야 한다.
(b) 알칼리용액의 부피는 정확히 읽어야 한다.
(c) 가수분해는 보통 1 시간 30 분 정도로 충분하나, 때로는 24 시간이 걸릴 때도 있다.
(d) 코르크마개를 사용하면 알칼리농도에 영향을 미치는 물질이 추출되므로 사용하지 않도록 한다.
(e) 분자량은 에스테르기의 수를 *N*이라 하면 비누화당량의 *N*배가 된다. 단 에스테르가 페놀유도체인 경우는 주의하지 않으면 안 된다.

비누화당량은 다음과 같이 계산한다.

$$\text{비누화당량} = \frac{\text{시료 g수} \times 100}{(\text{알칼리용액의 전 m}l\text{ 수} \times \text{규정농도}) - (\text{염산의 규정농도} \times \text{m}l\text{ 수})}$$

2) ***N*-Benzyl amide** 검체 1 g, 벤질아민 3 m*l*, 분말 NH_4Cl 0.1 g의 혼합물을 시험관에 넣고, 환류냉각기를 달고 1 시간 동안 가열한다. 냉각시킨 후 반응혼합물을 물로 씻어서 벤질아민을 제거하고, 염산을 한 방울 가해서 결정을 석출시킨다. 과잉의 산은 피해야 한다. 미반응의 에스테르가 생성을 방해하는 일이 있으나 이때는 반응혼합물에 물을 가해서 증발접

시에서 가열하여 에스테르를 수증기와 함께 추출하면 된다. 묽은 알코올이나 묽은 아세톤에서 재결정한다.

3) **Hydrazide** 검체 1g에 85%-hydrazide hydrate 1 ml 를 가하고, 환류냉각기를 달고 15분간 가열한다. 꼭 맑은 용액을 얻을 정도의 알코올을 냉각기를 통해서 가하고 2시간 동안 환류시킨다. 알코올을 추출시키고 hydrazide를 모아 물이나 묽은 알코올에서 재결정한다.

4) **3,5-Dinitrobenzoic acid ester** 이 반응은 원래의 에스테르의 알코올 성분 중 알킬 부분이 클 때는 잘 진행되지 않는다. 검체 약 2 ml 와 3,5-dinitrobenzoic acid 1.5g을 혼합하고 진한 황산 2방울을 가한다. 만일 원래의 에스테르가 150°C 이하의 끓는점을 가지는 것이면 환류냉각기를 달고, 150°C 이상의 것이면 그대로 150°C에서 30분~1시간 동안 가열한다. 가열시간의 길이는 최초의 15분 이내에 3,5-dinitrobenzoic acid의 결정이 없어지는가 않는가에 의해 결정한다. 냉각시킨 후 에테르 25 ml 를 가하고 5%-NaOH 수용액 15 ml 씩 사용하여 2회 추출한 후 에테르층을 분리하여 물 10 ml 로 씻고 에테르를 증류한다. 殘渣를 알코올 5 ml 에 가열하여 녹이고 용액이 흐리게 될 때까지 물을 가하고 냉각시킨다. 묽은 알코올에서 재결정한다.

(13) 니트릴(nitrile)

• 가수분해 100 ml 둥근바닥플라스크에 환류냉각기를 달고 75%-황산용액 25 ml 와 NaCl 1g을 가하고 150~160℃로 가열한 후 냉각기의 윗부분으로 니트릴을 0.5g씩 나누어 注加한다. 매회 주가할 때마다 잘 흔든다. 5g을 가한 후에는 160℃에서 30분간, 190℃에서 30분간 가열한다. 가열에는 기름중탕을 사용한다. 냉각시킨 후 얼음조각 100g에 주가하고 결정을 모은다. 이 결정에 약간 과잉량의 10%-NaOH 수용액을 가하고, 녹지 않는 아미드(amide)는 여과하여 분리한다. 여액을 산성으로 하고 산을 모아 벤젠이나 묽은 알코올에서 재결정한다.

(14) **1차 아민 및 2차 아민**

• **Benzenesulfonamide** 및 ***p*-Toluenesulfonamide :** 판별시약의 작용(p. 106 참조). 95% 알코올에서 재결정한다.

1) **Phenylthiourea** 아민과 phenylisothiocyanate의 同量을 시험관 내에서 혼합하고 2분간 흔든다. 반응이 일어나지 않으면 작은 불꽃에서 3분간 가열한다. 방향족아민은 가열이 필요하다. 다음 얼음으로 냉각시키면 固化하므로 이를 분쇄해서 50%-알코올을 가해서 과잉의 시약을 씻어 제거하고 殘渣를 95%-알코올로써 재결정한다.

$$R_2NH + C_6H_5NCS \longrightarrow C_6H_5NHCSNR_2$$

2) **Acetyl 유도체** 아민 1g을 무수초산 5 ml 와 함께 5분간 가열환류한다. 물 50 ml 를 주가하고 잘 흔든 후 15분간 방치해서 과잉의 무수초산을 분해시킨다. 결정을 여과하여 분리하고 묽은 알코올에서 재결정한다.

3) **Benzoyl 유도체** 아민 1g, benzoyl chloride 1g, 건조시킨 벤젠 20 ml 를 15분간 가열환류시킨다. 냉각시킨 후 침전을 여과하여 분리한 후 따뜻한 벤젠으로서 씻고, 씻은 액과 처음의 여액을 합하고 이를 2%-Na_2CO_3 수용액 10 ml, 다음에 2%-HCl 10 ml, 최후에 물

100 ml 로써 씻는다. 벤젠을 溜去시키고 殘渣를 묽은 알코올에서 재결정한다.

(15) 3차 아민

화합물에 따라 성질이 다르므로 일반적으로 응용되는 유도체생성법은 없다. picrate 및 여러 가지 4차 암모늄염 등이 이용된다.

1) **Picrate** 시료 0.3~0.5 g을 95%-알코올 10 ml 에 가한다. 완전히 용해하지 않을 때는 잘 흔들어서 포화시킨 후 여과한다. 여액에 피크르산의 95% 포화알코올용액 10 ml 를 가하고 끓인다. 서서히 냉각시키고 picrate의 황색결정을 여과하여 분리하고 알코올에서 재결정한다.

2) 4차 암모늄염

(a) 아민 0.5 g과 CH_3I 0.5 ml 를 시험관 중에서 작은 불꽃에서 수분간 가열한 후 얼음으로 냉각한다. 생성된 고체는 95%-알코올 또는 초산에틸에서 재결정한다.

(b) 아민 1 g을, benzyl chloride 또는 methyl *p*-toluenesulfonate 2~3 g을 건조한 벤젠 10 ml 에 녹인 용액에 가하고 10~20분간 끓인 후 냉각시킨다. 생성물은 가급적 소량의 끓는 알코올에 녹여 재결정한다. 생성물을 여과하여 분리하고 素燒板 위에서 건조시킨 후 즉시 녹는점을 측정한다.

$$R_3N + CH_3I \longrightarrow (R_3NCH_3)^+I^-$$

$$R_3N + C_6H_5CH_2I \longrightarrow (R_3NCH_2C_6H_5)^+I^-$$

$$R_3N + CH_3C_6H_4SO_3CH_3 \longrightarrow (R_3NCH_3)^+(CH_3C_6H_4SO_3)^-$$

(16) 니트로화합물

$SnCl_2$ 와 HCl로서 환원시켜 아민을 만들고(조작법은 판별시약의 작용항을 참조), 이것을 적당한 유도체로 만든다.

방향족니트로화합물은 니트로化에 의해서 디니트로 또는 트리니트로화합물로써 확인할 수 있다. 알킬 곁사슬을 가진 것은 산화시켜 니트로카르복시산을 만들어 확인한다.

(17) **Nitroso-, Azoxy-, Azo-, Hydrazo** 화합물

이 화합물들도 $SnCl_2$ 와 HCl로서 해당 아민으로 환원시킬 수 있다(조작법은 판별시약의 작용항을 참조). 니트로소아민은 치환 hydrazine으로 환원된다.

$$R_2N{-}NO + 4H \longrightarrow R_2N{-}NH_2 + H_2O$$

(18) **Mercaptane**

2,4-dinitrophenylthioether

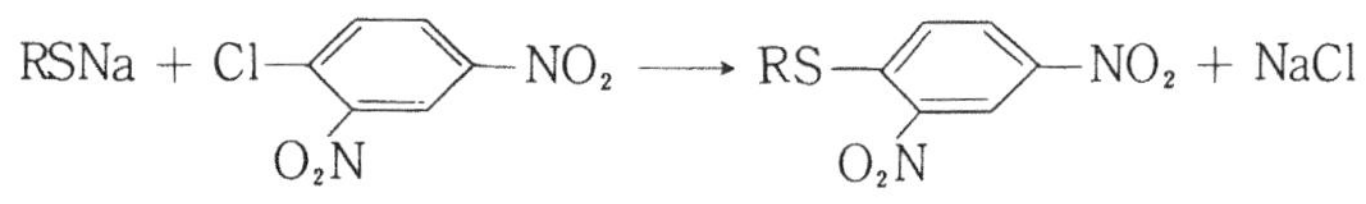

시료 0.5 g을 알코올 1.5 ml 에 용해시키고, 2*N*-NaOH 수용액 2 ml 와, 2,4-dinitrochlorobenzene 1 g을 알코올 5 ml 에 녹인 용액을 가한다. 물중탕 위에서 10분간 환류시키고, 뜨거운 용액을 재빨리 여과한다. 여액을 냉각시키면 황금색의 결정이 석출한다. 흡인여과하고 알

코올에서 재결정한다. 이것을 빙초산 중에서 $KMnO_4$ 로서 산화하면 술폰산을 얻는다. 이것도 유도체로서 확인에 이용된다.

(19) 술폰산(sulfonic acid)

1) **Sulfonamide**

$$RSO_3Na + PCl_5 \longrightarrow RSO_2Cl + POCl_3 + NaCl$$
$$RSO_2Cl + 2NH_3 \longrightarrow RSO_2NH_2 + NH_4Cl$$

술폰산염 2 g을 PCl_5 5 g과 함께 건조시킨 플라스크에 가하고, 환류냉각기를 달고 150℃에서 기름중탕 중에서 30분간 가열한다. 냉각시킨 후 건조시킨 벤젠 20 ml를 가하고 물중탕 중에서 교반시키면서 가온한다. 건조한 여과지로 여과하고 물로 씻은 후 벤젠을 제거하면 염화 술포닐을 얻게 되나, 벤젠용액 그대로 진한 암모니아수 20 ml에 가해서 잘 교반한다. sulfonamide가 석출하면 여과하여 분리한다. 석출하지 않으면 벤젠층은 분리하고 벤젠을 溜去시킨다. sulfonamide는 알코올에서 재결정한다.

Anilide의 제법은 1차, 2차 아민의 항을 참조하라.

(20) 술폰아미드(sulfonamide)

25% HCl과 함께 끓이면서 환류시켜 가수분해하고, sulfonic acid 및 amine을 각각 적당한 방법으로 확인한다.

【6】 문헌조사

위에서 기술한 시험에 의해서 확인할 물질에 대한 범위가 좁아지면 문헌을 조사하여 시료와 일치하는 성질을 가진 물질을 찾아낸다. 문헌으로서는 다음과 같은 서적을 참고로 하면 좋을 것이다. 다음 중에서 중요한 문헌에 대한 설명과 기타 일반적으로 문헌조사하는 순서는 25장에서 취급한다.

Beilstein : *Handbuch der Organischen Chemie*

- *Chemical Abstracts*
- *Chemisches Zentralblatt*

M. M. Richter, Anschütz : *Lexikon der Kohlenstoffverbindungen.*

Kempf-Kutter : *Schmelzpunktstabellen.*

Mulliken : *Identification of Organic Compounds.*

Shrine, Fuson : *The Systematic Identification of Organic Compounds.*

Staudinger : *Anleitung zur organischen qualitativen Analyse.*

H. Meyer : *Nachweis und Bestimmung organischer Verbindungen.*

H. Meyer : *Analyse und Konstitutionsermittlung organischer Verbindungen.*

Feigl : *Spot Tests, Vol, Ⅱ, Organic Application,* 4 th ed.

Sigia : *Organic Quantitative Analysis by Functional Groups.*

Müller : *Mikro-chemische Praktikum.*

L. J. Bellamy : *The Infrared Spectra of Complex Molecules*

Robert M. Silverstein : *Spectrometric Identification of Organic Compounds,* 3 rd ed.

Kempf-Kutter 의 표는 녹는점에 의존해서 화합물을 확인하는 데 사용된다. 문헌에 있는 녹는점과는 순도에 따라 다소 차이가 있는 일이 있으므로 자기의 시료의 녹는점보다 상하 5℃ 정도의 범위를 조사하지 않으면 안 된다. 또한 표끝에는 보통의 index 대신에 화합물명으로 나열하여 녹는점이 기재되어 있다.

Bellamy 의 저서는 적외선 스펙트럼을 사용하여 유기화합물을 분석, 확인하는 데 유용하며, Gillam-Stern 의 저서는 유기화합물의 자외선 스펙트럼에 관해서 상세히 설명되어 있다. Sigia 의 저서는 주로 정량분석법을 취급하고 있다.

【7】 판별시약의 작용

시료가 어떤 작용기를 가지고 있는가는 적당한 시약을 작용시켜 판별할 수 있다. 다음에 그 주요한 시약에 대하여 기술한다.

(1) 발연황산

20 % 발연황산 2 m*l* 에 시료 1 m*l* 를 가하고 잘 흔든 후 수분간 방치한다. 방향족 화합물은 술폰화되어 발열하면서 녹기 때문에 지방족 포화화합물과 구별할 수 있다.

(2) 브롬

사염화탄소 또는 클로로포름 2 m*l* 에 시료 0.1 g(0.2 m*l*)를 가하고 흔들면서 브롬의 5 %-사염화탄소용액을 브롬이 탈색하지 않을 때까지 가한다. 이 시약은 이중결합, 삼중결합의 존재를 알아내는 데 널리 사용된다. 또한 브롬의 탈색과 함께 KBr 의 발생을 볼 수 있게 되면 이것은 브롬이 첨가되는 것이 아니라 치환하는 것이며, 이와 같은 반응을 나타내는 것은 에놀(enol)류, 페놀류 및 활성 메틸렌(methylene)基를 가진 화합물이다. 방향족 아민류도 브롬에 의해서 치환되나 HBr 은 아민과 염을 만들기 때문에 발생하지는 않는다.

(3) 과망간산칼륨

알코올이나 아세톤에 5 % 에 해당하는 물을 가하고 이 용액 2 m*l* 에 시료 0.1 m*l*(또는 0.1g)를 녹이고, 2 %-$KMnO_4$ 수용액 한 방울을 가한다. 불포화결합이 있으면 5 초 이내에 탈색하는 것이 보통이다.

(4) 질산은 알코올용액

무수알코올에 질산은을 포화시켜 만든다. 이 시약은 할로겐(halogen)을 함유하는 화합물의 분류에 사용한다. 질산은 알코올용액 2 m*l* 에 검체 1 방울을 가하고 실온에서 5 분간 방치하여 반응이 일어나지 않으면 용액을 끓여 본다. 산염화물, 3 차 할로겐화물은 즉시 할로겐화은이 침전한다. 또한 1 차, 2 차 할로겐화물도 반응하지만 방향족핵에 직접 결합된 할로겐은 가열해도 반응하지 않는다.

(5) 금속나트륨

시료가 액체이면 그대로, 고체이면 건조시킨 석유에테르 또는 벤젠에 녹이고 금속나트륨의 작은 조각을 1 개 가한다. 다음과 같은 화합물은 반응하여 수소를 발생한다.

$$2RCOOH + 2Na \longrightarrow 2RCOONa + H_2$$
$$2ROH + 2Na \longrightarrow 2RONa + H_2$$
$$2RSH + 2Na \longrightarrow 2RSNa + H_2$$
$$2R_2NH + 2Na \longrightarrow 2R_2NNa + H_2$$
$$2R-C\equiv C-H + 2Na \longrightarrow 2R-C\equiv CNa + H_2$$

(6) **Benzenesulfonyl chloride**

• **1차, 2차, 3차 아민의 구별**(Hinsberg test) : 시험관에 10%-NaOH 수용액 5 ml 와 검체 0.2g을 취하고 여기에 benzenesulfonyl chloride 0.4 ml 를 가한 후 마개를 막고 잘 흔든다. 리트머스시험지로 알칼리성인가를 확인한다. benzenesulfonyl chloride 가 전부 반응해 버리면 용액을 냉각시킨 후 녹지 않은 고체를 여과하여 분리한다. 이 고체가 염산에 녹으면 benzenesulfonyl chloride 와는 반응하지 않는 것이며, 검체는 3차 아민인 것이다. 또한 고체가 물에 녹으면 알칼리에는 녹기 어려운 분자량이 큰 1차아민의 sulfonamide 의 Na-염이다. 또 물에도 녹지 않으면 2차 아민의 sulfonamide 이다. 보통의 1차 아민의 sulfonamide 는 알칼리용액에 녹기 쉬우며 여액을 산성으로 하면 석출하게 된다. 이 방법은 아민의 구별에 이용된다. 생성한 술폰아미드를 25%-염산용액 100 ml 와 함께 끓이면(1차 아민은 36시간, 2차 아민은 12시간) 가수분해되어 원래의 아민을 생성한다.

(7) **산염화물**(Schotten-Baumann Reaction)

$$RCOCl + R'OH + NaOH \longrightarrow RCOOR' + NaCl + H_2O$$
$$RCOCl + R'NH_2 + NaOH \longrightarrow RCONHR' + NaCl + H_2O$$

시험관에 알코올 3 ml, 물 5 ml, benzoyl chloride 1 ml 를 취하고 여기에 20%-NaOH수용액 5 ml 를 소량씩 가한다. 가할 때마다 고무마개로 막고 잘 흔든다. 수분동안 흔들고 액이 여전히 알칼리성인가를 리트머스시험지로서 시험한다. 같은 조작을 아닐린(알코올 대신에)에 대해서도 행해 본다. 산염화물은 알코올류, 페놀류, 아민류와 반응하여 HCl 을 발생하고 에스테르 또는 아미드를 생성한다.

(8) **아 질 산**

(a) 방향족아민은 디아조화된다. 검체 0.5 g을 진한 염산 2 ml 에 녹이고, 물 3 ml 를 가하고 얼음으로 0℃ 로 냉각시킨 후, $NaNO_2$ 0.5 g을 물 2 ml 에 녹인 용액을 소량씩 注加한다 〔디아조화의 완료는 요오드칼륨 전분시험지로써 확인한다(p.150참조)〕. 그 일부를 취해서 가열하여 질소가 발생하는가 확인한다. 2%-NaOH 용액에 소량의 β-나프톨을 녹인 것에 디아조늄용액을 가하면 橙赤色이 된다.

(b) 2차 아민은 니트로소아민을 생성한다.

(9) **염 화 철**

검체의 묽은 수용액(약 0.1%)에 1%-염화철수용액 1 방울을 가한다. 페놀류나 에놀(enol)류는 붉은색 내지 보라색으로 증색한다. 검체가 물에 녹지 않으면 알코올용액으로서 시험한다. 대부분의 옥심과 초산염은 붉은색을 띤다.

(10) 브 롬 수

검체의 1% 수용액에 브롬수를 한 방울씩 브롬의 색이 없어지지 않을 때까지 滴加한다. 페놀, 아닐린, 트리브로모화합물을 생성한다.

(11) 염산-염화아연시약 (**Lucas' Reagent**)

진한 염산 11 ml 에 염화아연 15 g을 용해시켜 만든다. 이 시약 5 ml 와 2 차 또는 3 차 알코올 0.5 ml 를 시험관 중에서 흔들고 방치하면(26~27℃) 10 분 내로 염화물생성으로 인해서 액층으로 나누어진다(13 장 참조).

$$R_2CHOH + HCl \longrightarrow R_2CHCl + H_2O$$

(12) 수산화나트륨수용액

10%-NaOH 수용액 5 ml 와 검체 0.2 g 을 끓인다. 이때 암모니아나 아민의 냄새가 나지 않는가를 시험한다. 암모니아나 아민의 냄새가 나면 암모늄염, 아미드, 니트릴로 판별할 수 있다. 녹으면 냉각시키고 진한 염산을 滴加하여 산성으로 한다. 고분자량의 산 또는 방향족 카르복시산은 침전한다. 또한 알칼리성 용액에 CO_2 를 포화시킬 때는 페놀류가 석출하게 된다.

에스테르의 경우는 검체 5 g을 25%-NaOH 수용액 40 ml 로서 비누화시키고 용액을 증류하여 溜出液 5 ml 를 탄산칼륨으로서 포화시키면 알코올이 분리된다. dinitro, trinitro 화합물, 니트로페놀 등은 알칼리에 의해서 붉은색을 나타낸다.

산의 당량을 구하려면 시료 약 0.2 g을 정확히 칭량하여 50~100 ml 의 물 또는 에탄올에 녹인다. 필요하면 가열하여 완전히 녹이고 이것을 약 0.1 N 의 標定한 NaOH 의 표준용액으로 적정한다.

(13) 아연말과 염화암몬

니트로화합물은 히드록시아민이 된다. 50%-알코올 5 ml 에 검체 0.2 g 을 녹이고 NH_4Cl 0.5 g, 아연말 0.5 g을 가하고 끓인 후 5 분간 방치하고 여과한다. 다음 이 용액을 Tollens' reagent 에 가한다. 히드록시아민은 Tollens' reagent 를 환원시켜 은을 석출한다.

(14) **Fehling's solution**

Ⅰ액 : 황산구리 34.6 g을 물에 녹이고 500 ml 로 묽게한 용액.

Ⅱ액 : 주석산칼륨나트륨 173 g 과 수산화나트륨 70 g을 물에 녹여 500 ml 로 한 용액.

사용시는 두 가지 액을 같은 양씩 혼합해서 사용한다. 검체 0.2 g을 물 5 ml 에 녹이고 Fehling 용액 5 ml 를 가해서 끓인다. 알데히드 기타 환원성基가 있으면 산화제일구리의 적갈색 침전을 생성한다(제 14 장 참조).

$$RCHO + \underset{\text{(Fehling 용액)}}{2Cu^{2+}} \longrightarrow RCOOH + Cu_2O \downarrow$$

(15) 염화제일주석과 염산

$SnCl_2$ 0.5 g을 진한 염산 1 ml 에 녹이고 검체 0.1 g을 가해서 가열한다. 니트로화합물, azoxy, azo, hydrazo 화합물, 니트릴 등은 환원되어서 아민이 된다.

(16) **Fuchsin-Aldehyde** 시약 (**Schiff's reagent**)

Fuchsin 0.1 g을 물 100 ml 에 녹이고 여과한다. 따로 물 100 ml 에 SO_2 가스를 포화시키고

두 가지 액을 혼합하여 하루밤 방치한 용액을 사용한다. 이 용액 2 ml 에 한 방울의 알데히드를 가한다. 이때 가열해서는 안 되며, 또한 검체가 알칼리성이어서는 안 된다. 적자색을 띠는 것을 볼 수 있으나, 이것은 처음에 사용한 fuchsin 의 색에 따라 달라지므로 이미 알고 있는 알데히드로써 시험해 봄이 좋다.

(17) **Tollens' reagent**

깨끗한 시험관에 5 %-$AgNO_3$ 수용액 2 ml 를 취하고 10 %-NaOH 수용액 한 방울을 가한 후, 약 2 %-NH_4OH 를 흔들면서 한 방울씩 산화은의 침전이 바로 용해할 때까지만 滴加한다. 여기에 검체를 가한다. 차가울 때 반응하지 않으면 물중탕 중에서 가열한다. 알데히드같은 환원성인 基들은 시약을 환원시켜 은을 유리시킨다(은거울반응, 14 장 참조).

(18) 요오드포름반응

물 3 ml 에 검체 3 방울을 녹이고 10 %-NaOH 수용액 0.5~1 ml 를 가하고 요오드화칼륨-요오드용액(물 80 ml 에 I_2 10 g 과 KI 20 g 을 녹인 것)을 한 방울씩 滴加하여 약간 과잉의 요오드의 색이 나타날 정도에서 적가를 중지한다. 다음 60℃ 의 물중탕 중에서 가온한다. 물에 녹지 않는 검체는 0.1 g 을 디옥산 3 ml 에 녹여서 행한다(13 장 참조). CH_3CHO, CH_3CH_2OH, CH_3CHOHR, CH_3COR 등은 이 반응에 陽性이나, 주의할 점은 CH_3COCH_2COOR, CH_3COCH_2CN 등은 陰性인 점이다(산분해에 기인).

(19) **Phenylhydrazine**

물 1 ml 에 phenylhydrazine 0.1 ml 를 가하고 식초산을 phenylhydrazine 이 꼭 용해할 때까지만 滴加한다. 검체가 물에 용해할 때는 식초산을 0.1 ml 만 가한다. 잠시 동안 그대로 방치해서 결정이 석출하지 않을 때는 서서히 1 분간만 가열한다. 물에 녹지 않는 검체인 경우는 그 0.1 g 을 소량의 알코올에 녹이고 물을 침전이 생기기 직전까지만 주의해서 滴加하고 여기에 phenylhydrazine 1 ml 를 가한다. 결정이 석출하지 않으면 식초산을 가하고 필요에 따라서는 약간 가열한다.

또는 phenylhydrazine hydrochloride 0.4 g 과 초산나트륨 결정 0.6 g 을 물 4 ml 에 녹이고, 0.1 ml(0.1 g)의 검체를 가한다. 검체가 물에 녹지 않을 때에는 묽은 알코올에 녹이고, 이것을 phenylhydrazine 용액에 알코올을 가한 것과 혼합한다. 대부분의 카르보닐화합물은 phenylhydrazone 의 결정을 생성한다.

(20) **2, 4-Dinitrophenylhydrazine**

2, 4-dinitrophenylhydrazine 2 g 을 진한 황산 15 ml 에 녹이고, 이것을 95 %-에탄올 중에 흔들면서 注加한 후 다시 이것에 증류수를 가하여 500 ml 로 묽게 한다. 이 시약 3 ml 에 대하여 검체 1~2 방울을 가하고 심하게 흔든다. 알데히드, 케톤의 2,4-dinitrophenylhydrazone 은 모두 물에 불용이며, 보통 즉시 침전하든지 그렇지 않으면 처음에는 油狀으로 석출되었다가 방치하면 결정으로 된다.

(21) **Hydroxylamine**

Hydroxylamine hydrochloride 5 g 을 95 % 에탄올 1 l 에 녹이고 5 %-NaOH 알코올용액을 滴加하여 pH 3.7 에서 3.9 가 되도록 한다. 이 시약은 수개월 동안은 변하지 않고 안정하다. pH

확인을 위해서 지시약을 미리 넣어둔다. 중성의 검체에 대해서는 위의 시약 1 m*l* 에 1 방울 또는 2~3 덩어리의 결정을 가하고 용액의 색변화를 관찰한다. 특히 실온에서 색변화를 잘 볼 수 없을 때에는 끓인다. 검체가 카르보닐基를 가질 때에는 pH 가 변화하여 색이 변한다. 산성 또는 염기성의 검체에 대해서는 그 0.2 g에 지시약의 에탄올용액을 가하고 1%-HCl 또는 1%-NaOH 수용액을 주의하면서 가하여 그 색을 시약의 색과 같게 하여 두고, 여기에 시약 1 m*l* 를 가해서 색변화를 관찰한다.

24. 분광법에 의한 유기화합물의 구조결정

화합물의 내부구조에 관여하는 어떤 에너지상태가 유사한 다른 에너지상태로 전이할 때 이 에너지差에 해당하는 전자파를 흡수(또는 방출)한다. 방출하는 경우에는 炎色反應이나 형광, 인광현상이 일어난다. 이 책에서 다루는 것은 흡수스펙트럼이다. 전이의 원인이 되는 것의 종류에 따라 빛(전자파)의 波長이 다르고 흡수의 대상이 되는 빛의 파장에 따라 흡수스펙트럼을 분류하면 표 24-1 과 같다.

표 24-1 흡수스펙트럼과 전자파 및 전이의 종류와의 관계

전자파의 종류	스펙트럼의 종류	파장, 진동수 또는 파수	전이의 종류
우 주 선			
γ - 선			
X - 선			
원자외선	원자외스펙트럼	100~200 nm	σ-전자의 전이
자 외 선	자외스펙트럼	200~400 nm	n- 및 π-전자의 전이
가시광선	가시스펙트럼	400~800 nm	〃 〃
근적외선	근적외스펙트럼	12500~4000 cm^{-1} (0.8~2.5 μ)	진동의 배음과 전자의 전이
적 외 선	적외스펙트럼	4000~650 cm^{-1} (2.5~15.4 μ)	진동준위의 전이
원적외선	원적외스펙트럼	667~100 cm^{-1} (15~100 μ)	진동과 회전준위의 전이
마이크로파			
전 파	핵자기공명스펙트럼	6×10^7~10^6 cps	핵스핀의 전이
전 류			

낮은 에너지상태로부터 높은 에너지상태로 전이할 때 흡수되는 빛은 그 전이에너지를 E라 하면, $E=h\nu$(h: Plank 상수)를 만족하는 진동수의 빛이다. 이 빛의 파장 λ는 $\lambda=c/\nu$ (c는 빛의 속도)로부터 구할 수 있다. 진동수는 cycles/sec 즉 cps 의 단위로서 주어진다. 파장 λ의 역수, 즉 1 cm당의 파수(wavenumber)가 더 많이 사용되며 cm^{-1} 로 나타낸다.

전자의 전이에는 비교적 큰 에너지를 필요로 하기 때문에 단파장(고파장)의 빛을 흡수한다. 전이에 관여하는 전자의 종류에 따라 전이에너지 즉 흡수하는 빛의 파장이 다르다. 이 차이에 따라 원자외부, 자외부 및 가시부의 세 가지 스펙트럼의 영역으로 나누어진다. 적외선스펙트럼은 진동, 회전준위의 전이에 기인되지만 전자는 주로 적외부, 후자는 원적외부의 흡수에 기인된다.

가시부와 적외부의 사이에 있는 근적외부는 이들의 흡수의 倍音과 전자전이에 기인되는 흡수가 나타나는 영역이다. 이들 영역 중에서 유기화학에서 일반적으로 이용되는 것은 자외·가시 및 적외부이다. 핵스핀이 관여하는 전이에 기인되는 核磁氣共鳴은 한층 더 장파장의 전자파에 의해서 일어나게 된다.

24-1 적외선 흡수스펙트럼

적외선 흡수스펙트럼(IR)은 유기화학자에 있어서 가장 간단하고 가장 친밀감을 갖게 하는 분석수단이다. 기체, 액체, 고체 및 용액 어느 상태에서도 20분이내에서 측정할 수 있고 유기화합물의 연구에는 필요불가결의 수단으로 등장하게 되었다. 일전에 유기화학자들이 물질의 확인을 위해서 녹는점을 측정하는 빈도보다도 오늘날 유기화학자가 적외선 스펙트럼을 측정하는 빈도가 훨씬 더 크게 되었다.

적외선 스펙트럼은 흡수의 위치와 흡수의 세기로써 나타난다. 흡수의 위치는 파장을 μ로 나타내는 방법과 파수(wavenumber)를 cm^{-1}로 나타내는 방법이 있다. cm^{-1}는 카이저(Kayzer)라고 불리워지기도 하는데 오늘날 많은 사람들이 이 파수를 사용하고 있다. 유기화합물의 확인에는 吸光度는 다른 스펙트럼에 비해서 중요하지 않으며, 그 강약만을 나타내는 경우가 많다.

강약의 표시에는 vs(very strong), s(strong), m(medium), w(weak), vw(very weak), b(broad), v(variable) 및 sh(sharp) 등의 기호가 사용된다.

특수한 경우를 제외하고는 일반적으로 사용되는 적외영역은 4000~667 cm^{-1}가 주이고 특수한 목적으로는 近赤外 12,500~400 cm^{-1}, 遠赤外 667~100 cm^{-1}의 영역도 사용된다. 이 책에서는 적외영역만을 다루기로 한다.

【1】 신축진동과 굽힘진동

기준이 되는 진동에는 伸縮振動(stretching, ν)과 굽힘振動(bending, δ)으로 대별된다. 전자는 원자와 원자를 결합하고 있는 결합축의 방향에 있어 늘어났다가 짧아졌다가 하는 진동이고 후자는 결합축과 결합축의 각도가 변화하는 진동이다. 그밖에 기본진동에 따른 흡수의 정수배의 파장위치에 倍音(overtone)이라 불리우는 약한 흡수가 관측될 때도 있다. 마찬가지로 2개 이상의 기준진동의 파수의 합 및 차의 위치에 나타나는 흡수는 각각 結合音(combination tone) 및 差音(difference tone)이라 한다. 이들의 흡수는 상당히 약하지만 이들의 약한 흡수 근처에 강한 기준진동으로 인한 흡수가 있으면 共鳴(Fermi 공명)을 일으켜서 강한 흡수가 되는 수가 있으므로 주의를 요한다. 또 2 개의 기준진동이 동시에 일어나는 즉 2 개의 진동이 혼합된 한 개의 흡수가 되는 경우도 있다.

신축진동에 필요한 에너지는 굽힘진동에 비해서 큰 경우가 많기 때문에 신축진동은 高波數측 4000~1500 cm^{-1} 의 영역에 굽힘진동은 低波數측 1500~650 cm^{-1} 의 영역에 나타난다. 이 저파수측 영역에는 여러 가지의 굽힘진동 외에 단결합의 신축진동도 나타나므로 대단히 복잡한 스펙트럼을 나타낸다. 이들 흡수는 귀속이 명확하지 않는 것도 많지만 특징이 있는 흡수에 주목하고 신축진동영역의 흡수와 합쳐서 따지면 構造決定의 유력한 수단이 된다. 또한 이 저파수영역의 흡수스펙트럼은 구조가 약간만 달라도 물질에 따라 크게 달라지기 때문에 지문영역(fingerprint region)이라 불리우며, 물질의 확인에 이용되는 편리한 영역이다.

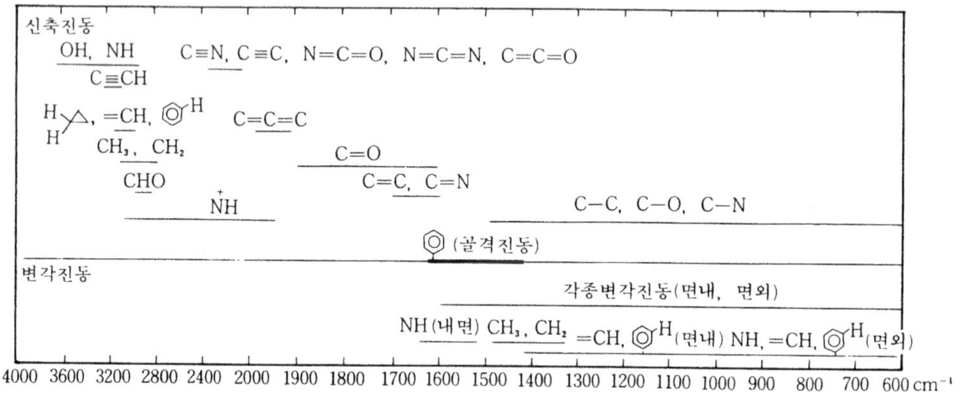

그림 24-1 신축진동과 굽힘진동의 영역

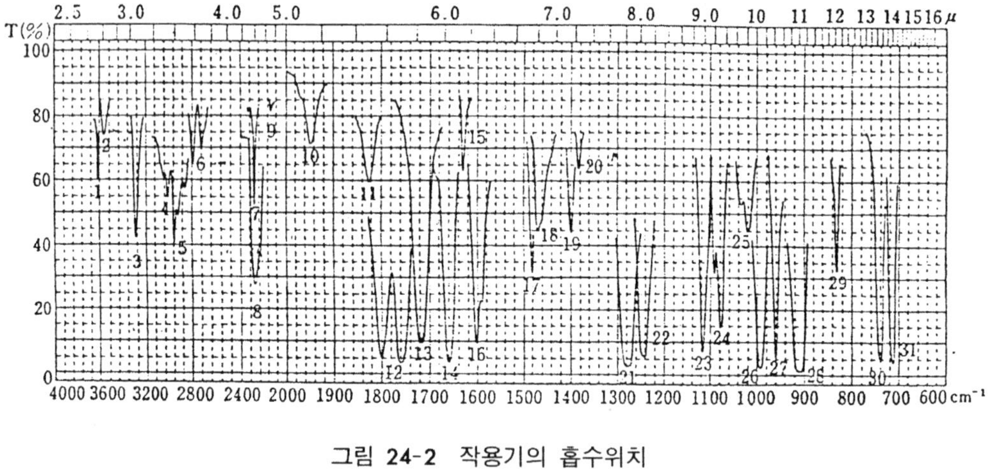

그림 24-2 작용기의 흡수위치

1) νOH (비회합), $(C_6H_5)_3COH$ (CCl_4)
2) νOH (분자내수소결합), $(C_6H_5)_2C{=}C{=}CBr{-}C(OH)(C_6H_5)_2$ (CCl_4)
3) $\nu C{\equiv}CH$, $C_6H_5C{\equiv}CH$ (액막)
4) ν방향족고리수소, $C_6H_5C_2H_5$ (액막)
5) νCH_2, νCH_3, $C_6H_5C_2H_5$ (액막)
6) νC—H 및 배음 (또는 결합음), 트란스 $C_6H_5CH{=}CHCHO$ (액막)
7) $\nu C{\equiv}N$, $CH_2(CN)_2$ (액막)
8) $\nu N{=}C{=}O$, $C_2H_5N{=}C{=}O$ (액막, 0.025 mm)
9) $\nu C{\equiv}C$, $C_6H_5C{\equiv}CH$ (액막)
10) $\nu C{=}C{=}C$, $(C_6H_5)_2C{=}C{=}CBr{-}C(OH)(C_6H_5)_2$ (CCl_4)
11) 말단비닐의 δCH (면외) (915 cm^{-1})의 배음, $H_2C{=}CH{-}(CH_2)_2{-}CH{=}CH_2$ (액막, 0.025 mm)
12) 산무수물의 $\nu C{=}O$, 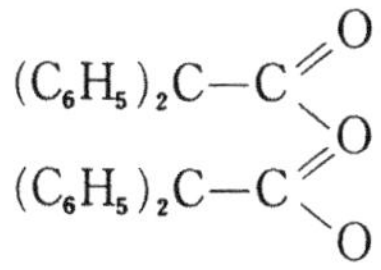 (nujol)
13) 포화케톤의 $\nu C{=}O$, $(C_2H_5)_2CO$ (액막)
14) 방향족케톤의 $\nu C{=}O$, 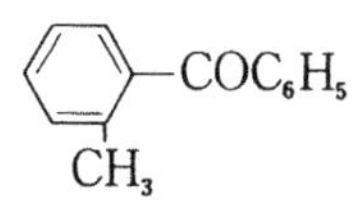 (액막)
15) $\nu C{=}C$, $C_6H_5CH{=}CH_2$ (액막)
16) 벤젠의 골격진동, $C_6H_5OCH_3$ (액막)
17) 벤젠의 골격진동, C_6H_6 (액막)
18) $\delta_{as}CH_3$와 δCH_2 (scissoring), $CH_3{-}(CH_2)_9{-}CH_3$ (액막)
19) 활성메틸렌의 δCH_2 (scissoring), $CH_2(CN)_2$ (액막)
20) $\delta_s CH_3$, $CH_3{-}(CH_2)_9{-}CH_3$ (액막)
21) ν_{as}C—O—C (역대칭 에스테르흡수대), $C_6H_5COOCH_3$ (액막)
22) ν_{as} =C—O—C (비닐에테르), $C_6H_5OCH_3$ (액막)
23) ν_sC—O—C (대칭에스테르흡수대), $C_6H_5COOCH_3$ (액막)
24) 에테르의 ν_{as}C—O—C, $(C_6H_5)_3C{-}OCH_3$ (액막)
25) 알코올의 νC—O, $(C_6H_5)_2CHOH$ (CCl_4)
26) 말단비닐수소의 δCH (면외) (3개의 수소가 같은 방향으로 진동), $CH_2{=}CH{-}(CH_2)_2{-}CH{=}CH_2$ (액막, 0.025 mm)
27) 트란스 2치환에틸렌수소의 δCH (면외) (2개의 수소가 역방향으로 진동),

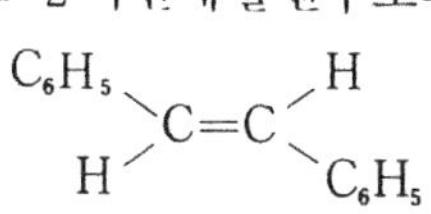 (nujol)

28) 말단비닐수소의 δCH (면외) (말단 2개의 수소가 같은 방향으로, 다른 1개의 수소가 이들과 역방향으로 진동, 이 흡수의 배음이 1825 cm^{-1}),

$CH_2=CH-(CH_2)_2-CH=CH_2$ (액막, 0.025 mm)

29) 2 개의 인접한 방향족수소의 δCH(면외),

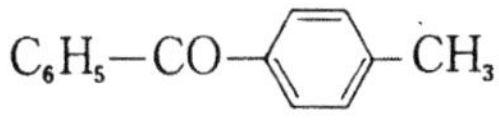
(CCl_4)

30) 4 개의 인접한 방향족수소의 δCH(면외),

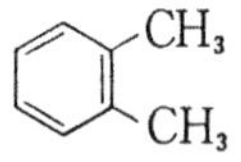
(액막)

31) 5 개의 인접한 방향족수소의 δCH(면외), $(C_6H_5)_2C-OCH_3$ (액막)

진동은 대칭(symmetry)과 역대칭(asymmetry)으로 나누어지고 또 변각진동은 면내(in plane)과 면외(out of plane)로 나누어진다. 대칭과 역대칭 신축진동은 각각 ν_s와 ν_{as}의 기호로 나타낸다. 그림 24-3에 이들 진동을 메틸렌기($-CH_2-$)를 예를 들어 설명한다. 면내변각진동은 scissoring(가위질)과 rocking(옆기우러지기)진동으로, 면외변각진동은 wagging(가로기우러지기)와 twisting(앞뒤흔들림)진동으로 나누어진다. 메틸렌의 흡수와 그 귀속은 2925(ν_{as}), 2850(ν_s), 1470(δ scissoring)과 1250 cm^{-1}(δ twisting과 wagging)로 알려져 있다.

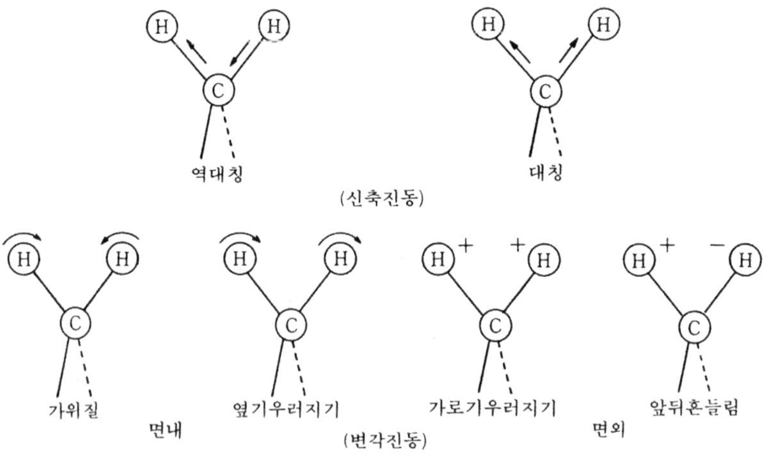

그림 24-3 메틸렌기의 진동(화살표는 지면 내에서의 진동을, + 와 − 는 수직방향의 진동을 나타낸다)

분자의 진동은 원자와 원자가 스프링으로 결합된 결합이라 생각했을 때의 스프링의 진동을 고려하면 된다. 스프링의 진동에는 Hooke의 법칙이 있지만 분자의 진동도 이 법칙에 따르는 것으로 생각된다. 따라서 질량 m_a와 m_b의 원자간의 신축진동의 波數는 식 (24-1)로 나타낼 수 있다.

$$\nu=\frac{1}{2\pi c}\sqrt{\frac{F(m_a+m_b)}{m_a m_b}} \qquad \cdots\cdots\cdots(24\text{-}1)$$

c는 빛의 속도, F는 결합력의 상수(force constant)이고 Hooke의 스프링의 상수에 대응

한다. 지금 O—H나 C—H(X—H)의 수소를 重水素化하여 O—D나 C—D(X—D)로 변화시킨 경우를 생각한다. 결합력의 상수 F는 변화하지 않는다고 가정하면 H와 D의 질량비는 1 : 2 이므로 각각의 결합의 진동의 파수비는 식(24-2)로서 나타낼 수 있다. 여기서 m, 즉 산소나 탄소의 질량은 H나 D에 비해서 대단히 크기 때문에 식(24-2)는 식(24-3)으로 나타낼 수 있다.

$$\frac{\nu X-D}{\nu X-H}=\sqrt{\frac{2+m}{2+2m}} \qquad \cdots\cdots\cdots\cdots\cdots\cdots (24\text{-}2)$$

$$\frac{\nu X-D}{\nu X-H}=\frac{1}{\sqrt{2}} \qquad \cdots\cdots\cdots\cdots\cdots\cdots (24\text{-}3)$$

실제로 알코올이나 탄화수소의 수소를 중소소화한 후 적외스펙트럼을 측정하면 νC—H 및 νO—H의 파수의 대략 $1/\sqrt{2}$ 의 위치에 νC—D나 νO—D의 흡수가 나타난다.

【2】 측정방법

고분자물질을 엷은 필름모양으로 하여 측정하는 경우를 제외하고는 일반적으로 기체, 액체, 고체, 용액 등 어느 경우의 측정에도 容器나 고정장치가 필요하다. 이와 같은 목적의 재료로서 적외선을 흡수하지 않는 금속할로겐화물이 적합하다. 염화나트륨, 브롬화칼륨, 플루오르화칼슘이나 염화은 등의 투명한 판이나 이것으로 만든 용기가 사용되고 있다. 이들 중에서도 염화나트륨과 브롬화칼륨이 가장 많이 사용된다. 염화나트륨판이 브롬화칼륨(KBr) 판보다도 흡습성이 적고 적외영역에서의 측정에 편리하다.

KBr판을 사용하면 더 낮은 파수영역에서의 측정이 가능한 장점이 있다. 2장의 판 사이에 시료를 끼워 측정하는 것이 가장 간단한 방법이다. 끓는점이 그다지 낮지 않은 액체나 녹는점이 그다지 높지 않은 고체도 용융시켜 과냉상태에서 사용하는 방법이 적당하다. 이 방법으로서는 다음에서 설명하는 KBr錠劑法과 마찬가지로 그 물질의 전영역에서의 스펙트럼을 얻게 된다. 이 경우 액막(liquid film)에 측정하든지 단순히 neat에서 측정하든지 한다. 시료가 고체인 경우에도 흡수가 적은 적당한 分散劑를 사용하여 paste상태로 하여 측정하면 이 방법이 적용된다. 분산제로서 석유의 높은 끓는점유분(流動파라핀)이 가장 일반적이고 hexachlorobutadiene(HCB)도 사용된다. 유동파라핀을 사용하는 방법을 Nujol법이라고도 불리우는데 고체시료에 대해서는 가장 간편한 방법이다. 유동파라핀의 흡수를 그림 24-4에 나타내었다.

유동파라핀의 흡수에 가리워서 측정되지 않는 영역의 측정에 HCB를 사용하면 全域의 측정이 가능하다. 그림 24-5에 HCB의 스펙트럼을 나타낸다. 페이스트(paste)법의 실지조작은 mortar(상아제)나 유리판상에서 5~10 mg의 시료를 잘 분쇄하고 분산제 한 방울을 가한 후 잘 개고 기포가 들어가지 않도록 주의해서 암염(NaCl)판 사이에 끼워 판 두장을 반대방향으로 몇 번 회전시킨 후 시료부에 고정시켜 측정한다.

고체시료의 전영역의 측정이 한번에 가능한 방법에 KBr pellet법이 있다. 간단히 KBr법으로도 불리운다. 시료 1 mg 정도를 잘 정제된 KBr분말(spectro grade) 100~120 mg 정도에 가하고 mortar(상아제)에서 잘 분쇄혼합한 후 KBr pellet 성형기(die)에 넣어 진공펌프로써 감압으로 하여 탈기시키면서 가압하여 성형한다. 잘 성형하면 투명한 pellet을 얻을 수 있다. die

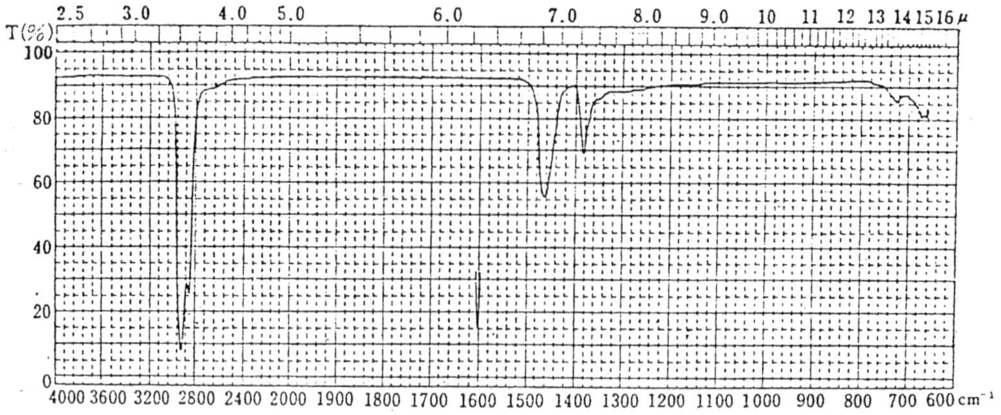

그림 24-4 **Nujol 의 IR**

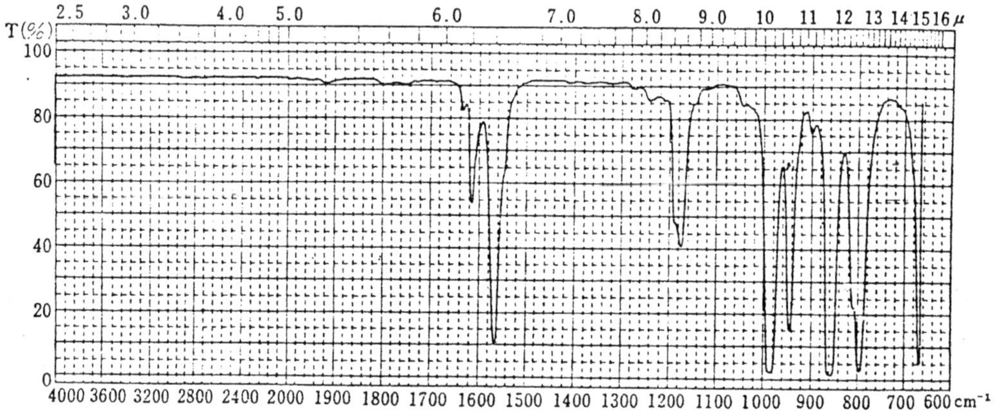

그림 **24-5** 헥사클로로부타디엔(HCB)

는 지름이 20~5 mm의 각종이 있으나 보통 10 mm의 것이 많이 쓰이고 있다. KBr 은 흡습성이 있어 공기 중의 수분으로 인해서 νOH에 약한 흡수가 생기기 쉬우므로 주의해서 조제해야 한다.

또 고체의 경우에는 물질의 입자의 크기에 따라 빛의 散亂이 문제가 될 때도 있다. 특히 문제가 되는 것은 분자간의 상호작용이다. 어떤 분자 단독의 흡수스펙트럼의 측정에는 희박용액에 의한 측정이 필요하다. 용액 상태에서의 측정에는 위에서 설명한 窓板材(NaCl 판)로 만든 용액셀(cell)을 사용한다.

組立셀은 한 조의 窓板材 사이에 두께가 일정한 금속 또는 테프론의 스페이서(spacer)를 끼워 사용한다. 고정셀은 일정한 두께로 고정한 것으로서 0.025~0.5 mm 등의 두께의 것이 시판되고 있다. 0.1, 0.2 mm 등의 것이 일반적이다. 可變셀은 이 두께를 연속적으로 변경시킬 수 있는 것이다.

시료를 적당한 용매에 녹이고 목적에 알맞은 농도로 용해시켜 용액셀에 넣어 측정한다. 이

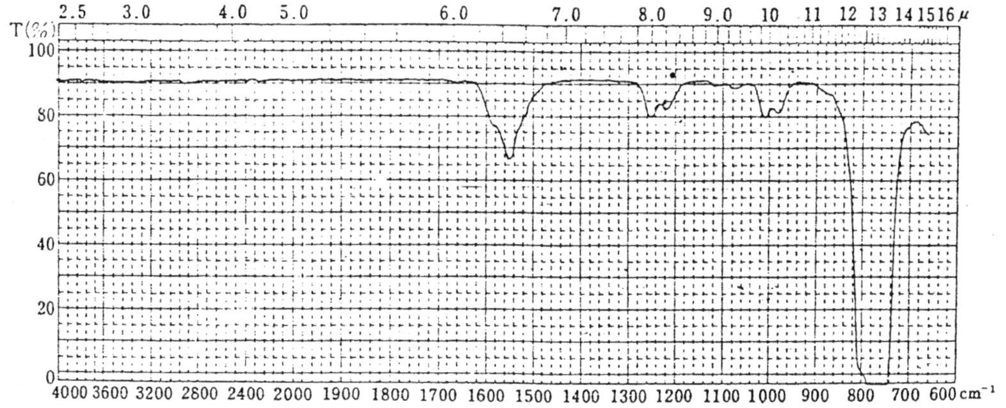

그림 24-6 사염화탄소(0.05 mm)

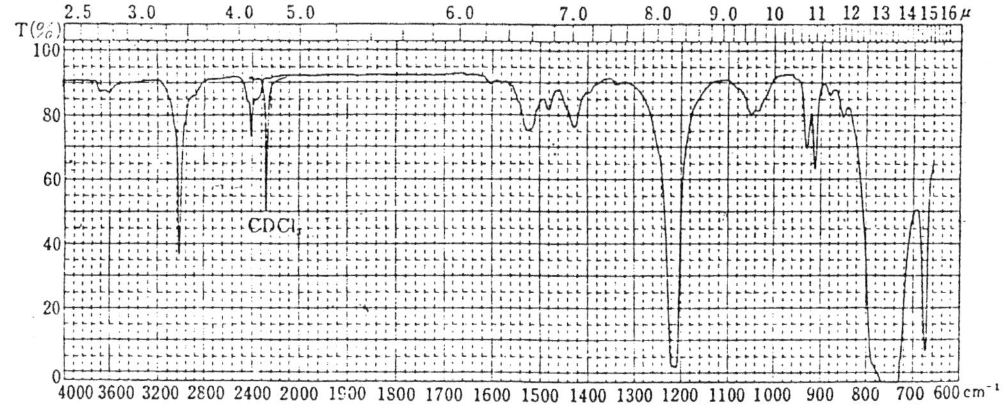

그림 24-7 클로로포름(0.05 mm)

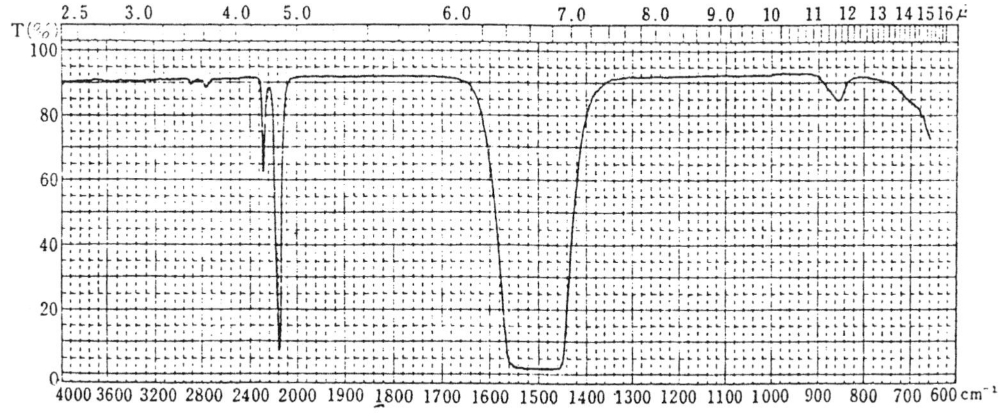

그림 24-8 이황화탄소(0.05 mm)

때 보상광로(reference beam)에는 같은 용매가 든 같은 두께의 셀을 놓는다. 일반적인 목적에는 약 10%(무게)의 농도가 적당하다. 용액상태에서 측정할 때 문제가 되는 것은 용매의 종류와 농도이다. 흡수가 없고 용해도가 큰 이상적인 용매는 없기 때문에 전영역의 측정에는 2~3 종류의 용매로서 측정한 후 이들을 조합비교하는 것이 좋다. 사염화탄소와 이황화탄소의 조합이 가장 일반적으로 사용된다. 그러나 가장 흡수가 적은 사염화탄소는 용해도가 적기 때문에 사용이 제한된다. 용해도면에서 보면 클로로포름이 우수하나 상당히 산성이 강한 수소가 존재하기 때문에 전자수용체로서 작용하여 溶質-溶媒 상호작용을 일으키는 사실 및 ν CH 의 흡수를 나타내는 등의 難點이 있다. 어떤 특정영역의 측정에는 그 영역에 흡수를 나타내지 않는 여러 용매를 선택해서 사용하면 된다. 사염화탄소, 클로로포름, 이황화탄소의 흡수스펙트럼을 그림 24-6~24-8 에 나타낸다. 수소결합 등 분자간에 상호작용이 없는 상태에서의 측정이 요구되는 경우는 희박용액에서 측정해야 한다. 화합물이 알코올인 경우는 일반적으로 10^{-2} 몰/l 이하의 농도에서 측정한다.

기체상태에서의 측정은 기체셀(gas cell)을 사용한다. 기체셀을 진공으로 해두고 기체를 충전시킨다. 수용액에서의 측정은 물에 녹지 않는 窓板材(플루오르화칼슘이나 염화은)가 필요하다.

적외선 스펙트럼을 측정하고 그 파수의 보정을 행하는 가장 간단한 방법은 폴리스티렌필름의 흡수를 이용하는 것이다.

그림 24-9 에 그 흡수스펙트럼을 나타내었다.

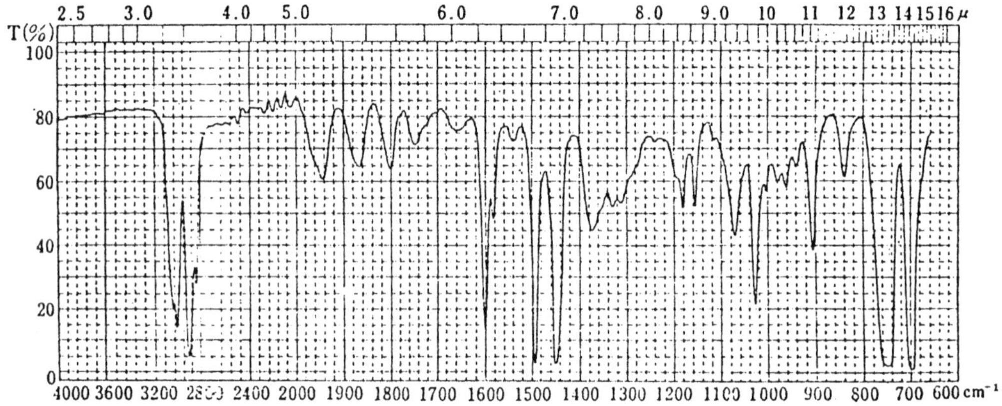

그림 24-9 폴리스티렌필름

1600 cm^{-1} 에서의 흡수와 1023 cm^{-1} 에서의 흡수를 이용한다. 즉 어떤 시료의 적외선 스펙트럼을 측정한 후 스펙트럼차트를 원상태로 돌리고(4000 cm^{-1} 쪽으로) 시료 대신 폴리스티렌필름을 끼워 1600 cm^{-1} 및 1023 cm^{-1} 에서의 흡수를 끝부분만 색깔이 다른 펜으로 체크해 보아 정확히 그 파수에서 흡수가 있는지 확인한다. 이때 예로서 1600 cm^{-1} 에서의 흡수가 1595 cm^{-1} 에서 나타났다면 시료의 스펙트럼에서의 1600 cm^{-1} 근처의 흡수를 정확히 읽고 5 cm^{-1} 만큼 더

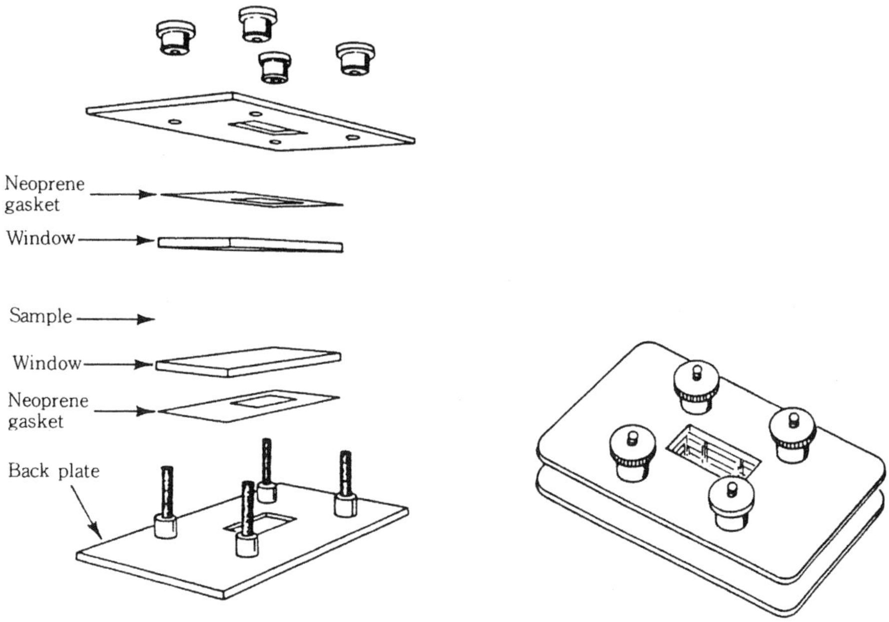

그림 24-10 IR cell

해 주어야 정확한 흡수위치가 된다. 또 저파수의 것은 1023 cm^{-1}의 흡수를 체크하고 역시 같은 방법으로 가감하면 된다. 그림 24-10에는 IR cell을 나타내었다.

24-2 핵자기공명 스펙트럼

핵자기공명 스펙트럼(NMR)은 원자핵의 스핀의 전이에 따른 흡수스펙트럼이다. 이 핵자기공명 스펙트럼은 1960년대 초반부터 이용되기 시작하였고 유기화학자에게 구조결정의 중요한 수단으로 귀중한 정보를 제공해 주는 분석방법이라 할 수 있다.

유기화학에서 취급되는 핵종은 H^1, F^{19}, C^{13} 등이 있지만 H^1가 가장 일반적이고 이를 프로톤자기공명(Proton Magnetic Resonance, PMR) 스펙트럼이라고도 한다. 이 책에서는 H^1에 관한 스펙트럼만을 다루기로 한다.

핵자기공명장치는 다음의 4개의 중요부분, ① 균일하고 강력한 磁場을 만드는 磁石(전자석과 영구자석 2종류가 있다), ② 자장을 연속적으로 변화시키는 장치, ③ 전파발진기, ④ 전파수신기로 구성되어 있다. 자장의 세기는 60, 100 Mc(MHz)의 장치가 일반적으로 사용되고 있고 100 Mc 이상의 것도 제작되고 있다.

스펙트럼의 레이다는 흡수(시그널)가 나타나는 위치와 흡수의 세기로 나타낸다. 흡수의 위치를 자장의 세기와는 무관한 값으로 나타내기 위해서 cycles/second, 즉 cps의 척도로써 측정된 시료와 기준물질의 값과의 차($\triangle\nu$)의 10^6배와, 측정장치의 발진기의 진동수와의 비, $\delta = \triangle\nu \times 10^6$/발진기의 진동수(cps)를 사용한다. δ(delta)는 ppm(백만에 대한 값)에 해당되고 $\tau =$

10−δ에서 구해지는 τ(tau)값도 일반적으로 사용된다. 기준물질은 거의 대부분의 경우, tetramethylsilane ($(CH_3)_4Si$, TMS)이 사용되고 있다.

60 Mc 에서는 스펙트럼의 오른쪽 끝에($\delta=0$, $\tau=10$)에 TMS 의 메틸수소의 시그널이 동시에 기록되어 있다. 100 Mc 에서는 동시에 기록할 수 없기 때문에 측정전에 TMS 의 흡수를 $\delta=0$의 위치에 세트해 놓고 측정한다.

흡수세기는 自記積分強度計로써 기록된다. 오늘날은 거의 모든 장치에 적분계가 내장되어 있어 각 시그널의 세기의 비, 즉 수소핵의 비가 간단히 측정된다. 이 비가 크게 상이한 여러 종류의 수소가 존재하는 경우에는 이 비가 비교적 작은 시그널 사이에서의 측정을 반복하고 전부의 시그널의 세기비를 산출하는 것이 더 정확하다. 적분계가 그린 곡선을 積分曲線이라 한다.

【1】 화학적 옮김과 차폐

핵이 흡수하는 전파의 진동수는 외부자장의 세기와 핵의 자기회전비만으로 결정되는 것이 아니고 핵 주위의 분자환경에 지배되기 때문에 핵자기공명스펙트럼이 유기화학의 연구에 유용한 수단이 된다. 어떤 분자환경에 있는 수소가 어떤 위치에서 흡수를 일으키느냐 하는 척도로서 사용되는 것으로 화학적 옮김(chemical shift)이 있고 분자환경이 화학적 옮김을 좌우하는 기구가 차폐이다.

지금 60 Mc 의 핵자기공명장치로서 측정한 프로톤의 자기공명에 대하여 생각해 보기로 한다. 약 1400 가우스(gauss)의 세기의 외부자장 중에서 프로톤이 흡수하는 전파의 주파수는 약 60×10^6 cps 이다. 이 조건하에서 보통 유기화합물의 프로톤의 공명주파수는 약 600 cps(10 ppm)의 범위에 분포되어 있다. 어떤 프로톤의 공명주파수의 절대값을 ±1 cps 의 정밀도로 측정하려고 하면 약 10^8 분의 1 의 정밀도의 측정이 요구된다. 이와 같은 정밀도의 측정은 불가능하지만 프로톤의 공명주파수의 상대적 값을 ±1 cps 의 정밀도로 측정하는 것은 용이하다. 기준물질(TMS)과 측정하는 분자의 프로톤의 공명주파수와의 차를 사용하고 있다. 이 차를 화학적 옮김이라 부르며 δ 또는 τ값으로 나타낸다. 그림 24-11 에 이 값들을 나타낸다.

프로톤주위의 분자환경의 차이에 따라 프로톤의 공명주파수가 달라진다. 즉 화학적 옮김이 다른 기구에 대하여 생각해 보기로 한다. 프로톤이 외부자장 가운데 있으면 그 핵주위의 전자의 순환이 일어나기 때문에 외부자장에 수직인 면내를 순환하는 反磁性 電流가 생기게 된다.

이 전류는 외부자장과 역방향인 2 차적 유발자장을 형성하는 방향으로 흐른다. 그림 24-12 에 이 현상을 나타내었다.

결국 핵이 실제로 받는 자장(실효자장)은 외부자장에서 유발자장을 뺀 값이 된다. 유발자장의 세기는 외부자장의 세기에 비례하므로 핵이 받는 실효자장(H_{eff})은 외부자장의 세기를 H_0 라고 하면

$$H_{eff} = H_0\ (1-\sigma)$$

로서 표시된다. σ는 차폐상수(shielding constant)라 불리우는 것으로 치환기의 전기음성도와

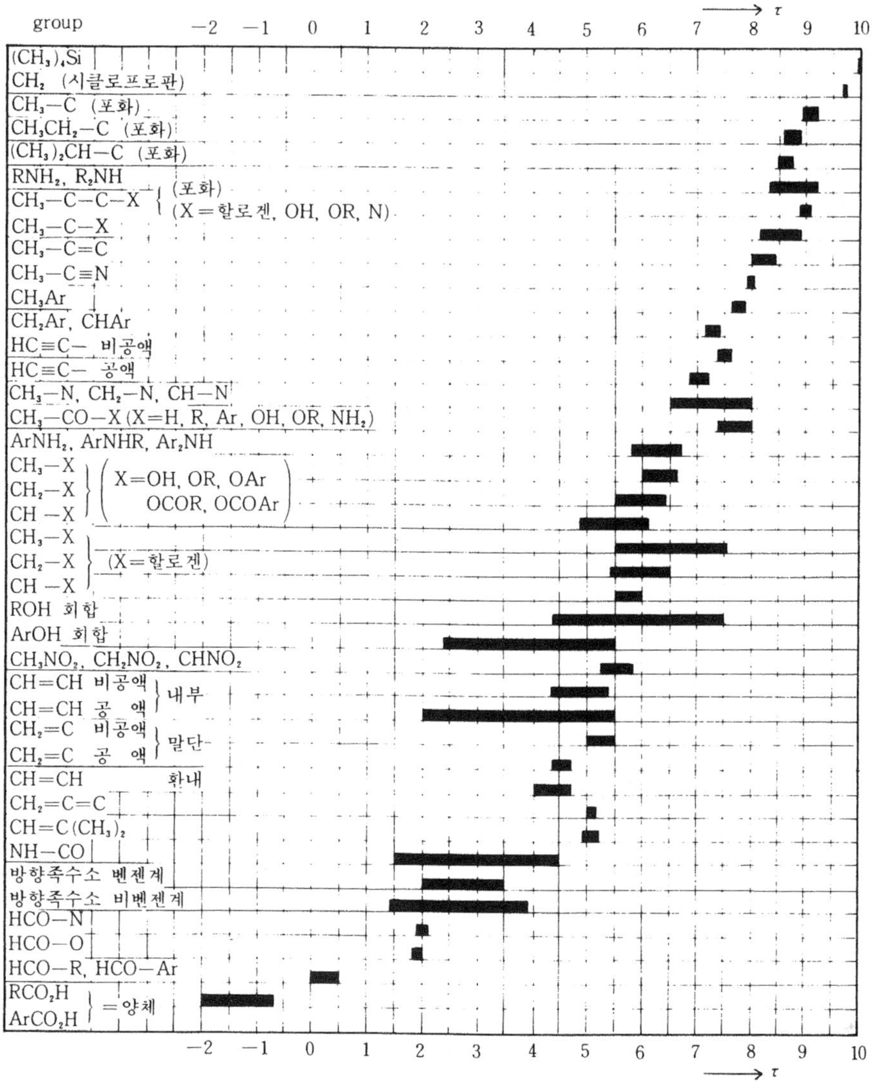

그림 24-11 수소의 흡수위치

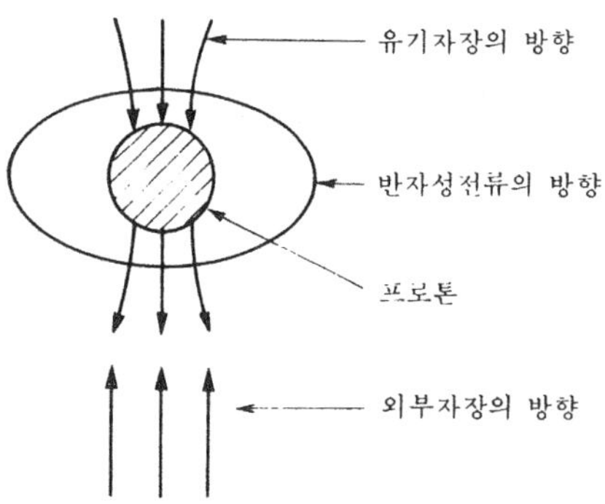

그림 24-12 고립된 프로톤에 대한 반자성 차폐

밀접한 관계를 가지고 있다.

이와 같이 핵이 실제로 받는 자장의 세기는 외부자장의 세기와는 다른 것이 되고 프로톤이 흡수하는 주파수는 프로톤 주위의 전자적 환경에 따라 변한다. 이 현상을 차폐(shielding 또는 screening)라 한다.

유발자장이 강할수록, 즉 프로톤주위의 전자밀도가 높을수록 차폐효과는 증대하고 프로톤의 흡수위치는 높은 자장이 된다. 따라서 프로톤 주위의 전자가 구형대칭에 가까운 분포를 하고 있는 분자에서는 결합을 통해서 프로톤의 전자밀도를 변화시키는 기의 효과가 흡수위치에 직접 영향을 미치는 것으로 기대된다. 프로톤의 전자밀도를 감소시키는 誘發效果가 큰 즉 전기음성도가 큰 기가 결합하면 차폐효과는 감소하고 흡수는 낮은 자장쪽에 나타난다. 예를 들면 표 24-2에 나타낸 바와 같이 CH_3X, CH_2X의 프로톤의 흡수위치는 X의 전기음성도의 순위 F > Cl > Br > I 에 따라 저자장(δ값 큼)에 나타난다.

표 24-2 Halomethyl, halomethylene 프로톤의 흡수위치(δ값)

X	CH_3X	$-CH_2X$
F	4.26	4.35
Cl	3.05	3.40
Br	2.68	3.31
I	2.16	3.15

【2】 측정방법

핵자기공명의 측정은 UV나 IR 정도로 간단하지는 않다. 이 조작은 단순히 흡수 시그널의 기록뿐만 아니라 적분곡선의 기록, decoupling, 온도변화, 적산기 등의 기술습득이 요구된다.

고체나 끈끈한 액체를 그대로 측정하면 몹시 폭이 넓은 흡수스펙트럼을 얻게 된다. 이 방법은 특별한 목적 이외는 사용되지 않는다. 고체, 액체(또는 기체)의 용액에 대하여 측정하는 것이 일반적이다. 점성도가 크지 않는 액체는 그대로의 상태에서도 측정된다. 용액은 약 15%의 농도이면 좋지만 용액의 농도가 클수록 시그널 대 노이즈의 강도비가 커져서 깨끗한 스펙트럼을 얻게 된다.

용매는 용질과 반응하지 않는 것으로서 수소를 가지고 있지 않으며, 유기물을 알맞게 용해시키는 것이라야 된다. IR의 경우처럼 CCl_4가 가장 이상적이지만 유기물 중에는 이 용매에 녹지 않는 것들이 많기 때문에 사용이 제한된다.

Deuterochloroform $CDCl_3$는 용해도 문제를 해결해 주는 우수한 용매이다. TMS를 함유하는 스펙트럼용 $CDCl_3$가 시판되고 있다. CS_2도 $CDCl_3$ 대신에 사용될 수 있고 수용성인 물질에는 D_2O가 사용될 수 있다. 용해도가 더 낮은 물질에는 용질-용매의 상호작용, D의 교환으로 얻는 많은 용매가 사용될 수 있다.

예를 들면, 아세톤-d_6(CD_3COCD_3), 벤젠-d_6(C_6D_6), 피리딘-d_5(C_5D_5N), 테트라히드로프란-d_8(C_4D_8O), 메탄올-d_4(CD_3OD), 에탄올-d_6(C_2D_5OD), 초산-d_4(CD_3COOD), 아세토니트릴-d_3(CD_3CN), 디옥산-d_8($C_4D_8O_2$) 등이 시판되고 있다. $CDCl_3$ 중에서 측정한 데이터는 CCl_4 중

에서의 값과 거의 같지만, 다른 용매로서 측정하면 0.5 ppm 정도의 편차가 생기게 됨을 유의해야 한다.

용액은 먼지 등의 혼입이 없이 투명해야 한다. 이 용액에 2~3% 정도의 농도가 되도록 기준물질을 가한다. 기준물질로서는 TMS 를 내부기준으로 사용하는 경우가 많다. TMS 는 화학적으로 불활성이며 磁氣等方性이고, 날카로운 한 개의 흡수만을 나타내며 끓는점이 낮아서 (27℃) 제거하기 쉽다. 거의 모든 유기용매에 가용성인 우수한 성질을 가진다. TMS 를 녹인 $CDCl_3$, CCl_4 등의 용매를 준비해 두면 편리하다. 重水 중에서 측정하는 경우는 모세관에 봉입한 TMS 를 외부기준으로 사용하든가 DSS (sodium-2, 2-dimethyl-2-silapentane-5-sulfonate) 를 내부 기준으로 사용한다. 용액 또는 액체 0.4~0.5 ml 를 외경 0.5, 길이 15~18 cm의 정밀하게 제작된 측적용 유리관에 넣어서 측정한다. 용질, 용매가 극단적으로 휘발성인 경우 관내의 공기를 다른 기체로써 치환할 필요가 있는 경우, 고온에서 측정하는 경우 등에는 유리관을 봉하고 측정한다. 시료관은 관내의 시료가 균일한 자장을 받도록 자장 내에서 회전된다. 정밀하게 만들지 못한 시료관을 사용하면 시료가 받는 자장의 균일성이 잃게 되든지 흡수시그널에 회전 사이드밴드가 나타나든지, 극단의 경우는 시료회전 장치부분을 파손시키는 원인이 되기도 하기 때문에 주의를 요한다.

극히 소량밖에 없는 시료의 측정을 위해서는 자장을 받는 부분의 내경을 몹시 작게 한 특수측정관이 시판되고 있다. 또 용해도가 극단적으로 작고 묽은 용액밖에 얻을 수 없고 시그널 대 노이즈의 비가 작은 스펙트럼밖에 얻을 수 없는 경우에는 자동적으로 장시간 측정을 반복하여 시그널만을 적산해 가서 깨끗한 시그널을 기록시키는 積算機가 시판되고 있다.

【3】 스핀-스핀 커플링

메탄올을 산성으로 하고 히드록시기의 수소의 분자간에 있어서의 화학교환을 빨리 하여 메틸기의 수소와의 커플링을 없애기 위해서(다음에 설명) 스펙트럼을 측정하면 메틸기의 수소(3개)와 히드록시기의 수소(1개)는 각각 1개씩의 흡수시그널을 나타낸다. 그 넓이의 비는 3 : 1이 된다. 이 경우 메틸기 같이 3개의 수소가 等價이고 이 수소와 서로 작용하는 수소가 분자 내에 없는 경우는 한 개의 시그널을 나타낸다. 에탄올(산성으로 한 경우)은 메틸기의 수소와 이것과 서로 작용하는 α-위의 탄소에 결합한 수소(CH_2)가 있기 때문에 복잡하게 된다. 메틸기의 수소는 넓이 비 1 : 2 : 1의 3개의 흡수선 무리로, 메틸렌기의 수소는 넓이비 1 : 3 : 3 : 1의 4개의 흡수선 무리로 분열된다. 그리고 두 흡수무리 및 히드록시기의 수소의 한 개의 시그널비는 3 : 2 : 1이 된다(그림 24-13).

메틸, 메틸렌기의 수소의 스핀배열과 그 상호작용을 생각해 보기로 한다. 메틸렌기의 2개의 수소의 스핀의 배열이 磁場에 대해서 취하는 조합을 생각해 보면 그림 24-14와 같이 4종으로 된다. 즉 양수소의 스핀이 평행인 경우와 역평행인 경우가 각각 2종류 있다. 그 중 역평행인 경우는 等價로 되기 때문에 3종류의 배열이 1 : 2 : 1의 비로써 존재하게 된다. 이 스핀배열의 자기적 효과가 메틸기 수소의 공명에 전달된다고 생각하면 메틸기 수소의 시그널은 1 : 2 : 1의 넓이비로 된 3중선으로 분열됨을 이해할 수 있다. 마찬가지로 메틸기 수소의 스핀

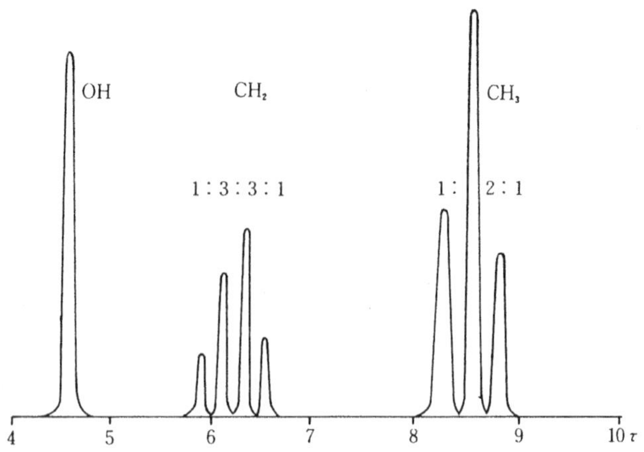

그림 24-13 에탄올(산성)의 스펙트럼

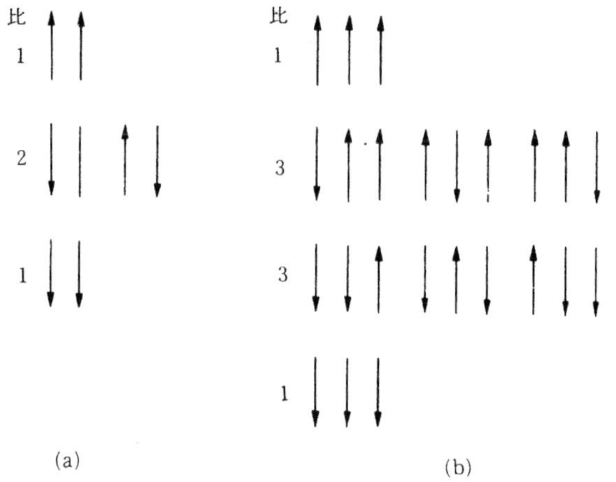

그림 24-14 에탄올의 메틸렌기(a)와 메틸기(b)의 수소의 스핀배열

의 배열은 그림 24-14에서 알 수 있는 바와 같이 4종류가 1 : 3 : 3 : 1의 비로 됨을 알 수 있다. 이것과 같은 비율의 4중선으로 분열된다.

이와 같이 스핀의 상호작용에 의한 시그널의 분열을 스핀-스핀커플링(**spin-spin coupling**)이라 하며 구조해석의 유력한 수단이 된다. 일반적으로 $CH_m^a-CH_n^b$의 결합형식을 가지고 *a*, *b*의 수소와 커플링하는 다른 수소가 존재하지 않는 경우는 a, b의 수소는 각각 $n+1$, $m+1$중선으로 분열된다.

다중선의 간격은 스핀-스핀 커플링상수 또는 단순히 커플링상수(coupling constant)라 불리우며 J 기호, cps의 단위로 표시된다. 예를 들면, H^a와 H^b의 커플링상수가 5 cps이었다고 하면 Jab = 5 cps로 기재한다. 커플링상수는 커플링하는 수소의 결합양식, 입체배치 등을 반영하기 때문에 화합물의 구조를 연구하기 위한 귀중한 데이터가 된다.

표 24-3 스핀-스핀 커플링상수

결 합 양 식	Jab(cps)	결 합 양 식	Jab(cps)
>C(Ha)(Hb)	12∼15	C=C(Ha)–C–Hb	4∼10
>CHa–CHb<	2∼9	Ha>C=C<C–Hb	0.25∼2.5
CHa–(C)$_n$–CHb< *	0	Ha>C=C< (C–Hb)	0
CH$_3$a–CH$_2$b–	6.5∼7.5	>C=CHa–CHb=C<	10∼13
(CH$_3$a)(CH$_3$a)>CHb–	5.5∼7.0	>CHa–C≡CHb	2∼3
 Ha, Hb	a, a 5∼10** a, e 2∼4 e, e 2∼4	>CHa–C(Hb)=O	1∼3
>C=C(Ha)(Hb)	0.5∼3	>C=C(Ha)–C(=O)–Hb	6∼8
Ha>C=C<Hb	6∼14	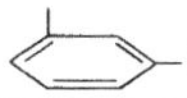 Ha, Hb	*o* 7–10 *m* 2–3 *p* 0–1
Ha>C=C<(Hb)	11∼18		

* $n \geq 1$ ** a는 axial, e는 equatorial

【3】 자외 · 가시흡수 스펙트럼

적외흡수 스펙트럼이 분자의 진동준위의 전이에 따른 스펙트럼인 것에 반해서 자외 · 가시스펙트럼은 전자의 전이에 따른 스펙트럼이다. 전자의 전이에 필요한 에너지는 분자의 진동에 필요한 에너지보다 훨씬 크다. 전자의 전이를 일으키는데 필요한 에너지를 가진 빛은 100∼800 nm의 파장인 것으로 흡수의 대상이 되는 빛의 파장에 따라 3개의 영역의 스펙트럼으로 분류된다. 가장 짧은 파장영역 100∼200 nm의 빛이 대상이 되는 경우가 원적외부의 스펙트럼이다. 이 영역은 산소의 흡수가 나타나기 때문에 진공(또는 질소중)에서 측정해야 하고 眞空紫外部라고도 한다. 유기화학에서 주로 취급되는 영역은 200∼400 nm의 근자외부와 400∼800 nm의 가시부의 스펙트럼이다. 자외선 스펙트럼(ultraviolet absorption spectrum) 또는 간단히 UV스펙트럼이 이들 전영역의 스펙트럼의 총칭으로 사용되기도 하지만 자외 · 가시스펙트럼이나 전자스펙트럼(electronic spectrum)이라 불리우는 경우가 많다.

원자외영역의 빛으로는 분자의 σ-전자의 전이를 일으키는 것에 대해서 근자외 가시영역의 빛으로서는 n-전자(비결합전자, nonbonding electron), π-전자 및 음이온, 양이온, 라디칼에 포함된 전자의 전이가 일어난다. 따라서 자외 · 가시 스펙트럼으로부터는 결합을 이루고 있는 전자 중 여기되기 쉬운 n- 및 π-전자에 관한 정보, 즉 conjugated system에 대한 정보를 얻을 수 있다. 많은 경우 자외·가시스펙트럼에서는 적외스펙트럼처럼 많은 흡수대가 나타나지는 않는다. 또 전자의 전이에 요하는 에너지는 conjugation의 정도에 따라 현저히 변하기 때문에 적외선 스펙트럼과 같은 소위 特性吸收帶가 없다.

에너지가 높은 빛이 대상이 되는 자외·가시 스펙트럼에서는 전자의 여기 외에 분자의 진동이나 회전도 일어난다. 이 때문에 분자는 전자적으로 어느 일정한 에너지상태에서도 진동이나 회전상태가 조금씩 다른 집합체라고 생각할 수 있다. 이와 같은 여러 가지 분자의 상태가 전자의 전이와 관련된다는 사실은 전이의 에너지가 조금씩 다른 것이 되고 따라서 흡수곡선은 폭넓게 된다.

흡수스펙트럼은 파장(λ)으로 표현되고, 吸光度가 최대인 위치를 λ_{max}, 최소인 위치를 λ_{min}으로 나타낸다. 파장은 nm으로 나타내고(종전은 mμ을 사용, 1 nm = 1 mμ) 흡광도는 分子吸光係數(molecular extinction coefficient, ε)나 이것의 상용대수(log ε)를 사용한다. 분자량이 확실치 않을 때는 1%의 용액에 대하여 1 cm 두께의 cell로서 측정한 흡광도($E^{1cm}_{1\%}$)를 사용할 때도 있다. 스펙트럼의 데이터는 측정한 용매의 성질이 중요한 관계를 갖는 경우가 많기 때문에 그 종류를 기입한다. 예를 들면, 알코올 중에서 측정하고 300 nm에 분자흡광계수 10,000의 흡수피크가 있으면 λ^{EtOH}_{max} 300 nm(ε, 10,000 또는 log ε, 5.00)와 같이 기재한다. 스펙트럼은 횡축에 파장, 종축에 吸光度를 나타낸다.

근자외부는 수소방전관을 가시부는 텅스텐램프를 광원으로 사용하고 있다.

(1) 전자의 전이

자외·가시 스펙트럼에서 얻어지는 양은 어느 파장의 빛을 어느 정도 흡수했느냐 하는 것이다. 이들 양과 분자구조와의 관계를 생각하지 않으면 안 된다. 분자의 전자는 각각 어느 일정한 에너지준위의 분자궤도에 있다. 전자가 분자궤도를 점하는 것은 Pauli의 원리에 따른다. 그 전자가 바닥상태로부터 들뜬 상태의 궤도로 여기될 때 빛을 흡수한다. σ와 π전자는 바닥상태에서는 結合軌道函數(bonding orbitals)를 가지고 들뜬 상태에서는 反結合軌道函數(anti-bonding orbitals)를 가진다고 알려져 있다. 가장 에너지가 높은 궤도함수의 두 전자의 전이 형태를 그림 24-15에 나타내었다.

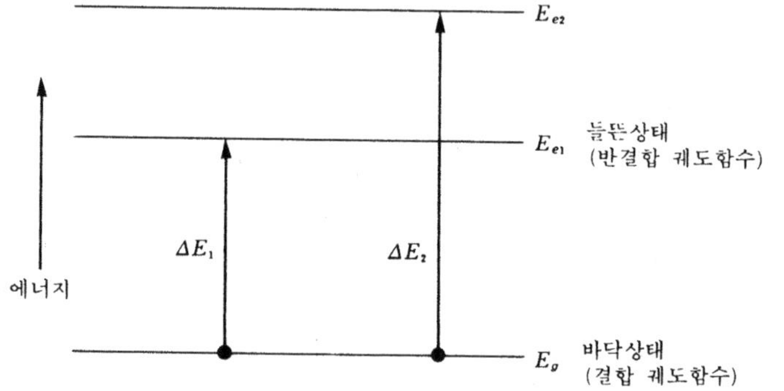

그림 24-15 전자의 전이

바닥상태, 들뜬상태의 궤도함수에 에너지준위를 낮은 것부터 차례로 E_g, E_{e1}, E_{e2}라 하면 전자의 전이에 요하는 에너지는 $E_{e1}-E_g$, $E_{e2}-E_g$로 된다. 이들 전이에너지를 ΔE_1, ΔE_2, 일반적으로 ΔE_n라 하면, 그 에너지에 해당하는 빛, 즉 다음 식을 만족하는 파장(또는 파수)의 빛을 흡수했을 때 여기가 일어난다. 이 전이에너지가 적을수록 장파장쪽에 흡수가 나타난

$$h\nu = \frac{hc}{\lambda} = \Delta E_n \qquad \cdots\cdots (24\text{-}4)$$

다. 자외·가시부의 빛에서 에너지전이가 일어나는 것은 n- 및 π-전자가 관여하는 궤도함수간의 전이에 해당된다. 전자의 분극이 일어나기 쉬운, 즉 이온구조의 안정한 conjugation 이 높은 분자나 방향족화합물에서는 여기상태가 안정화되기 때문에 장파장쪽에 흡수를 가진다.

(2) 측정방법

자외·가시 스펙트럼은 적외나 핵자기공명스펙트럼의 경우와는 달리, 흡수가 없고 용해도가 큰 용매를 비교적 자유로이 선택할 수 있기 때문에 대부분의 경우 용액에서 측정된다. 잘 사용되는 용매와 이들의 사용불가능한 영역을 그림 24-16에 나타내었다.

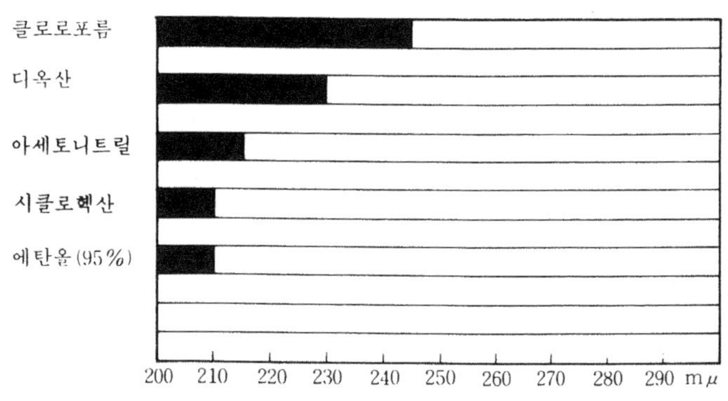

그림 24-16 자주 사용되는 용매와 사용할 수 없는 영역

정밀한 측정에는 슬릿(slit) 폭, 온도, 측정셀의 두께 등에 주의해야 하지만, 자외·가시분광기의 정밀도는 적외분광기보다 높고 유기화합물의 확인에 잘 이용된다. 가시부의 측정에는 유리용기가 사용되지만, 자외부의 측정에는 자외선을 투과하는 석영용기를 사용해야 한다. 두께 1 cm의 셀이 일반적이지만 목적에 따라 여러 두께의 것들이 사용되기도 한다. 용액에서의 측정의 경우, 적외선 스펙트럼의 경우와 마찬가지로 보상광로(reference beam)에 측정용매를 넣은 셀을 놓는다. 셀은 지문이나 흐림 등이 없는가 확인하고 광로에 넣어야 한다. 용액의 농도는 그 화합물의 ε값이 대략 예측되면 분광기의 눈금의 범위에 들어가도록 조정한다. 추정되지 못할 때는 일정농도의 용액을 만들고 묽혀가면서 측정하면 된다. 예를 들면, 수 mg의 시료를 오차가 수 % 이내의 정밀도로 천칭에서 달고 10 ml의 메스플라스크에서 용매에 녹인다. 이 용액의 1 ml를 취해서 10 ml로 묽히는 조작을 반복하면 각 10^n배 희석액을 얻을 수 있다. 그 밖의 적당한 용액에 대하여 측정한다. 같은 화합물에 있어서 ε이 크게 다른 흡수가 있는 경우는 각각의 흡수를 적당한 농도의 용액에 대하여 측정하면 좋다.

다음으로 分子吸光係數 ε의 정의를 생각해 보기로 한다. 빛의 흡수에 관해서 Lambert-Beer의 법칙이 있다. 이것은「균일한 용액에 의한 빛의 흡수는 용질의 몰농도에 비례한다」는 것이다. I_0를 입사광의 세기, I를 투과광의 세기, ε을 분자흡광계수, c를 용액의 몰농도, l를 빛이 용액을 통과하는 길이(광로의 길이)를 cm로 나타낼 때 다음 식이 성립한다. 이 I_0와 I의 비의 대수는 光學密度(optical density)라 불리운다.

$$\log \frac{I_0}{I} = \varepsilon c l \qquad \cdots\cdots\cdots\cdots (24\text{-}5)$$

윗식으로부터 ε을 구하는 예를 설명한다. 분자량 320의 어떤 물질 4.0 mg을 어떤 용매에 용해시켜 10 ml의 용액을 만든다. 이 용액을 100 배로 묽게 한(1 l 중에 0.004 g을 함유) 용액을 10 ml 만들고, 1 cm 두께의 셀에서 측정했을 때 350 nm에 광학밀도 0.8의 흡수가 있었다고 하면 ε은 다음과 같다.

$$\varepsilon = 0.8 \times \frac{320}{0.004} = 64000$$

표 24-4 몇 가지 일반적인 자외선에 활성인 발색단과 그들의 성질

chromophore	wavelength of λ_{max}[nm]	type of excitation	$\log \varepsilon_{max}$
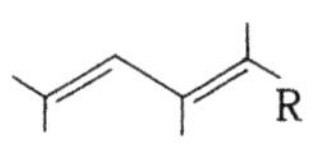	217～230	$\pi \rightarrow \pi^*$	4.0～4.3
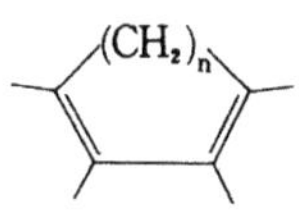	240～280	$\pi \rightarrow \pi^*$	3.5～4.0
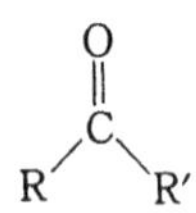	270～300	$n \rightarrow \pi^*$	1.1～1.3
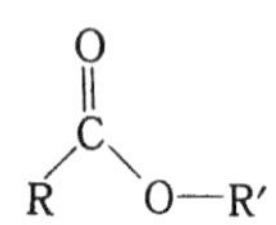	200～235	$n \rightarrow \pi^*$	1.0～1.7
(R′=H, alkyl)	215～250	$\pi \rightarrow \pi^*$	4.0～4.3
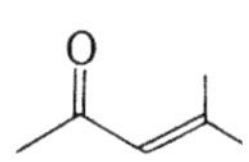	310～330	$n \rightarrow \pi^*$	1.3～1.5
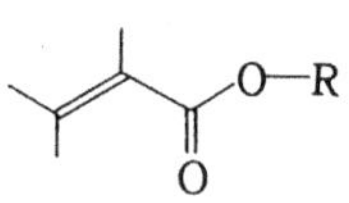	200～240	$\pi \rightarrow \pi^*$	4.0～4.1
(R=H, alkyl)	256～272	$\pi \rightarrow \pi^*$	2.3～2.5
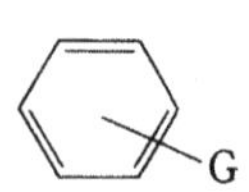	200～210	$\pi \rightarrow \pi^*$	3.9～4.1

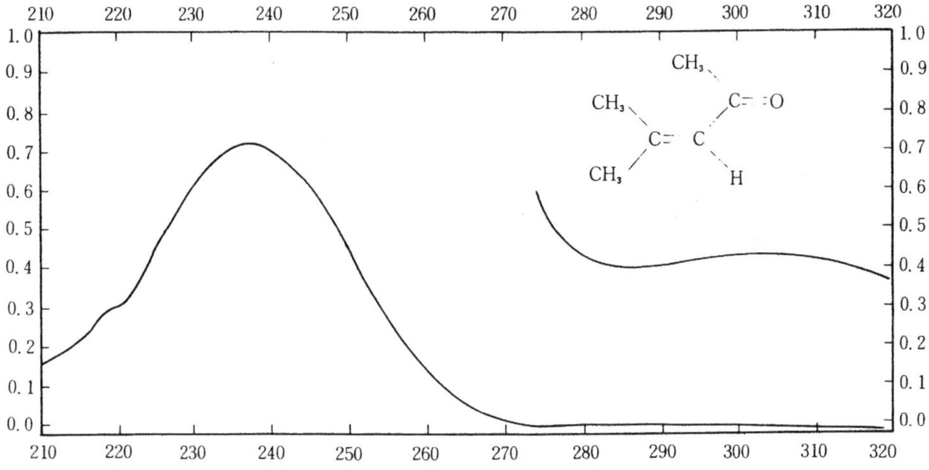

그림 24 -17 **4-methyl-3-penten-2-one 의 UV 스펙트럼**

25. 有機化學의 文獻

【1】 주요문헌

1) ***Chemical Abstracts***. Chemical Abstracts (CA로 약함)에는 10년마다 10년 색인(index)으로서 사항색인(subject index)과 저자명색인(author index)이 나와 있으므로 찾기 쉽다. 이 책의 화합물 배열법과 명명법이 표준법으로 되어 있으므로 익혀두는 것이 좋다. 대표적인 형의 화합물이 기본화합물로 취급되어 있고, 다른 화합물은 그 유도체로서 명명되어 있다. 치환기가 여러 개 있을 때는 그들의 명칭은 alphabet 순으로 나열되어 있다. 벤젠 (benzene), 나프탈렌(naphthalene)과 같은 화합물들이 기본화합물의 하나로 각각 취급되어 있음은 당연하나 상당히 복잡한 화합물도 기본화합물로 취급되어 있으므로 주의해서 찾아야 한다. 기본화합물 및 명명법에 관한 상세한 것은 Chemical abstracts 47, No. 25(1953년 12월)의 "subject Index Issue"에 기재되어 있다. 10년 색인은 1917~1926년, 1927~1936년, 1937~1946년, 1947~1956년, 1957~1966년, 1967~1976년의 6권이 나와 있다.

1976년 이후의 문헌은 그후 매년 출판되어 있는 Chemical abstracts를 1년분씩 찾으면 된다. 매권마다 분자식색인, 사항색인, 저자명색인이 나와 있으므로 목적하는 내용을 어느 것으로 찾아도 된다.

2) **Beilstein's *Handbuch der Organischen Chemie***. 유기화합물에 관한 전반적인 것을 가장 상세히 조사수록한 권위 있는 全書로서, 主書, 第1追補, 제2추보로 되어 있고 총색인도 있으며, 화합물 각 색인과 분자식색인이 있다. 사슬화합물은 제1권에서 제4권까지, 고리화합물은 제5권에서 제16권까지, 헤테로고리화합물은 제17권에서 제27권까지 전부가 실려 있다.

위 3大別 외에 다시 작용기에 따라서 28개로 분류되어 있다. 예를 들면, hydroxy group(OH)을 가진 모든 고리화합물이 한 권으로 엮어져 있으며 산소수가 증가하는 순서로 나열되어 있다. hydroxy group이 1개, 2개, 3개로 각각 그 수가 다른 계열의 화합물에 있어서 다시 그 계열 중에서 불포화성이 증가하는 순서로 나열되어 있다.

3) **Elsevier's *Encyclopedia of Organic Chemistry***. 이 全書의 기재방법은 Beilstein 전서와 비슷하나 훨씬 더 융통성이 있다. 구조식에 중심을 두었으나, 작용기도 대개 탄소골

격에 중점을 두어 분류되어 있다. 예를 들면, Beilstein 전서에는 모든 고리화합물의 酸은 방향족 방향족이 아닌 것이나 함께 같은 장소에 기재되어 있으나, 이 전서에는 그 산의 각 구조골격에 따라서 산은 각 권에 분산하여 기재되어 있다. 즉, 서로 닮은 화합물은 同一族으로 분류되어 있다.

4) ***Organic Syntheses***(1932~현재). 이 책은 1932 년 이후 매년 한권씩 발행되어 있다. 10 권마다 Collective volume(合冊)으로 되어 있고 아울러 종합색인이 나와 있다. 매권마다 수십종의 유기화합물들의 合成法이 상세히 다루어져 있어 合成書로서는 신뢰되는 책이라 하겠다.

5) **Theilbeimer's *Synthetic Methods of Organic Chemistry***(1942~현재). 이 책은 매년 나오는 새로운 合成法을 계통적으로 기재한 것으로 새로운 합성법을 찾는데 좋은 책이다. 합성법을 분류함에 있어서 독특한 체계를 사용하고 있다.

6) **R. B. Wagner, H. D. Zook: *Synthetic Organic Chemistry***. 이 책은 합성법으로서는 자세하지 못하나 중요 유기화합물의 여러 가지 합성을 수록한 책이다. 收量, 끓는점, 녹는점 및 문헌이 자세히 나와 있으므로 다시 原報를 찾아서 실험해야 한다.

7) **P. H. Groggins: *Unit Processes in Organic Syntheses*** 단위공정별로 체계화하여 다룬 책으로서, 예를 들면, 니트로화(nitration), 술폰화(sulfonation), 산화(oxidation) 등의 유기화학 기초반응에 관한 조작법이 상세히 다루어져 있다.

8) ***Organic Reactions***(1942 년~현재) 1977 년까지 25 권이 발행되었고 이 책은 여러 가지 반응에 대하여 일반조작법, 한계, 변법 등을 취급한 후 그 반응으로 합성되는 화합물을 상세하게 표로 만들어 두었고 실험 예도 자세하다.

9) **R. O. C. Norman: *Principles of Organic Synthesis***(1978). 1 편에서는 기초이론을 다루고 있고, 2 편에 합성 예를 다루고 있다. 反應機構에 중점을 두고 설명하고 있다.

10) **L. Gattermann, H. Wieland: *Die Praxis des Organischen Chemikers.***

11) **Louis F. Fieser: *Experiments in Organic Chemistry.***

12) **R. M. Roberts: *Modern Experimental Organic Chemistry.***

【2】 주요잡지

1) 외국잡지: ( )내는 文獻의 略字

- ○ 有機合成化學協會誌
- ○ 日本化學雜誌
- ○ 化學工業
- ○ 化學と工業
- ○ 高分子
- ○ 高分子論文集
- ○ 科學と工業
- ○ *Journal of Organic Chemistry* (*J. Org. Chem.*)

- ○ *Journal of American Chemical Society* (*J. Am. Chem. Soc.*)
- ○ *Analytical Chemistry* (*Anal. Chem.*)
- ○ *Chemical Reviews* (*Chem. Rev.*)
- ○ *Journal of Applied Polymer Science* (*J. Appl. Polym. Sci.*)
- ○ *Journal of Physical Chemistry* (*J. Phys. Chem.*)
- ○ *Polymer*
- ○ 海外 高分子硏究 (일본)
- ○ 熱硬化性 樹脂 (일본)
- ○ *Polymer Journal* (*Polym. J.*)
- ○ *Advances in Organometallic Chemistry*
- ○ *Angewandte Makromolekulare Chemie* (*Angew. Makromol. Chem.*)
- ○ *Journal of the Chemical Society* (*J. Chem. Soc.*)
- ○ *Organic Preparations & Procedures International*
- ○ 工業化學雜誌 (일본)
- ○ *Journal of Organic Chemistry of the USSR*
- ○ *Journal of Applied Chemistry & Biotechnology*
- ○ *Journal of Applied Chemistry of the USSR*
- ○ *Tetrahydron, Tetrahydron Letters*
- ○ *Angewandte Chemie* (*Angew. Chem.*)

2) 우리 나라 잡지

① 大韓化學會誌 : 大韓化學會 發行
② 化學과 工業의 進步 : 大韓化學會 發行
③ 화학공학 : 韓國化學工學會 發行
④ 化學工業과 技術 : 韓國化學工學會 發行
⑤ 폴리머 : 韓國高分子學會 發行

【3】 1차 자료와 2차 자료

文獻情報資料는 그 독창성의 고저에 따라 1차자료(1차정보자료), 2차자료(2차정보자료), 3차자료로 구별된다. 1차자료는 최초로 공개된 원저자료를 말하고 2차자료는 이것을 재료로 하여 만든 자료를 말한다.

1차자료는 이것을 집필한 과학자나 기술자에 있어서는 최초의 公表記錄이고 이들 중에는 전문잡지에 게재된 原著論文을 비롯해서 학위논문, 기술논문, 연구보고, 중간보고, 특허명세서, 규격표, 카다로그, 광고, 설계도, 사진 등 각종의 기록이 이에 포함된다.

2차자료로는 1차자료의 발취, 요약, 이들을 재편성한 자료를 말하며, 1차자료의 수집, 정리, 열람, 검색 등을 효과적으로 행할 목적으로 1차자료로부터 만들어지며, 목록, 색인, 초록, 총설, 전망 등이 중심이 된다. 2차나 3차자료 중에는 일상생활, 학생의 학습이나 연구,

간단한 문헌조사 등에 유용한 총서, 全書, 全集, 편람, 요람, 상수표, 핸드북, 참고서 등이 포함된다.

【4】 문헌조사하는 방법

1) 문헌조사의 형태 문헌조사를 먼저 정보의 형태상에서 분류하면 잡지나 도서와 같은 인쇄물의 발견으로부터 연구논문 자체 또는 개개의 사실 예를 들면 어떤 命題, 개념, 저자, 화합물(物性, 제조, 반응, 응용), 상수(데이터) 등의 조사가 이에 포함되고, 둘째로 조사하려는 정보의 종류에 따라 분류하면 대략, ① 이론, 아이디어, ② 실험법, 조작법, ③ 수치, 데이터의 3방향으로 된다. 또한 세째로 문헌조사를 조사하는 자의 입장에서 생각하면 그 목적은 다양해진다.

학생들이 실험에 앞서 문헌조사하는 것은 연구실험의 지침을 얻기 위해서이지만, 연구자의 경우는 新研究를 행하는 전제로서 관련있는 모든 과거의 문헌을 정밀히 조사해야 하고, 또 기업체에 있어서의 기술자는 기술개발 및 과학기술상 새로운 정보를 얻기 위해서 문헌조사를 하게 되는 것이고, 연구소의 연구자는 새연구나 새화합물, 새제조법에 관한 특허획득 등을 위해서, 공장의 경영자나 실무자는 영업이나 생산의 계획을 세우기 위해서 각각 관련된 과학문헌을 조사하지 않으면 안 된다. 한편 저작자의 경우에는 집필하기에 앞서 그 제목에 관련이 깊은 기왕의 문헌을 망라하는 것이 긴요하기 때문에 문헌조사를 해야 한다.

2) 문헌조사의 방법 유기화합물의 명칭, 제법(추출법, 합성법), 구조, 물성, 반응, 응용 등을 완전히 조사하기 위해서는 현재를 출발점으로 하여 과거로 1년씩 거슬러 올라가면서 조사해야 한다.

문헌조사는 무엇보다 먼저 Chemical Abstracts(CA) 같은 초록잡지에 의존하는 것이 일반적이다. CA에는 분자식색인, 사물색인이 있고 저자명색인, 특허색인을 포함한 총 색인이 있고 각 권마다 巻索引이 있다.

먼저 한권의 색인을 조사하여 조사사항이 발견되면 그 권수(volume number), 페이지, Abstracts 번호를 기록하고 이어서 原報의 出所, 人名, 제목, 요점 등을 기록한다. 한권이 끝나면 점차 거슬러 올라가면서 같은 방법으로 조사한다.

巻색인이 되어 있지 않는 최근의 1~2년분은 CA의 毎號의 Keyword Index, 저자명 색인, 특허색인을 조사한다.

件名, 화합물명 등의 조사의 경우는 同意語, 관련어, 모든 이성질체, 관련반응으로 유도되는 화합물, 제품 등도 고려하는 것이 좋다. "에틸렌"을 조사하는 경우를 예를 들면, 에틸렌 외에 不飽和炭化水素, 천연가스, 석유화학, 크래킹, 탈수소, 올레핀, 아세틸렌, 아세트알데히드, 에탄올, 에틸렌글리콜, 염화비닐, 폴리에틸렌, 스티렌, 플라스틱, 중합, 공중합 등까지 조사하는 것이 좋다.

유기화합물의 총괄적인 정보는 "Beilstein 全書"나 그밖의 유기화학총서로부터 얻을 수 있고 "Heilbron의 유기화합물사전", Rodd의 "탄소화합물화학"으로부터도 상당한 정보를 얻을 수 있다.

새화합물, 새반응의 연구는 Tetrahedron, Tetrahedron Letters가 참고가 될 것이며 유기화학공업의 신제품, 이들의 제조법, 조작법, 제조장치, 생산량, 무역 등에 관한 새로운 정보는 純化學의 原報잡지보다는 오히려 공업화학, 응용화학의 전문잡지, 뉴우스잡지, 총설잡지, 속보잡지 등을 이용하는 것이 유리하다. 이 계통의 관련잡지로서는 Angewandte Chemie(서독), Chemistry & Engineering News(미국), Chemistry & Industry(미국), Industrial Engineering Chemistry(미국), Nature(영국), Science(미국), Research(미국), 화학과 공업의 진보(한국), 화학공업과 기술(한국), 化學の領域(일본), 化學(일본), 有機化學協會誌(일본), 化學と工業(일본), 化學工業(일본) 등이 있다.

간단한 화합물(예를 들면, 요오드화메틸, *m*-니트로아닐린)은 Gattermann, Fieser 등의 학생용 실험책이나, "*Organic Syntheses*", "*Organic Reactions*", "Theilheimer의 有機合成", "有機化合物合成法(日書) 등을 참고로 하면 제조에 지장이 없는 좋은 재료를 쉽게 얻을 수 있다. 화학문헌을 조사하는데 더 상세한 것을 알고 싶은 학생은 다음 서적을 참고하기 바란다.

* American Chemical Society편: "*Searching the Chemical Literature*(Advances in Chemistry Series, 3rd ed)".
* 中澤浩一著: "化學文獻の 調べ方" (廣川書店, 제 3 판)

2 편

유기화합물의 합성

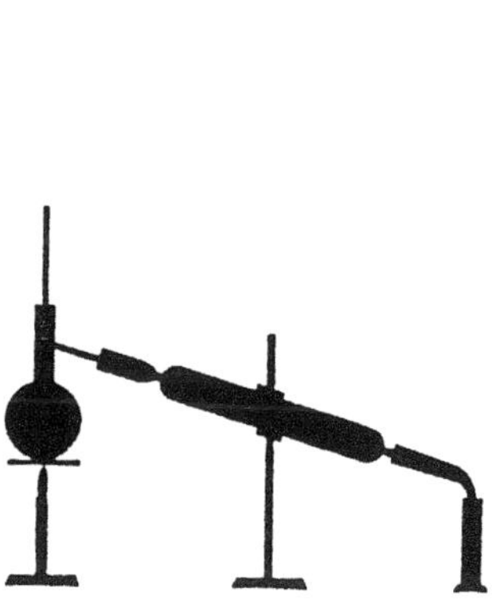

1. 니트로벤젠 (nitrobenzene)

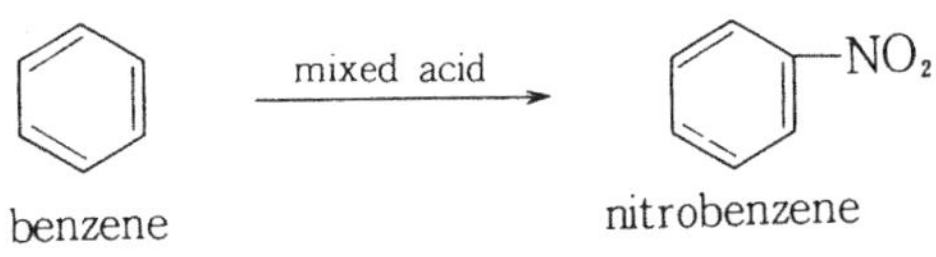

벤젠에 混酸(진한 HNO_3+진한 H_2SO_4)을 작용시키고 50~60℃ 에서 약 45분간 가온하면 벤젠핵에 니트로基($-NO_2$)가 치환되어 니트로벤젠을 생성한다. 이와 같이 니트로基를 도입시키는 반응을 **니트로化**(nitration)라 하며, 생성물인 니트로화합물은 폭약, 염료, 용제 및 환원에 의한 아민의 제조원료 등으로 매우 중요하다. 이 실험은 방향족화합물의 니트로化에 대한 가장 기초적인 것으로, 니트로化劑로서는 이 실험에서 사용하는 混酸 외에 발연 HNO_3, 진한 HNO_3, 질산수용액, 진한 HNO_3+$(CH_3CO)_2O$, 진한 HNO_3+CH_3COOH, 진한 HNO_3+진한 H_3PO_4 등이 사용되나, 가장 일반적이고 널리 사용되는 시약이 混酸이다.

니트로化반응은 니트로化劑에서 생성되는 니트로늄이온(NO_2^+)의 공격으로 진행되는 것으로 생각되며, 混酸의 경우는 다음과 같이 니트로늄 이온이 생성된다.

$$HNO_3 + 2H_2SO_4 \longrightarrow NO_2^+ + H_3O^+ + 2HSO_4^-$$

니트로化반응은 발열반응이므로 이 실험의 처음에는 냉수로서 냉각시킴이 필요하나 차차 반응이 진행됨에 따라 니트로化劑의 농도가 감소하게 되므로 나중에는 다소 加溫이 필요하다.

니트로基($-NO_2$)는 메타 지향성基이며, 이 基가 벤젠핵에 치환되면 핵의 활성은 현저히 저하하게 되므로 제 2의 니트로基는 도입되기 어렵고, 따라서 *m*-디니트로벤젠은 이 실험에서와 같은 조건에서는 거의 생성되지 않는 것으로 보아도 무방하다. 다음 실험에서 수율을 높히기 위해서는 가온도중 반응액을 잘 흔들어 주어야 한다.

【실 험】

500 m*l* 둥근바닥 플라스크에 진한 HNO_3 35 m*l*(49 g)을 취하고, 냉수로서 플라스크를 냉각시킴과 동시에 서서히 흔들면서 진한 H_2SO_4 40 m*l*(72 g)을 매우 서서히 注加한다. 온도계를 반응액에 집어넣어 온도가 60 ℃를 넘지 않도록 주의하면서 벤젠을 한번에 약 3 m*l* 씩 주가하고는 잘 흔드는 방식으로 전량 29 m*l*(25 g)을 주가한다. 필요에 따라 냉수중에서 냉각시킨다. 벤젠을 다 주가한 후 환류냉각기를 부착하고 물중탕 내에서 60℃ 에서 45분간 가온한다(가온

할 동안 반응액을 잘 흔드는 것을 잊어서는 안 된다).

가온이 끝나면 반응액을 냉수 약 30 ml 중에 서서히 주가하면 니트로벤젠은 油狀으로 가라앉는다(주의 1). 잘 교반하고 정치시킨 후 上水층을 대부분 경사법(decantation)으로 제거하고 나머지 부분을 분액깔때기에 옮긴다. 냉수를 같은 부피만큼 가해서 잘 흔들고 정치시켜 니트로벤젠을 분리한 후 다시 분액깔때기에 넣어서 묽은 Na_2CO_3 수용액을 가해서 잘 흔들어 세척한다. 이때 CO_2가 발생하므로 분액깔때기를 거꾸로 하여 콕크를 열고 내압을 제거하는 조작을 잊어서는 안 된다. CO_2가 발생하지 않을 때까지 묽은 Na_2CO_3 수용액을 가한 다음(주의 2), Na_2CO_3 용액부분을 제거한다. 니트로벤젠을 작은 삼각플라스크에 넣고 粒狀 $CaCl_2$ 소량(주의 3)을 가해서 코르크마개로 막고 때때로 흔들면서 방치시켜 두면 니트로벤젠은 건조되어 투명한 액이 된다(이 건조조작에 약 30분이 필요). 다음 60 ml 증류플라스크에 넣고 공기냉각기(air cooling condenser)를 달고 증류하여 b p range 207～211 °C의 유분을 취한다(주의 3). 수량 약 30 g 정도.

참고 **Nitrobenzene**: 담황색액체, 끓는점 210 °C, 비중 1.20, 증기는 유독성임.

주의

① 이때 용액 위에 뜨기도 한다. 油狀液體이므로 알아보기 쉽다.

② Na_2CO_3 용액은 산을 중화하기 위해서 가한다. 리트머스시험지로 시험해 봄도 좋다.

③ 니트로벤젠은 증기뿐만 아니라 액체도 유독성이므로 만일 액이 피부에 묻었을 때는 소량의 에탄올로 씻고, 다음 비누와 더운 물로 씻어서 제거한다. 증기는 많이 흡입하지 않도록 주의해야 한다.

필요약품

conc HNO_3	35 ml (49 g)
conc H_2SO_4	40 ml (72 g)
benzene	29 ml (25 g)
dil Na_2CO_3 수용액	소 량
$CaCl_2$	소 량

필요기구

500 ml round bottomed flask	1
thermometer (250 °C)	1
reflux condenser	1
air cooling condenser	1
water bath	1
beaker	3
separatory funnel	1
Erlenmeyer flask	1
heater	1

2 아닐린 (aniline)

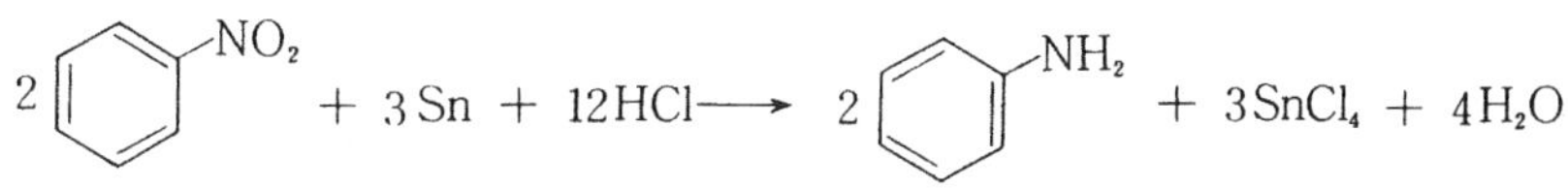

니트로벤젠을 Sn과 진한 HCl로서 환원시키면 아닐린이 생성된다. 단위공정 중 환원반응의 한 예이며, 환원제로서는 Sn+진한 HCl 외에, Fe+진한 HCl, Zn+진한 HCl 및 이들 환원제에서 진한 HCl 대신에 H_2SO_4나 CH_3COOH 등도 이용되며, 그 밖에 황화물〔예 ; Na_2S, $(NH_4)_2S$ 등〕, Zn 또는 Fe + 진한알칼리, Zn 또는 Fe + 묽은알칼리, sulfites (예; $NaHSO_3$, Na_2SO_3 등), sodium hydrosulfite ($Na_2S_2O_4$), metal hydride (예 ; $LiAlH_4$, $NaAlH_4$ 등), sodium amalgam 및 H_2 (Ni, Pd, Pt 등의 촉매존재하에서 가압) 등이 이용되나, 환원제와 환원조건의 선택에 따라 생성물이 다르다.

이 실험처럼 니트로벤젠을 강력한 환원제 (Sn+진한 HCl, Fe+진한 HCl)로 환원시키면 최종 환원생성물인 아닐린이 생성되나 적당한 환원제를 사용하고 환원조건을 잘 조절하면 여러 가지 환원중간생성물, 즉 니트로소벤젠, 페닐히드록실아민, 아족시벤젠, 아조벤젠, 히드라조벤젠 등이 생성될 수 있다. 위에서 기술한 여러 가지 환원제 중에서 Fe 분말+진한 HCl이 安價이고 따라서 가장 많이 이용되는 강력한 환원제 중의 하나이다.

이 실험에서 Sn 대신에 같은 양의 Fe 분말을 사용하여 꼭같은 실험을 행해도 무방하다. 실험에서 진한 HCl (전량 100 ml)을 가할 때는 몇 번으로 나누어 주가할 것이며 주의해야 한다. 환원이 끝나면 진한 NaOH용액을 가하여 아닐린을 유리시키고 수증기증류하여 반응혼합물에서 분리한다. 최종분리방법은 에테르추출과 증류인데 에테르를 유출시키는 조작에서는 인화에 충분한 주의를 요한다.

【실 험】

500 ml 둥근바닥플라스크에 니트로벤젠 21 ml (25 g)와 粒狀 Sn 50 g (또는 철 가루 50 g)을 넣고 환류냉각기를 단다. 여기에 진한 HCl 100 ml를 가하는데, 가하는 방법은 먼저 진한 HCl 약 20 ml를 냉각기의 上口에서 주가하고 잘 흔든다. 이때 반응열로 인해서 심하게 끓는 일이 있으면 서서히 반응시킨다. 반응액이 잔잔해지면 다시 진한 HCl 20 ml를 같은 방법으로 서서히 추가하고는 흔드는 방식으로 전량 100 ml를 다 넣는다.

반응액이 잔잔해진 후 끓는 물중탕 중에서 20분간 가열하면 환원은 완료되고 니트로벤젠의 냄새는 나지 않게 된다. 냉수 중에서 플라스크를 냉각시킨 후, 물 100 ml에 NaOH 75 g을 녹인 용액을 서서히 주가하여 반응액을 강한 알칼리성으로 한다. 이때 아닐린이 유리된다. 이것을 수증기증류(원리 및 장치는 1편 실험 10 참조)하여 유출액 약 175 ml를 받는다.

아닐린은 물에 대한 용해도가 작으므로 대부분이 유출수용액 중에서 油滴을 만들어 분리된다. 수용액 중의 아닐린의 용해도를 감소시키기 위해서 NaCl 약 30 g을 가해서 용해시킨다(塩析). NaCl을 용해시킨 유출액을 분액깔때기에 옮겨 에테르 약 40 ml를 가하고 마개를 닫고 심하게 흔들어 추출한다(이때 에테르의 증기압 때문에 內壓이 높아지므로 분액깔때기를 거꾸로 하여 코크(cock)를 열고 내압을 제거하는 조작을 잊어서는 안 된다. 상세한 것은 1편실험 12 참조).

다음 정치시켜 두 층으로 분리시키고 하층의 수용액을 유출시킨 후 상층의 에테르층을 上口로 통해서 200 ml 삼각플라스크에 옮긴다. 수용액부분을 다시 분액깔때기에 옮겨 다시 에테르 약 40 ml를 가하고 흔들어 추출을 반복한다. 위와 같은 방법으로 조작해서 에테르용액층을 분리시켜 200 ml 플라스크에 추가한다. 여기에 KOH분말을 소량 가하고 약간 흔든 후 코르크마개로 막아 하루밤을 방치시켜 두면 에테르용액은 건조되어 투명하게 된다. 투명한 부분을 경사법으로 분리하고 나머지를 접은 여과지(p. 41참조)를 사용해서 여과하여 삼각플라스크에 모은다.

에테르용액에서 에테르를 유출시킴에는 그림 2-1과 같은 증류농축장치를 사용한다. 그림에서 F는 증류플라스크이며 분액깔때기 S를 연결시킨다(S의 밑부분의 유리관 끝은 플라스크의 가지부분 밑까지 내려가도록 한다). 플라스크의 枝管에는 Liebig 냉각기 L과 어댑터를 달고 다른 증류플라스크를 受器로서 사용한다. 이 受器플라스크의 枝管에는 고무관을 연결시켜 그 끝을 실험대의 밑까지 떨어뜨린다(주의 1). 분액깔때기를 통해서 앞에서의 투명한 에테르용액 약 25 ml를 플라스크 F(주의 2)에 넣고 미리 끓여놓은 물중탕 W 위에 얹어(이때 가열기를 끈다.) 에테르를 유출시키며 분액깔때기에서 적당한 속도로 에테르용액을 추가한다. 에테르를 가능한 한 유출시켜 버리면 아닐린이 남게 된다(그래도 남아 있는 소량의 에테르를 유출시키기 위해서는 최후로 중탕을 한번 가열한다). 플라스크 F의 분액깔때기를 제거하고 온도계를 달고 공기냉각기를 사용하여 단순증류를 행한다. bp range 180~185℃의 유분을 취한다. 初溜分 중에는 소량의 에테르가 포함되어 있으므로 인화되지 않도록 주의해야 한다. 收量 약 17 g 정도.

참고 증류되어 나온 아닐린은 거의 무색, 끓는점, 184℃, 비중 1.027. 공기 중에 노출시켜 두면 차차 적갈색으로 색변화를 일으킨다(공기산화에 기인). 보존 중에 색변화를 일으킨 것을 정제함에는 Zn-분말을 소량 가하여 증류하면 된다.

아닐린은 아조염료 및 기타 염료나 의약품의 합성원료로서 중요하다.

주의

① 에테르의 증기가 실험대 위에 퍼져 인화될 우려가 있으므로 이를 방지하기 위한 것이다.
② 끓임돌을 미리 몇 개 넣어두는 것을 잊어서는 안 된다.

• 필 요 약 품 •

nitrobenzene	21 ml (25 g)	NaOH	75 g
Sn	50 g	NaCl	약 30 g
(or Fe powder	50 g)	ether	약 80 ml
conc HCl	100 ml	KOH	소 량

• 필 요 기 구 •

500 ml round bottomed flask	1	separatory funnel	1
reflux condenser	1	250 ml distilling flask	2
water bath	1	heater	2
beaker	3	thermometer (300°C)	1
steam distillation apparatus	1	air cooling condenser	1
Erlenmeyer flask	2		

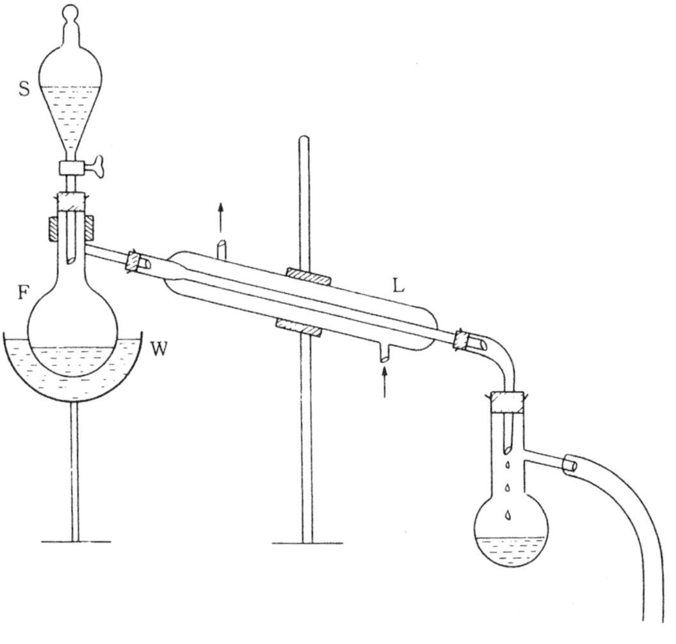

그림 2-1

3. 디아조아미노벤젠 (diazoaminobenzene)

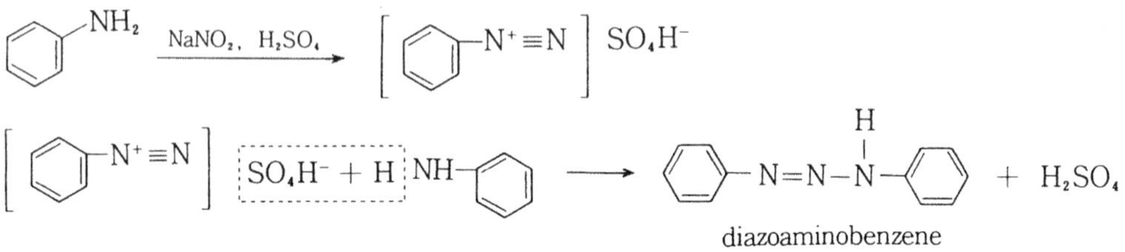

아닐린에 아질산나트륨($NaNO_2$)과 황산을 작용시켜 디아조늄화합물을 만들고 이 디아조늄화합물을 아닐린과 짝지음(coupling) 반응을 시키면 디아조아미노벤젠이 생성된다 (디아조화반응과 짝지음 반응에 대한 상세한 것은 p. 151, 154 참조).

일반적으로 디아조늄화합물은 용이하게 분해하므로 디아조化반응은 얼음중탕 중에서 0°～5 ℃로 냉각시키면서 행한다. 그러나 이 실험에서는 생성된 디아조늄화합물이 분해에 앞서 용이하게 아닐린의 아미노基에서 짝지음반응이 일어남(30℃에서)을 이용한 것으로 반응물질로서 $NaNO_2$ 1 당량에 대하여 아닐린 2 당량을 미리 가하고 30℃에서 반응시키는 것이다.

【실 험】

600 ml 비커에 물 350 ml를 넣고 진한 H_2SO_4 2 ml를 넣어 용해시키고, 아닐린 12 ml를 가한다. 물중탕 위에서 용액에 온도계를 넣어 반응혼합물의 온도를 30℃로 유지한다. 다음 여기에 $NaNO_2$ 4.5 g을 물 15 ml에 녹인 용액을 30 초에 1 ml씩 가하는 속도로 滴加한다. 때때로 교반하면서 가해야 하며 다 가한 후에는 다시 30℃에서 15 분간 가온한다 (가온 중에도 때때로 교반할 것). 용액을 냉각시키고 침전된 디아조아미노벤젠을 흡인여과하고 침전은 여과지 사이에 끼워 방치해서 건조시킨다. 이렇게 얻은 디아조아미노벤젠은 거의 순수하고 收量은 약 11 g 정도이다.

재결정 : 디아조아미노벤젠은 유기용매에 잘 용해하고 또한 녹는점부근의 온도에서 분해하기 쉬우므로 재결정이 힘들기 때문에 주의하여야 한다. 粗디아조아미노벤젠 2 g에 에탄올 15～20 ml를 가하고 10 %-NaOH 용액 1～2 방울을 급속히 가열하여(인화에 주의) 용해시킬 것이며, 이때 만일 용해하지 않는 부분이 있으면 즉시 접은 여과지로써 여과하여 분리해 낸다. 여액을 얼음물 중에서 냉각시키면 결정이 생기게 되는데 냉각하고 있을 동안 즉시 흡인여과

해야 한다(온도가 상승하면 다시 용해하기 때문이다). 결정을 건조시킨 후 녹는점을 측정하여 확인하는 것이 좋다.

참고 **Diazoaminobenzene :** 황색결정 mp 98℃, 햇볕에 노출시키면 암갈색으로 변함, 물에는 녹지 않으나 유기용매에는 용해.

——• 필요약품 •——

aniline	12 ml
conc H_2SO_4	2 ml
$NaNO_2$	4.5 g
ethanol	약 20 ml
10%-NaOH	극소량

——• 필요기구 •——

600 ml beaker	1
water bath	1
thermometer (100℃)	1
suction filter apparatus	1
heater	1

4. p-아미노아조벤젠 (p-aminoazobenzene)

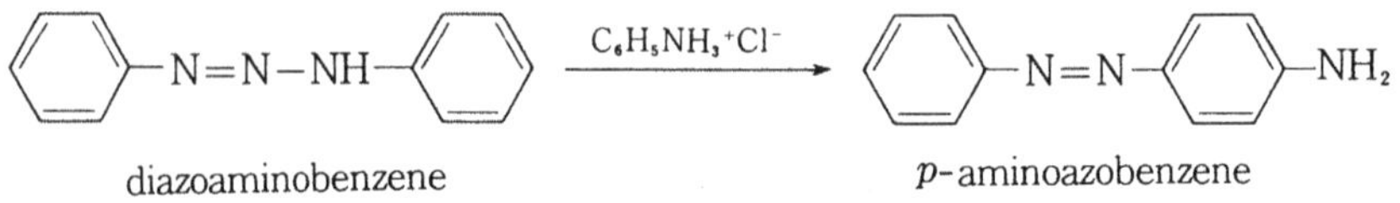

디아조아미노벤젠에 아닐린 및 아닐린 염산염을 촉매로써 가하고 40℃에서 1시간 동안 가열하면 轉位(rearrangement)가 일어나 p-아미노아조벤젠을 생성한다. 이 반응 뿐만 아니라, 일반적으로 방향족고리에 직접 결합한 N에 붙어 있는 원자단은 방향족고리로 용이하게 전위를 일으킨다. 술파닐산의 생성반응에서나, 페닐히드록시아닐린으로부터 p-아미노페놀의 생성 등에서 볼 수 있다.

【실 험】

100 ml 삼각플라스크에 아닐린 16 ml를 넣고 아닐린 염산염 4 g을 가한 다음, 디아조아미노벤젠분말 8 g을 가한다. 플라스크를 물중탕 위에서 잘 흔들면서 1시간 동안 40℃로 가온한다. 다음 플라스크를 중탕에서 들어내어 실온에서 하룻밤 동안 방치하여 반응을 완결시킨다. 반응액에 빙초산 약 20 ml를 물 20 ml에 녹인 용액을 가하고 잘 교반한다(주의 1). 다음 때때로 교반하면서 약 20분간 방치한 후 결정을 흡인여과하고 물로 씻는다.

재결정 : p-아미노아조벤젠은 에탄올에 잘 용해하며, 물에는 불용이므로 재결정은 다음과 같이 행한다. 즉 粗 p-아미노아조벤젠을 뜨거운 중탕 중에서 끓는 에탄올(인화에 주의)에 용해시킨 후, 중탕에서 내려 물을 滴加하여 용액을 탁하게 한다. 다시 물중탕에서 가온하여 투명액으로 만들고 중탕에서 내려 방치시켜 서서히 냉각시킨다.

재결정하는 다른 방법은 粗 p-아미노아조벤젠을 여과지 사이에 끼워 잘 건조시킨 후 CCl_4를 사용해서 재결정한다(주의 2). 收量 약 5 g 정도.

참고 **p-아미노아조벤젠** : 황색결정, mp 126℃, 물에 불용, 유기용매에 용해.

주의

① 유리 aniline을 식초산의 塩으로서 추출하기 위함이다.

② diazoaminobenzene과 p-aminoazobenzene은 다같이 황색결정이므로 반응물과 생성물을 외관으로 결정하기 곤란하다.

따라서 깨끗히 정제하고 잘 건조시킨 후 녹는점을 측정하여 확인해 봄이 좋다.

필요약품

aniline	16 ml
aniline hydrochloride	4 g
diazoaminobenzene	8 g
glacial acetic acid	20 ml
ethanol(or CCl_4)	소 량

필요기구

100 ml Erlenmeyer flask	1
water bath	1
suction filter apparatus	1
beaker	2
thermometer, 100℃	1
heater	1

5. 아세트아닐리드 (acetanilide)

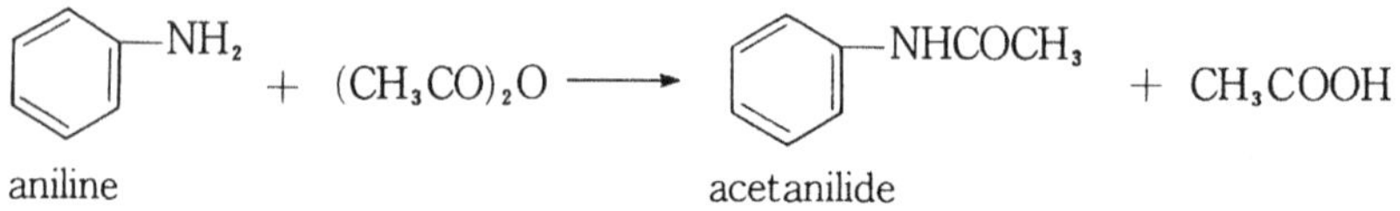

아닐린에 무수초산과 빙초산의 혼합액을 작용시키고 가열하면 아닐린의 아민基에 아세틸基 (−$COCH_3$)가 도입되어 아세트아닐리드가 생성된다. 이 반응을 아세틸화 (acetylation)라 한다. 아세틸化劑로서는 무수초산만을 사용하거나 빙초산만을 사용할 수도 있다. 그러나 이들을 단독으로 사용하는 경우보다 혼합액으로 사용하는 경우가 훨씬 더 아세틸화가 용이하게 일어나고 收量도 좋다. 또한 염화아세틸 (CH_3COCl)도 아세틸화제로 많이 이용되고 있다.

일반적으로 방향족 아민은 산화에 대하여 매우 민감하다. 아닐린은 증류한 직후의 것은 거의 무색이고 투명하지만 보관해 두면 점차로 색변화를 일으켜 적갈색을 거쳐 나중에는 흑갈색으로 변한다. 이것은 아닐린이 공기산화되어 자유라디칼이 생성되기 때문에 착색되는 것으로 생각되고 있다. 이와 같이 산화받기 쉬운 아닐린을 니트로化하여 *p*-니트로아닐린을 합성하는 경우를 생각해보면, 니트로化劑로서 혼산을 사용할 경우 혼산의 강력한 산화작용으로 인해서 아닐린 중의 벤젠핵에서 니트로화가 일어나기 전에 아닐린은 산화되어 *p*-벤조퀴논까지 이르게 될 것이다. 이때 아닐린 중의 아민基를 보호하기 위해서는 먼저 아닐린을 아세틸化하여 아세트아닐리드로 만들고 다음 단계에서 니트로化하여 *p*-니트로아세트아닐리드를 합성한 후 마지막으로 가수분해하면 다시 아민基가 재생하게 되어 원만히 목적물인 *p*-니트로아닐린을 얻을 수 있다. 이와 같이 아민基를 보호하는 역할로서도 이 반응은 중요하다.

【실 험】

150 m*l* 삼각플라스크에 아닐린 10 m*l* (10.3 g)를 넣고, 무수초산과 빙초산의 혼합액(1 : 1) 20 m*l* 를 가한 다음 환류냉각기를 달고 30분 동안 혼합물을 끓인다. 다음 반응물을 찬물 200 m*l* 중에 교반하면서 注加하면 아세트아닐리드가 결정으로 석출하게 된다. 결정을 흡인여과하고 물로 씻는다.

재결정 : crude acetanilide를 빙초산과 물의 1 : 2 용액 (약 60 m*l* 정도)으로 재결정한다. 결정을 흡인여과하고 용액을 제거한 후 물로 씻고 잘 건조시킨다. 收量 약 10 g 정도.

참고 **Acetanilide:** 백색결정. mp 113 °C

필요약품	
aniline	10 ml
glacial acetic acid	30 ml
acetic anhydride	10 ml

필요기구	
150 ml Erlenmeyer flask	1
beaker	2
reflux condenser	1
suction filter apparatus	1
heater	1

6. 술파닐酸(sulfanilic acid)

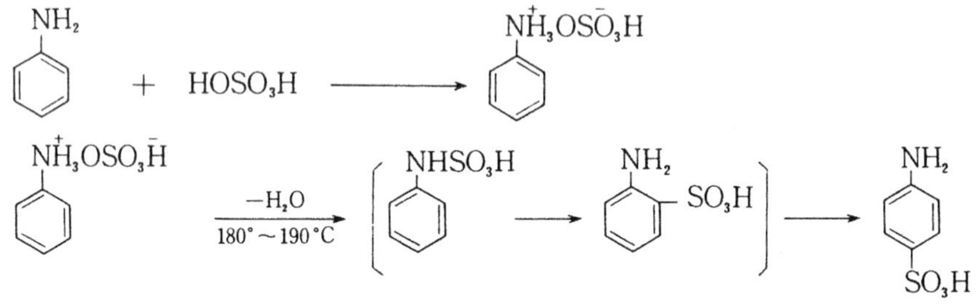

phenylsulfamic acid　　orthanilic acid　　sulfanilic acid

아닐린에 진한황산과 發煙黃酸(oleum)을 작용시키고 180°~190°C에서 2시간 정도 가열하면 아민基의 파라위치에 술폰산基(sulfonic acid group, $-SO_3H$)가 도입되어 술파닐산 (*p*-aminobenzene sulfonic acid)을 생성한다. 이와 같이 술폰산기를 도입하는 반응을 술폰화(sulfonation)라고 하며, 일반적으로 이 반응의 생성물인 술폰산류는 여러 가지 유기화합물의 합성원료(예 ; 페놀류), 염료, 界面活性劑, 합성감미료 등의 합성중간체로서 매우 중요하다. 술폰화제(sulfonating agent)로는 여러 가지가 사용되나 그 중에도 가장 일반적이고 가장 널리 사용되는 것이 진한황산, 발연황산 등이다.

이 반응에서는 최초에 생성된 아닐린황산염이 180°~190℃에서 탈수되어 phenylsulfamic acid가 생성되었다가 N에 붙어 있는 $-SO_3H$기가 α, γ-전위를 일으켜 아민기의 오르토위치에 와서 orthanilic acid(*o*-aniline sulfonic acid)가 생성되었다가 불안정한 이 산이 다시 α,γ-전위를 일으켜 아민기의 파라위치에 옮겨져서 목적물인 술파닐산이 생성되는 것으로 생각된다.

술파닐산은 鹽基性基인 $-NH_2$와 酸性基인 $-SO_3H$를 동시에 가지므로 이를 두 基에서 프로톤이 $-SO_3H$로부터 $-NH_2$로 옮겨져 分子內鹽(inner salt)을 형성한다 $[H_3\overset{+}{N}-C_6H_4-\overset{-}{SO_3}]$.

【실 험】

250 ml 둥근바닥플라스크에 아닐린 10 ml(10.3 g)를 넣고, 플라스크의 외부를 찬물로 냉각시킴과 동시에 잘 흔들면서 진한 황산 20 ml(37 g)를 서서히 가하면 aniline monosulfate의

흰 덩어리가 된다. 여기에 10% 발연황산 20 ml 를 잘 흔들면서 서서히 주가한다.

다음 기름중탕 중에서 180~190℃ 의 온도를 유지하여 2 시간 동안 가열한다(주의 1). 반응물을 냉각시킨 후 찬물 약 20 ml 중에 잘 흔들면서 부어 넣는다. 약 5 분간 방치한 후 結晶이 된 술파닐산을 흡인여과하여 분리하고 용액을 될 수 있는대로 제거하면 거의 무색의 結晶을 얻게 된다.

재결정 : 더운물로써 재결정한다. 이렇게 얻은 술파닐산이 불순물로 인해서 착색되어 있으면 活性炭 약 2 g 을 첨가하여 10~15 분 정도 끓이고 용액이 냉각되기 전에 保溫깔때기를 사용하여 活性炭을 여과하여 분리하고, 여액을 냉각시키면 무색결정을 얻게 된다. 결정을 흡인여과하고 소량의 찬물로 씻은 후, 수분을 없애고 여과지 사이에 끼워 건조시킨다. 수득량 약 10 g.

참고 **Sulfanilic acid :** 無色結晶, 280℃ 이상에서 분해, 일정한 녹는점 없음.

주의

반응의 종말점을 알기 위해서는 묽은 수산화나트륨용액(10%) 5~6 ml 에 반응액 1~2방울을 가해 보아서 맑은 용액을 얻으면 아닐린이 완전히 술폰화된 것이며, 아닐린의 油滴이 분리되면 반응이 완결되지 않은 것이니, 이 때는 가열을 더해야 한다.

필요약품

aniline	10 ml
conc H_2SO_4	20 ml
10%-fuming H_2SO_4	20 ml
active carbon	2 g

필요기구

250 ml round bottomed flask	1
condenser(reflux 용)	1
oil bath	1
suction filter apparatus	1
hot funnel	1
beaker	2
thermometer, 250℃	1
heater	1

7. 메틸 주황 (methyl orange)

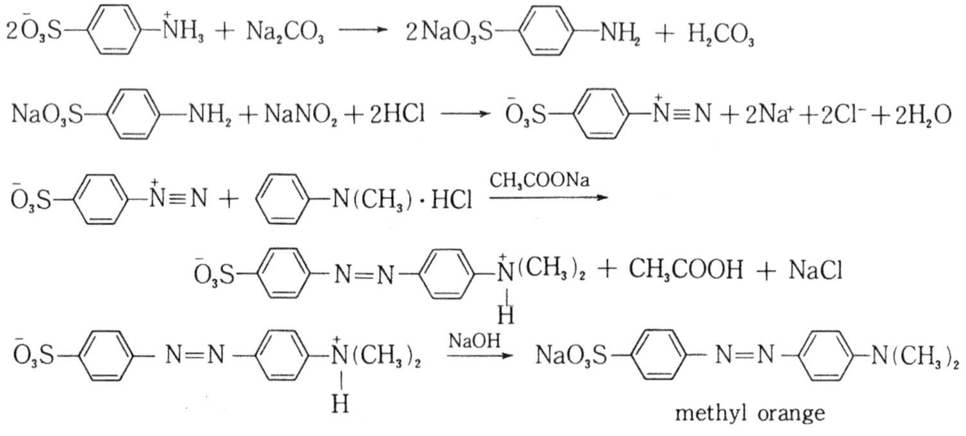

술파닐酸의 Na염을 먼저 디아조화하고 생성된 디아조늄화합물을 디메틸아닐린과 짝지음(coupling)시키면 메틸주황이 생성된다. 디아조화 반응(diazotization)이란 芳香族 아민에 1당량의 亞窒酸나트륨($NaNO_2$)과 3당량의 無機酸(일반적으로 염산이나 황산)을 작용시키고 반응온도를 0°～5°C로 냉각시키면 이온성인 디아조늄塩을 생성하는 반응을 말한다. 이 디아조늄塩은 건조된 상태에서는 약간의 충격에도 폭발하는 위험한 물질이지만, 용액상태에서는 이와 같은 위험성은 전혀 없어 원만히 다음 반응을 진행시킬 수 있어 아조염료의 합성에서 많이 이용된다. 이 디아조늄염은 불안정하며 쉽게 분해되므로 이를 방지하기 위해서는 반응액을 얼음중탕에서 충분히 냉각시킴이 필요하며 0°～5°C로 유지하는 것이다.

짝지음(coupling)이란 디아조늄화합물과 페놀류 및 아민류의 화합물과의 반응을 말하며, 이 반응 역시 아조염료의 합성에 널리 이용된다. 일반적으로 짝지음은 페놀의 $-OH$기 및 아민의 $-NH_2$기에 대하여 파라위치에서 잘 일어나며 파라위치가 이미 다른 基나 원자로 점령되어 있는 경우에는 오르토위치에서 일어난다.

【실 험】

(1) 술파닐산의 디아조화반응

2l 비이커에 술파닐산 9.5g과 무수 Na_2CO_3 3.0g을 가하고 물 50ml를 가한다. 덩어리를

잘 부수고 맑게 된 용액에 얼음 약 100 g을 가한다. 따로 물 20 ml에 $NaNO_2$ 3.8 g을 녹이고 이 용액의 1/4을 남기고 3/4을 위 용액에 주의하면서 가한 다음에 진한 塩酸 5 ml를 가한다. 반응이 일어나도록 몇 분 동안 방치한 다음에 진한 염산 5 ml를 다시 가한다. 여기에 나머지 $NaNO_2$ 용액을 요오드화칼륨 澱粉紙(starch potassium iodide paper, 주의 1)로 시험하면서 알맞는 量을 가한다(주의 2). 물 30 ml에 CH_3COONa 12 g을 녹인 용액을 다시 주의해서 가한다.

(2) 짝지음반응

얼음 10 g과 진한 염산 7 ml의 혼합물에 디메틸아닐린 6 g를 가하여 디메틸아닐린의 염산염(dimethylanilne hydrochloride) 용액을 만들고, 이 용액을 위에서 만든 디아조화한 술파닐산 용액에 교반하면서 가한다. 다음 이 혼합액을 25% 수산화나트륨 용액 40 ml에 교반하면서 가하면 Na염인 메틸 주황이 생성하게 된다. 몇분 동안 방치한 후 여과하여 물로 씻는다.

재결정 : 25%-NaOH 수용액을 소량 가한 끓는물로 재결정한다. 수득량 약 15~17 g.

참고 Methyl orange의 化學名은 *p*-dimethyl aminoazobenzene-*p'*-sulfonate이다. 정량분석에서 지시약으로 사용되며 pH에 따른 색변화의 구조는 다음과 같다.

알칼리성 용액

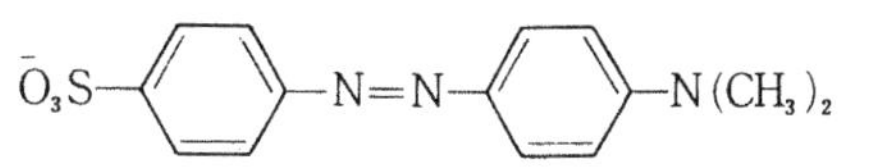

Na염의 음이온(orange)

산성 용액

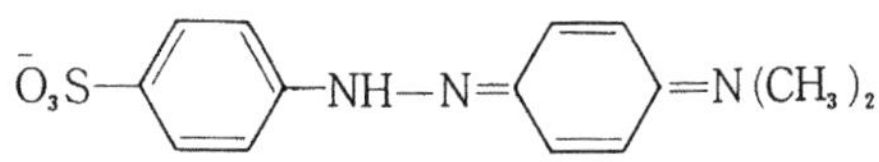

分子内塩(red)

주의

① 요오드화칼륨澱粉紙는 1%-KI 용액에 여과지를 적셨다가 이것을 다시 콜로이드狀의 전분용액에 적신 후 건조시켜 만든다.

② 요오드화칼륨澱粉紙에 의한 시험의 목적은 첫째로 디아조화가 끝났는지 끝나지 않았는지를 알 수 있고, 둘째로는 과잉의 HNO_2를 피하기 위함이다.

시험방법은 유리봉으로 반응액을 찍어서 그 액 1방울을 3~4방울의 물로 묽게 한 후 시험지를 대어서 즉시(1~2초) 青色으로 변하지 않으면 $NaNO_2$ 용액의 滴加를 계속할 것이며, 약간 과잉이 되었다고 생각될 때 滴加를 중지한다. 시험지를 대어서 한참 후 청색으로 변하는 것은 진한 염산만으로도 가능하기 때문에 이 시험은 상당한 숙달을 요한다. 반응은 KI와 HNO_2가 반응하여 유리된 요오드(I_2)가 전분과 반응하는 것이다.

• 필 요 약 품 •

sulfanilic acid	9.5 g
anhydrous Na_2CO_3	3.0 g
conc HCl	3.8 g
CH_3COONa	17 ml
dimethylaniline	12 g
25%-NaOH	6 g
starch-KI paper	40 ml
ice	소 량

• 필 요 기 구 •

2 l-beaker	1
beaker	3
suction filter apparatus	1
thermometer, 100 °C	1

8. 벤젠아조-β-나프톨 (benzeneazo-β-naphthol)

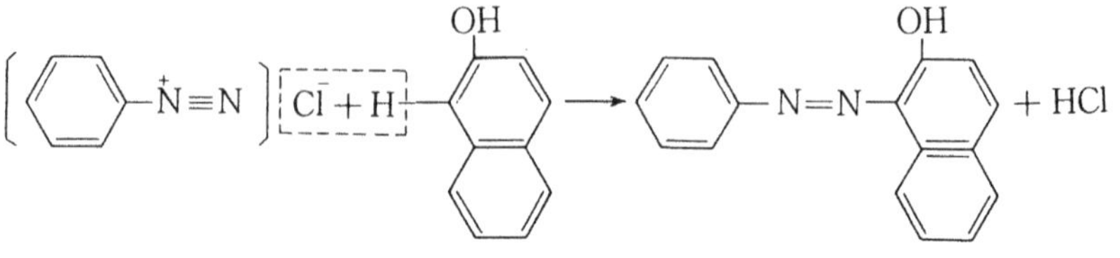

아닐린을 디아조화하여 디아조늄염 용액을 만들고 이 디아조늄염을 β-나프톨과 짝지음시키면 짙은 赤色染料인 benzeneazo-β-naphthol을 생성한다.

【실 험】

진한 염산 10 ml에 물 20 ml를 가한 용액에 아닐린 4.5 ml를 가해서 용해시키고 5℃로 냉각시킨다. 여기에 $NaNO_2$ 4 g을 물 20 ml에 녹인 용액을 가해서 디아조늄염 용액을 만든다(실험 7, 주의 2 참조). 따로 200 ml 비커에 10 % 수산화나트륨용액 60 ml를 취하고 β-나프톨 7 g을 가해서 용해시킨다. 여기에 얼음 20~30 g을 직접 가하고 또한 비커의 외부를 냉각하여 5℃로 유지한다.

5℃로 냉각시킨 β-나프톨용액에 위의 디아조늄염용액을 교반하면서 아주 천천히 주의하면서 가한다. 이때 벤젠아조-β-나프톨이 적색침전으로 석출하게 된다(디아조늄염 용액을 빨리 첨가하면 처음에는 점성도가 큰 油狀의 액체가 되었다가 곧 結晶으로 된다). 디아조늄염 용액을 다 가한 후 다시 寒劑(얼음과 식염) 중에서 30분 동안 때때로 교반하면서 방치한다. 흡인여과해서 결정을 분리하여 건조시킨다.

재결정 : 건조된 결정을 재결정함에는 에탄올을 사용해서 행할 것이며, 건조되지 않은 결정을 재결정함에는 빙초산 약 40 ml 정도를 사용해서 제품의 3분의 1만 재결정한다(건조한 벤젠아조-β-나프톨은 빙초산에 쉽게 녹는다).

참고 **Benzeneazo-β-naphthol :** 深赤色結晶, 염료, mp 131℃

필요약품

conc HCl	10 ml	β-naphthol	7 g
aniline	4.5 ml	ice	약 간
$NaNO_2$	4 g	ethanol	약 간
10 %-NaOH soln.	60 ml		

필요기구

1 l beaker	1	water bath	1
450 ml beaker	2	suction filter apparatus	1
thermometer, 100℃	1		

9. Orange Ⅱ (naphthol orange)

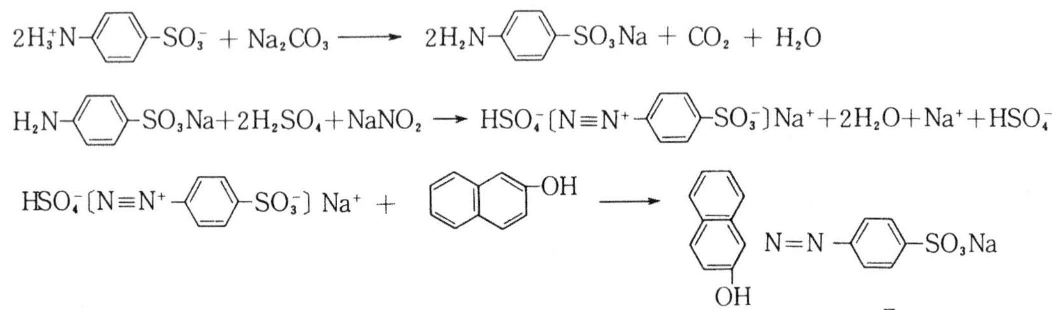

orange Ⅱ

술파닐酸을 Na-염으로 만들고 디아조化한 후 이 디아조늄염용액을 β-나프톨과 짝지음시키면 주황색 염료인 orange Ⅱ가 생성된다.

【실 험】

1) 디아조화 반응 삼각플라스크에 2.5%-탄산나트륨 수용액 50 ml(또는 무수탄산나트륨 1.33 g을 물 50 ml에 녹인 용액)를 취하고 술파닐산의 結晶 4.8 g을 가한 후 가열하여 결정을 용해시킨다. 다음 찬물로 플라스크를 충분히 냉각시킨 후 아질산나트륨 1.9 g을 가해서 용해시킨다. 또한 따로 비커에 얼음 25 g과 진한 황산 5 ml를 취하고 여기에 삼각플라스크에 만든 용액을 서서히 주의하여 가한다(이때 온도는 5℃ 이하가 되도록 플라스크의 외부를 충분히 냉각시켜야 한다).

2) 짝지음반응 400 ml 비커에 찬 10%-수산화나트륨용액 20 ml를 취하고 β-나프톨 3.6 g을 용해시킨 후 5℃ 이하로 냉각시키고 잘 흔들면서 위에서 만든 디아조화 술파닐산 현탁액(diazotized sulfanilic acid suspension)을 서서히 소량씩 가하여 짝지음시킨다. 이때 온도는 8℃를 초과하지 않도록 주의해야 한다. 또한 짝지음반응은 즉시 일어나게 되고 풀반죽상(paste 狀)의 염료가 생기게 된다. 이 염료를 충분히 교반하여 잘 혼합한 후 5~10분 후에 가열하여 용해시킨다. 다음 여기에 염화나트륨 10 g을 가하고 가열하여 용해시킨 후 다시 얼음으로 냉각시켜 靜置하여 둔다. 마지막으로 얼음으로 충분히 냉각시킨 후 흡인여과한다. 포화식염수로 씻는다.

재결정 : 에탄올-물 용액으로 재결정한다.

참고 **Orange** II : 염료(azo系), 재결정하지 않은 위의 생성물을 실제 염색에 충분히 사용할 수 있다.

필요약품

2.5%-Na_2CO_3 soln.	50 ml
sulfanilic acid	4.8 g
$NaNO_2$	1.9 g
ice	25 g
conc H_2SO_4	5 ml
10%-NaOH soln.	20 ml
β-naphthol	3.6 g
NaCl	10 g

필요기구

250 ml Erlenmeyer flask	1
400 ml beaker	2
water bath	1
suction filter apparatus	1
thermometer, 100℃	1

10. 피크르酸 (picric acid)

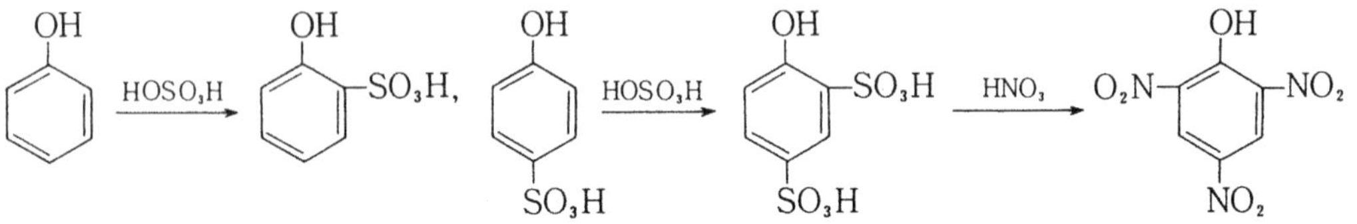

페놀에 진한 황산을 가하고 가열한 후 진한 질산을 작용시키면 피크르酸이 생성된다. 이때 페놀에 바로 混酸을 작용시켜 니트로化하면 酸化에 대하여 몹시 예민한 페놀이 공격을 받아 수율이 현저하게 낮아진다. 진한 황산을 먼저 작용시켜 술폰화반응을 일으키면 不飽和基인 술폰산기($-SO_3H$)가 分子를 안정화시켜 진한 질산의 공격에 의한 산화가 방지되며, 또한 술폰화반응은 可逆的이기 때문에 쉽게 니트로기($-NO_2$)와 치환될 수 있다.

피크르산은 고성능 폭약으로 사용되는 물질이므로 특히 주의해서 취급해야 하며, 이 실험에서 술폰화가 끝난 후 진한 질산을 첨가할 때는 NO_2의 적갈색가스가 맹렬히 발생하므로 특별한 주의를 요한다.

【실 험】

건조한 500 ml 둥근바닥 플라스크에 페놀 8 g(주의 1)과 진한황산 10 ml(18.3 g)를 넣고 잘 흔든다. 이때 발열하여 용액이 뜨거워진다. 플라스크를 끓는 물중탕 중에서 30분 동안 가열한다(주의 2). 다음 여기에 진한 질산 30 ml를 가하되, 한번에 2~3 ml씩 가하고 반응액을 주의하면서 흔든다. 이때 격렬한 반응이 일어나게 되고 적갈색증기가 발생하게 된다(주의 3). 반응액이 잔잔해지면 다시 진한 질산 2~3 ml를 가하는 방식으로 전량(30 ml)을 다 가한다.

반응액이 잔잔해진 후 끓는물중탕 중에서 還流冷却器를 달고 1시간반 동안 가열한다(주의 4). 먼저 油狀이 되었다가 나중에는 황색결정으로 석출된다. 찬물 약 10 ml를 가하고 잘 교반한 후 냉각시킨다. 황색결정을 흡인여과하고 물로 잘 씻는다.

재결정: 에탄올과 물의 1 : 2 용액으로 재결정한다. 결정은 여과지 사이에 끼워 건조시킨다.

참고 **Picric acid:** 황색결정, mp 122.5℃, 염료 및 폭약으로 사용.

주의

① 페놀이 손이나 피부에 묻으면 즉시 에탄올로 한참 동안 문지르고 비눗물로 씻든지, 또는 에탄올에 염화철(Ⅲ) ($FeCl_3$) 소량을 녹인 용액으로 한참동안 문지르고 비눗물로 씻으면 더 좋다.

② phenol sulfonic acid가 생성된다.

③ 적갈색가스는 NO_2 이며, 이것의 발생은 몹시 격렬하기 때문에 진한질산을 첨가할 때는 주의를 요하며 통풍실에서 행함이 좋다.

④ 가열도중에 때때로 반응액을 흔들어야 한다. 잘 흔드는 조작이 수득량을 증가시킨다.

필요약품

phenol	8 g
conc H_2SO_4	10 ml (18.3 g)
conc HNO_3	30 ml
ethanol	30 ml

필요기구

500 ml round bottomed flask	1
water bath	1
condenser (reflux 용)	1
suction filter apparatus	1
beaker	2
heater	1

11. 아스피린 (aspirin)

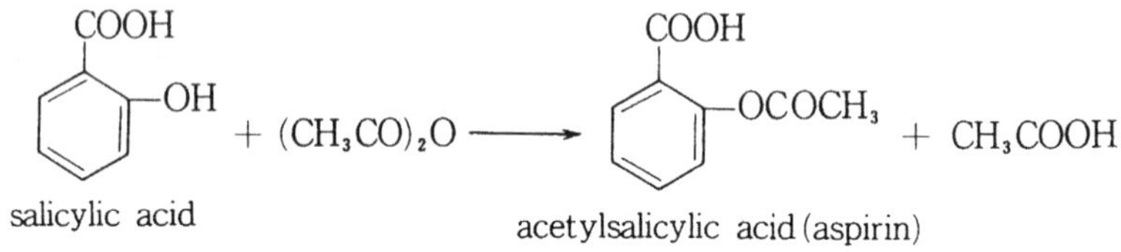

살리실산을 인산촉매 존재하에서 무수초산으로 아세틸화(acetylation) 시키면 아세틸살리실산, 즉 아스피린이 생성된다. 촉매로서는 인산 대신에 황산도 사용될 수 있다.

【실 험】

삼각플라스크에 순수한 살리실산 10 g을 취하고 플라스크의 내벽에 묻어 있는 살리실산을 전부 씻어내리면서 無水醋酸 25 m*l* 를 가한 다음 인산(85 %) 4~5 m*l* 를 가한다. 이때 반응열로 인하여 반응액의 온도가 급히 올라가게 되므로 냉수로 냉각시켜 반응액의 온도를 50~60 °C 로 유지한다. 최후에 반응액을 끓는 물중탕 중에서 5 분간 가열한다.

反應液을 냉각시킨 후 냉수 30 m*l* 중에 교반하면서 가하면 아스피린이 즉시 석출하게 된다(주의 1). 결정을 흡인여과한 후 물로 씻고 용액을 제거한 후 건조시킨다.

재결정 : 빙초산과 물의 1 : 1 용액으로 행한다.

참고 아스피린 : 무색결정, mp 137 °C, 解熱劑로 의약에 사용

주의

① 이때 처음엔 油狀으로 분리되었다가 교반하는 동안 결정이 될 때도 있다.

필요약품	
salicylic acid	10 g
acetic anhydride	25 m*l*
H_3PO_4 (85 %)	4~5 m*l*
glacial acetic acid	소 량

필요기구	
Erlenmeyer flask	1
beaker	2
thermometer, 100℃	1
water bath	1
suction filter apparatus	1
heater	1

12. 벤질알코올과 벤조산
(benzyl alcohol과 benzoic acid)

(Cannizzaro reaction)

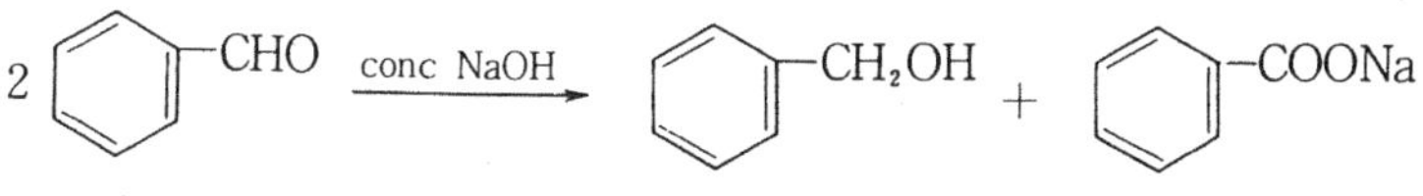

benzaldehyde　　　benzyl alcohol　　sodium benzoate

이 반응은 Cannizzaro reaction의 한 예이다. Cannizzaro 반응이란 알데히드基(−CHO)중의 카르보닐基로 인해서 活性을 띠는 α-수소가 없는 알데히드에서 일어나는 반응으로서, 이와 같은 알데히드에 진한 알칼리를 작용시키면 환원생성물인 알코올과 산화생성물인 카르복시산이 동시에 생성된다. 이와 같이 산화와 환원을 동시에 받는 반응을 不均等化(disproportionation)라 한다. 예로서, 이 반응 이외에, 푸르푸랄(furfural)에 진한 수산화칼륨을 작용시키면 푸르푸릴알코올(환원생성물)과 2-푸로산(산화생성물)의 K-염이 생성되며, 트리메틸아세트알데히드에 진한 수산화나트륨을 작용시키면 네오펜틸알코올(환원생성물)과 트리메틸아세트산 (산화생성물)의 Na-염이 생성된다.

이 실험에서는 벤즈알데히드에 진한 수산화나트륨을 작용시켜 생성되는 벤질알코올은 에테르抽出로 분리한 후 증류하여 精製하고, 나머지 수용액층에 녹아 있는 벤조산나트륨에 진한 염산을 작용시켜 벤조산을 침전시킨 후 여과하여 분리한다.

【실 험】

작은 비커에 물 20 ml를 취하고 찬물로 냉각시키면서 수산화나트륨 27 g을 용해시킨다. 이때 열이 발생하므로 용해시킨 후 다시 잘 냉각시킨다. 이 수산화나트륨용액을 약 250 ml의 두터운 시약병에 옮기고 벤즈알데히드 30 ml(31.5 g)를 가한 후 코르크마개로 막고 심하게 흔든다. 처음에는 에멀젼이 되었다가 나중에는 풀반죽狀이 된다. 이것을 하룻밤 방치한다(주의 1).

약 100 ml의 물을 가하고 固體를 전부 용해시킨다. 이 용액을 분별깔때기에 옮겨 20 ml 정도의 에테르를 가해서 추출한다(주의 2). 하층의 수용액을 삼각플라스크에 유출시키고, 상층의 에테르추출액은 다른 삼각플라스크에 옮긴다(분별깔때기의 上口를 통해서). 수용액은 다시 분별깔때기에 넣고 새로 에테르 약 20 ml를 가해서 추출을 반복한 후 하층의 수용액을 삼각플라스크에 流出시켜 보관해 두고, 상층에테르용액은 먼저 것의 에테르용액과 합한다. 이 에테르 용액에 무수 탄산칼슘(또는 무수 황산나트륨) 소량을 가해서 잘 흔든 후 방치하여 건조시킨다. 다음 증류장치로 옮겨 증류하여 에테르를 제거하고(주의 3), 에테르의 溜出이 끝나면 공기 냉각기로 대치하여(주의 4) 나머지 벤질알코올을 증류하여 끓는점 200°~207℃의 溜分을 취한다.

앞에서 보관해둔 에테르추출 후의 수용액에 진한 염산을 과잉으로 가하여 벤조산의 침전생성을 완결시킨다. 침전을 흡인여과한 후 건조시킨다. 수득량, 벤질알코올 약 14 g, 벤조산 약 19 g.

참고 벤질알코올 : 무색액체, bp 205℃, sp. gr. 1.04, 물에 미량용해.
벤 조 산 : 무색고체, mp 120℃

주의

① 하룻밤 방치하지 않으면 수득량은 몹시 적다. 따라서 이 조작까지의 실험을 하루 전날에 행하여 보관해 두는 것이 좋다.

② 이 조작은 제1부 실험 12 참조.

③ 에테르는 인화성이 몹시 크므로 세심한 주의를 요한다. 장치는 제2부 실험 2 아닐린의 합성 참조.

④ 水冷冷却管을 空冷冷却管으로 갈아 끼울 때 가열판을 끌 것이며, 에테르의 증기가 인화되지 않도록 주의해야 한다.

필요약품

benzaldehyde	(31.5 g)
NaOH	27 g
ether	40 ml
무수 $CaCO_3$	소 량
(또는 무수 Na_2SO_4	소량)
conc HCl	약간량

필요기구

250 ml reagent bottle	1
beaker	2
separtory funnel	1
Erlenmeyer flask	1
distilling flask	1
air cooling condenser	1
condenser	1
thermometer, 360℃	1
heater	1

13. 아세트산에틸(ethyl acetate)

$$CH_3COOH + C_2H_5OH \xrightleftharpoons{H^+} CH_3COOC_2H_5 + H_2O$$

이 반응은 에스테르화 반응(esterification)의 가장 기본이 되는 한 예이다. 빙초산(氷醋酸)에 과잉량의 에탄올을 가하고 촉매로서 소량의 진한 황산을 가하여 가열하면 아세트산에틸이 생성된다. 일반적으로 에스테르化는 카르복시산의 α-탄소에 가지가 많고 큰 것일수록, 알코올의 carbinol carbon에 가지가 많고 큰 것일수록 입체효과(steric effect, 또는 입체방해)로 인해서 에스테르화는 어려워지나, 1차 및 2차 알코올과 3차 알코올의 에스테르화 메카니즘은 서로 다르며, 후자의 경우가 더 용이하게 일어난다. 또한 에스테르화반응은 가역반응이므로 평형에 도달한 반응을 생성물이 많이 생성되는쪽으로 평형을 이동시키기 위해서는 반응물질의 하나인 에탄올을 과잉으로 사용하는 것이 좋다(**Le Chatelier principle**). 에스테르화 반응의 촉매로 가장 많이 사용되는 것이 HCl, H_2SO_4 및 BF_3 등이다.

【실 험】

둥근바닥플라스크에 에탄올 50 m*l* 와 빙초산 50 m*l* 를 넣고 잘 흔든 다음 플라스크의 외벽을 냉각시키면서 진한 황산 10 m*l* 를 서서히 가한다. 용액이 균일하게 되었을 때 還流냉각기를 달고 석면그물 위에서 서서히 10분간 끓인다. 다음 증류장치로 고치고 반응혼합물의 약 2/3를 溜出시킨다. 유출물을 분별깔때기에 옮기고 30%-탄산나트륨용액을 소량씩 가해서 酸을 중화시킨다. 이때 탄산가스가 다량으로 발생하므로 처음에는 특히 주의해서 분별깔때기의 마개를 연채 흔들어서 중화시키고, 거의 중화가 끝나면 마개를 막고 약간 흔들어 즉시 분별깔때기를 거꾸로 하여 내압을 제거하는 데 주의해야 한다. 정치시켜 두 층으로 완전히 분리시킨 후, 하층의 탄산나트륨 용액을 유출시키고 무수 염화칼슘 25 g을 물 25 m*l* 에 녹인 용액을 분별깔때기 중의 아세트산에틸에 가하고 마개를 막고 잘 흔든다(주의 1). 정치하여 하층의 수용액을 유출시킨다. 아세트산에틸은 작은 삼각플라스크에 옮기고(깔때기의 상구를 통해서) 粒狀염화칼슘 소량을 가해서 건조시킨다(건조에 약 30분이 요한다). 다음 접은 여과지로 여과하고 100 m*l* 의 蒸溜플라스크에 넣어서 증류한다(주의 2). 끓는점 74~79°C의 유분을 취한다.

참고 아세트산에틸 : 무색액체, bp 74°C, sp. gr. 0.92, 사과와 같은 향기를 가짐. 물에 미량 용해

주의

① 염화칼슘용액을 가하는 이유는 미반응의 에탄올을 추출제거하기 위함이다.

② 처음에는 소량의 에테르(끓는점범위 35~40℃)가 溜出하므로 주의해야 할 것은 물론이나 아세트산에틸 자체도 인화성이 크므로 특히 주의해야 한다.

필요약품	
ethanol	50 ml
glacial acetic acid	50 ml
conc H_2SO_4	10 ml
30%-Na_2CO_3 soln.	30 ml
anhydrous $CaCl_2$	25 g

필요기구	
round bottomed flask	1
reflux condenser	1
separatory funnel	1
Erlenmeyer flask	1
beaker	1
heater	1

14. 아세트산 n-부틸 (n-butyl acetate)

$$CH_3COOH + C_4H_9OH \overset{H^+}{\rightleftharpoons} CH_3COOC_4H_9 + H_2O$$

유기산과 1차알코올의 에스테르화반응으로 에스테르와 물을 생성하는 공정은 강산을 촉매로 가하지 않으면 반응속도가 너무 느려서 실제로 합성에 이용할 수가 없으며, 다음 식에서 HX로 나타낸 촉매의 도입으로 일련의 가역반응이 시작된다.

$$CH_3COOH + HX \rightleftharpoons \left[\begin{array}{c} CH_3C{=}OH \\ | \\ OH \end{array}\right]^+ + X^-$$

산-옥소늄이온

$$\left[\begin{array}{c} CH_3C{=}OH \\ | \\ OH \end{array}\right]^+ + ROH \rightleftharpoons \left[\begin{array}{c} CH_3C^+{-}OR \\ | \\ OH \end{array}\right] + HOH$$

에스테르-옥소늄이온

$$\left[\begin{array}{c} CH_3C^+{-}OR \\ | \\ OH \end{array}\right] \rightleftharpoons \begin{array}{c} CH_3C{-}OR \\ \| \\ O \end{array} + H^+ \text{ (HX 와 같음)}$$

에스테르

이 반응은 촉매 존재하에서 끓이면 몇 분 이내에 평형상태에 도달하게 된다. 여기서 전체반응의 평형상수를 계산하여야 한다. 위의 화학반응식을 살펴보면 2개의 옥소늄이온이 생성되었고, 이들은 서로 평형상태에 놓이게 된다. 그런데 이들 이온은 출발물질이나 최종생성물이 아니기 때문에 전체적인 질량작용을 나타내는 平衡式에서는 빠지게 되며 따라서 계산은 다음과 같은 식으로 단순화한다. 즉

$$\text{유기산} + \text{알코올} \rightleftharpoons \text{에스테르} + \text{물}$$

이고, 질량작용식으로 표현하면

$$\frac{[\text{에스테르}] \times [\text{물}]}{[\text{산}] \times [\text{알코올}]} = K \text{ (평형상수)}$$

이다.

표 14-1은 실험실적으로 결정한 몇 가지 초산에스테르의 K값이다. 이들 값이 실험실적 방

법에 있어서 에스테르화반응의 효율을 나타내는 것이 된다. 예를 들면, 초산 *n*-부틸(4.24)은 3차초산부틸(0.0049)에 비해서 효과가 훨씬 크다는 사실을 나타내고 있다.

표 14-1 아세트산에스테르의 평형상수값

화 합 물	*K* 값	화 합 물	*K* 값
methyl	5.24	iso-propyl	2.35
ethyl	3.96	3-pentanol	2.01
n-propyl	4.07	*t*-butyl	0.0049
n-butyl	4.24	phenol	0.0089
allyl	2.18		

【실 험 1】 간단한 실험

200 m*l* 둥근바닥플라스크에 환류냉각기를 장치하고 30 m*l* 의 *n*-부틸알코올, 20 g의 초산 및 20 m*l* 의 진한 황산을 넣고 30분 또는 그 이상 가열한다.

반응이 평형상태에 도달할 무렵에 혼합물을 작은 증류플라스크에 옮기고 끓임돌을 가하여 증류를 시작하고 거의 모두가 유출될 때까지 증류한다. 이때 受器는 플라스크를 사용한다.

다음 이 반응생성물을 차가운 포화 탄산나트륨용액으로 여러 번 나누어서 씻어 푸른색 리트머스시험지가 붉게 변하지 않음을 확인하여야 한다. 이어서 25 m*l* 의 찬물로 세척한다. 물을 분리시키고 에스테르를 삼각플라스크에 넣어 6~8 g의 無水황산마그네슘으로 건조시킨다. 다음 건조제를 제거하고 에스테르를 증류한다.

【실험 2】 복잡한 실험

200 m*l* 둥근바닥플라스크 및 50 m*l* 또는 100 m*l* 눈금실린더를 그림 14-1과 같이 장치한다. 플라스크에 빙초산 20 g, 3 m*l* 의 진한 황산 및 *n*-부틸알코올 50 m*l*(大過量)을 가한다.

혼합물을 약 5분 또는 그 이상 천천히 끓인다. 이 동안 전체 증기가 밑의 플라스크에 환류되어야 한다. 이때까지는 반응이 실제적으로 평형에 도달하게 된다. 다음 강하게 가열하여 溜

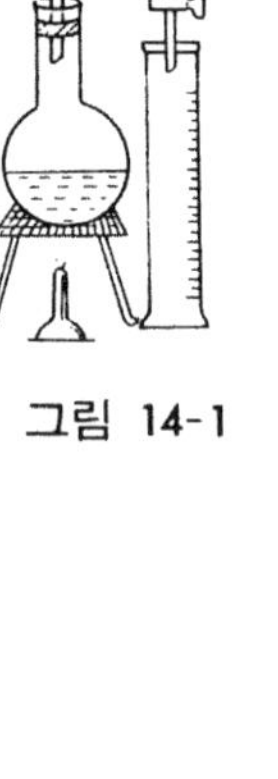

그림 14-1

分이 천천히 모이게 한다. 이 溜分은 2相의 함께 끓는 혼합물이며, 그 중 물이 대부분이다. 유분을 냉각시키고 용량이 약 30 ml에 달하면 증류를 멈추고 수용액층과 비중이 큰 용액의 量을 각각 기록한다. 이 큰 비중의 액층이 에스테르화반응의 완료를 알려주는 尺度가 된다. 이제 分別깔때기로 물을 분리, 제거한다. 사용되지 않은 알코올을 많이 함유한 보다 가벼운 층을 깔때기로 分別蒸溜管의 위로부터 부어넣는다.

증류를 계속하여 위와 같은 조작을 반복한다. 이 조작은 물층이 나타나지 않을 때까지 반복한다. 이때의 플라스크의 내용물은 에스테르와 과량의 초산의 혼합물이다.

에스테르를 찬 포화탄산나트륨용액으로 여러 번 씻어 푸른색의 리트머스시험지가 붉게 변하지 않을 때까지 반복한다. 마지막으로 25 ml의 차거운 물로 씻고 12 g의 無水황산마그네슘으로 건조시켜 증류하고 119～125℃의 溜分을 모은다. 收率은 약 70 %.

필요약품

n-butyl alcohol	0.3 M
acetic acid	0.7 M
conc H_2SO_4	6 ml
Na_2CO_3	30 g
$MgSO_4$(無水)	20 g
Litmus paper	

필요기구

round bottomed flask (200 ml)	1
reflux condenser	1
distilling flask	2
Erlenmeyer flask	1
fractional distilling column	1

15. 벤즈아미드 (benzamide)

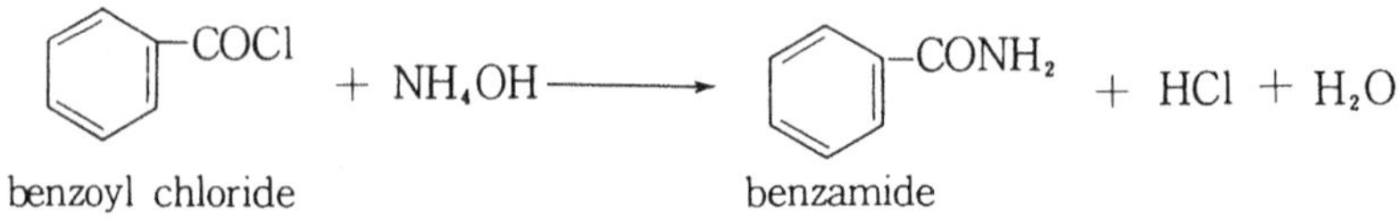

염화벤조일에 수산화암모늄을 작용시키면 용이하게 벤즈아미드의 무색결정이 생성된다. 아미드화합물의 제법으로는 에스테르에 암모니아를 작용시키거나, 산무수물에 암모니아를 작용시켜 얻는 방법들이 있으나 이실험에서처럼 산염화물에 암모니아를 작용시켜 얻는 방법이 용이하고 수율이 좋다. 그밖의 제법으로는 니트릴을 部分加水分解하는 방법이 있다. 니트릴을 가수분해하면 아미드를 거쳐 카르복시산을 생성한다. 따라서 아미드를 제조하기 위해서는 니트릴을 부분적으로 가수분해해야 하기 때문에 반응을 조절하여야 하며 이는 상당히 어렵다. 그러나 최근에 발달한 방법으로는 니트릴에 알칼리성 과산화수소를 45~55℃에서 작용시켜 아미드를 얻는 방법 및 나아가서 염기성 이온교환수지(ion exchange basic resin)를 사용하여 좋은 수율로 니트릴을 아미드로 부분 가수분해시키는 방법 등이 알려져 있다.

이 실험에서는 염화벤조일로부터 벤즈아미드를 합성한 후 이를 다시 가수분해하여 벤조산까지 제조한다.

【실 험】

200 ml의 삼각플라스크에 진한 암모니아수(비중 0.88) 25 ml와 물 50 ml를 가하고 염화벤조일 10 ml(12.1 g)을 가한 후 코르크마개로 막고 처음에는 천천히 나중에는 격렬히 흔든다. 이때 발열로 플라스크 내에 압력이 상승하므로 때때로 코르크마개를 뽑아 내압을 제거한다. 약 15분간 흔들면 油狀인 염화벤조일이 없어지면서 벤즈아미드가 무색결정으로 석출한다. 이 결정을 흡인여과하고 물로 씻는다.

재결정 : 再結晶은 熱水로 행한다. 흡인여과한 후 결정을 여과지 사이에 끼워 건조시킨다. 수득량 7.5 g 정도.

벤즈아미드의 가수분해 : 200 ml의 삼각플라스크에 벤즈아미드 3 g을 취하고 10%-수산화나트륨용액 50 ml를 가한 후, 환류냉각기를 달고 30분간 서서히 끓인다. 이 과정 중 암모니아가스의 발생을 볼 수 있다(주의 1). 다음에 냉각기를 제거하고 2~3분간 끓여 암모니아를 완전히 방출시킨다. 반응액을 얼음으로 식히고 진한 염산을 강산성이 될 때까지 가하면 벤조산(安息香酸)이 석출한다. 결정의 석출을 완결시키기 위해서 몇분간 얼음냉각시킨다. 결정을 흡인여과하고 물로 씻은 후 건조시킨다.

재결정: 역시 熱水로 행한다. 재결정이 끝나면 흡인여과한 후 여과지 사이에 끼워 건조한다. 수득량 약 2.7 g 정도.

참고 벤즈아미드 : 무색결정, mp 130℃
벤　조　산 : 무색결정, mp 121℃

주의

赤色 리트머스시험지를 물에 적셔 냉각기 끝에 대어보아 青色으로 변하면 암모니아의 발생을 알 수 있다.

필요약품

conc NH_4OH	25 ml
benzoyl chloride	10 ml (12.1 g)
10%-NaOH soln.	50 ml
conc HCl	약간량
ice	약간량

필요기구

200 ml Erlenmeyer flask	1
beaker	2
suction filter apparatus	1
condenser (for reflux)	1
ice bath	1
heater	1

16. 프탈이미드 (phthalimide)

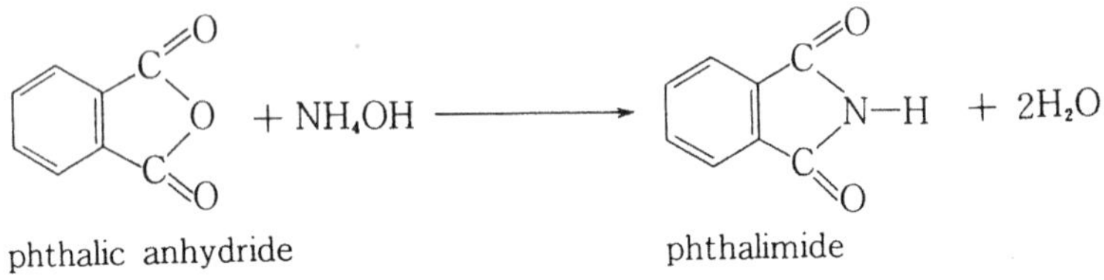

무수프탈산에 진한 암모니아수를 작용시키고 온도를 300 °C 까지 올리면 프탈아미드가 생성된다. **Gabriel synthesis** 는 이 프탈이미드를 사용하여 순수한 1차 아민을 합성하는 반응을 말한다. 즉 이 합성에서는 먼저 프탈이미드 중 N에 결합되어 있는 수소원자는 양쪽에 있는 카르보닐기로 活性을 띠게 되어 산성을 나타내게 된다. 따라서 이 수소원자는 금속원자와 치환되어 염을 형성하며 이 염에 할로겐화알킬 (alkyl halide) 을 작용시키면 수소원자 자리에 알킬기가 치환하게 되는데 이 유도체에 알칼리를 작용시켜 가수분해하면 1차 아민이 생성된다.

【실 험】

500 m*l* 둥근바닥 플라스크에 무수프탈산 10 g과 진한 암모니아수 11 m*l* 를 가하고 환류공기냉각기 (주의 1)를 달고 석면그물 위해서 서서히 가열하여 물을 증발시킨다. 약 1시간 정도에서 水分은 거의 전부 증발되고, 다시 1시간 정도 가열하면 융해물이 되고 온도는 약 300 °C에 이르게 된다. 가열 중에는 때때로 흔들 것이며 냉각기에 昇華되어 붙어 있는 물질은 유리막대로 떨어뜨린다. 가열을 중지하고 아직도 뜨거운 융해물을 증발접시에 옮겨 방냉시킨다. 固化된 덩어리를 막자사발에 넣어 분말을 만든다. 수득량 약 9 g 정도.

참고 프탈이미드 : mp 233~234 °C. 거의 순수한 것을 얻을 수 있으므로 그대로 다른 물질의 합성원료로 사용할 수 있다.

주의

還流空冷냉각기는 지름 1 cm 이상, 길이 30~40 cm 정도의 것을 사용한다.

• 필 요 약 품 •

phthalic anhydride	10 g	conc NH_4OH	11 m*l*

—•필요기구•—

500 ml round bottomed flash	1	heater	1
reflux air cooling condenser (dia. 1 cm 이상, length 30~40 cm)	1	beaker	1
evaporating dish	1		

17. 안트라닐酸 (anthranilic acid)

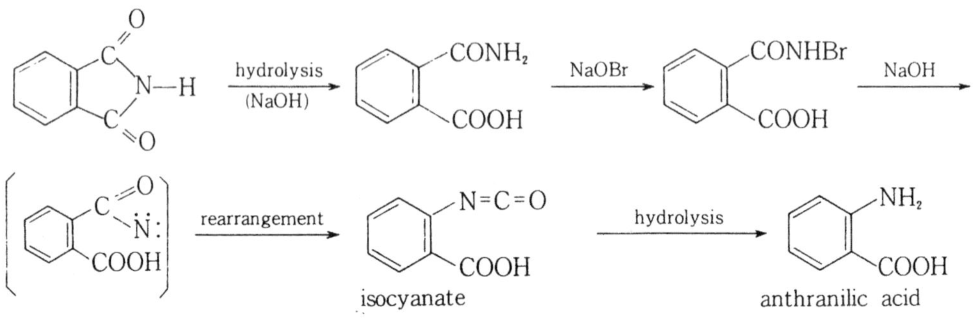

이 반응은 **Hofmann** 반응의 한 예이다. 프탈이미드에 NaOBr와 NaOH를 작용시키면 먼저 이미드環이 가수분해를 받아 프탈아미드산을 생성하며, 다음으로 이 프탈아미드산이 Hofmann 반응을 일으켜 프탈아미드산 중의 $-CONH_2$가 $-NH_2$기로 변하여 안트라닐산이 생성된다. 이 때의 반응기구는 프탈아미드산 중의 $-CONH_2$기에서 NaOBr의 작용으로 수소와 브롬의 치환이 일어나고, 다음 수산화나트륨의 작용으로 브롬화수소가 제거되면 불안정한 중간체가 생성되었다가 이 중간체가 轉位(rearrangement)하여 이소시안화물이 생성하게 된다. 최후로 이 이소시안화물이 가수분해되면 탄산가스가 발생하면서 아민기($-NH_2$)로 변하게 된다. 이때 적합한 온도는 80 °C이며, NaOBr 대신에 NaOCl로도 반응이 가능하다.

【실 험】

삼각플라스크에 물 25 ml를 가하고 고체 수산화나트륨 6 g을 가해서 용해시킨 후 얼음물로 0 °C까지 냉각시킨다. 여기에 Br_2 2 ml(주의 1)를 가하고 이를 전부 용해시킨 온도가 다시 상승하게 되므로 냉각하여 0 °C로 유지시킨다(주의 2). 여기에 프탈아미드분말 5 g을 가하고 잘 교반하면서, 물 16 ml에 수산화나트륨 4.4 g을 녹인 용액을 한꺼번에 부어 넣는다. 프탈아미드가 용해하게 되고 온도는 약 70 °C로 상승하게 된다. 다음 80 °C로 유지하고 약 2분간 가열한다(주의 3). 이 용액을 얼음 중탕중에서 냉각시키고 진한 염산을 서서히 가해서 중화시킨다. 다음 빙초산을 서서히 가해서 안트라닐산을 충분히 침전시킨다. 흡인여과하고 소량의 물로 씻는다. 용액을 제거하고 결정을 건조시킨다. 수득량 약 2.5 g 정도.

참고 **안트라닐산**: 담황색결정, mp 145 °C

주의

① 정확한 양은 1.7 ml이다. Br_2가 피부에 묻지 않도록 주의한다.

② 이 용액이 하이포아브롬산나트륨(sodium hypobromite) 용액이다.

③ 이때 침전이 있으면 여과하여 분리해 낸다.

필요약품

phthalimide	9 g
NaOH	10.4 g
Br_2	2 ml
conc HCl	12 ml
glacial acetic acid	5 ml
ice	약간량

필요기구

250 ml Erlenmeyer flask	1
200 ml beaker	2
ice bath	1
suction filter apparatus	1
thermometer, 100 °C	1
heater	1

18. p-톨루엔술폰산나트륨

(sodium p-toluenesulfonate)

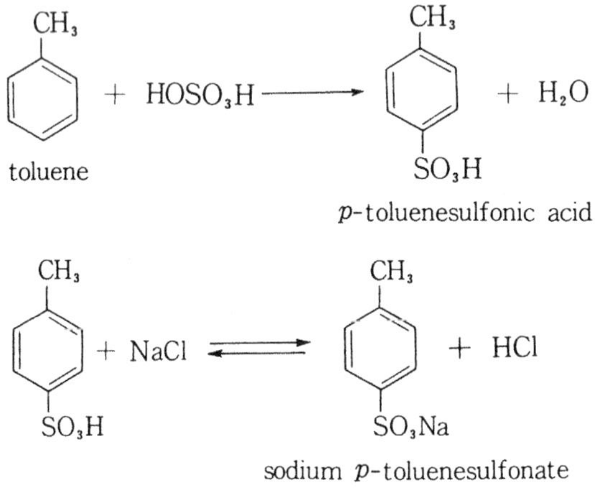

톨루엔에 진한 황산을 작용시켜 p-톨루엔술폰산을 만들고 이것을 탄산수소나트륨을 가해서 중화하고 염화나트륨을 가하면 p-톨루엔술폰산나트륨이 生成된다. 페놀은 오르토, 파라 지향성기인 $-OH$의 영향으로 용이하게 치환반응을 하게 되고 따라서 묽은 황산에 의해서도 술폰화를 받게 된다. 나프탈렌은 진한 황산에 의해서 0°~60℃에서 술폰화된다(이때는 α-나프탈렌술폰산이 생성). 벤젠은 나프탈렌보다 반응성이 약하며, 40℃에서 발연황산을 작용시키면 벤젠술폰산이 생성되며, 200℃에서는 벤젠-m-디술폰산이 생성된다.

톨루엔은 벤젠보다 반응하기 쉬우며 나프탈렌과 대등한 정도이고, 0℃에서도 진한 황산에 의해서 술폰화된다. 생성되는 세 가지 이성질체의 비율은 표 18-1과 같이 온도에 따라 다르다.

이 실험에서는 훨씬 더 고온인 약 170℃에서 반응시켜 파라-이성질체의 생성을 유리하게 하고 또한 반응시간도 단축시킨다. disulfonation을 피하기 위해서 황산의 양을 가급적 적게 한다. 반응하지 않은 톨루엔이 다소 남게 되지만 톨루엔은 값이 싸기 때문에 문제되는 것은 없다. 주반응 생성물은 나트륨-塩으로서 분리한다. 이 파라-톨루엔술폰산나트륨은 반응혼합물을 부분중화한 후 염화나트륨을 가하면 분리된다.

표 18-1 **Toluenesulfonic acid**(생성률 %)

temp	ortho	meta	para
0℃	45.2	2.5	52.3
35℃	33.3	5.3	61.4
100℃	17.4	10.1	72.5

【실 험】

200 m*l* 둥근바닥 플라스크에 톨루엔 32 m*l* 와 진한 황산 19 m*l* 및 끓임돌을 몇 개 넣고 환류냉각기를 단 후 석면그물 위에서 가열한다. 상층의 톨루엔이 끓기 시작하면 불꽃을 좀 약하게 하고 시간을 기록해 둔다. 서서히 가열하고 2～3 분마다 혼합물을 잘 흔들어 상하층이 잘 混和되도록 한다. 톨루엔층이 겨우 끓게 되고 냉각기로부터 응축액이 서서히 떨어질 정도로 가열을 조절한다(그러나 흔들 때는 적하속도가 좀 빨라진다). 너무 가열하면 톨루엔이 반응혼합물로부터 냉각기쪽으로 이동해 버리게 되고, 따라서 disulfonation이 일어나기 쉽게 된다. 잘 흔들면 흔들수록 반응속도가 빨라지고 수득량도 많기 때문에 이 반응은 잘 흔들면서 진행시켜야 한다. 1 시간 내에 톨루엔층은 거의 없어지게 되고 냉각기로부터 톨루엔이 몹시 느리게 적하하게 된다. 이 이상은 반응을 더 계속하지 않는 것이 좋다.

아직도 더운 반응혼합물을 물 100 m*l* 중에 부어 넣고 소량의 물로 플라스크를 씻어내린다(주의 1). 이 산성용액에 주의하면서 탄산수소나트륨 15 g을 가하고 부분적으로 중화한 후 식염 40 g을 가하고 가열하여 끓인다. 이때 필요하면 소량의 물을 가해서 식염을 전부 녹인다. 여과하지 말고 이 포화용액을 얼음 중탕 중에서 충분히 냉각시키고, 석출하는 파라-톨루엔술폰산나트륨을 여과하여 분리한다. 비커에 붙어 있는 결정을 母液으로 씻어 합하고, 포화식염수 약 20 m*l* 로 씻는다(주의 2).

재결정 : 이 염을 재결정함에는 깔대기상에 있는 이 고체를 약 100 m*l* 의 물을 사용하여 비커 내로 씻어내린다. 여기에 식염 40 g을 가하고 가열하여 끓인다. 이때 고체 전부가 바로 용해할 때까지만 물을 추가한다. 活性炭 약 1 g을 가하고 1～2 분간 교반한 후 더운 용액을 흡인여과한다. 비커, 깔때기 및 여과지 등에 붙어 있는 고체는 가급적 소량의 물로 씻어내린다. 무색의 濾液을 비커에 옮기고, 여러 번의 세척으로 인해서 여분의 물이 가해져 있을 것이므로 용액을 끓여 포화용액이 될 때까지 수분을 증발시킨다(약 170 m*l* 까지). 앞에서와 같이 여과하고 세척하여 얻어진 결정을 건조한다. 순수한 무수물의 수득량 약 20～25 g 정도.

참고

파라-톨루엔술폰산나트륨은 일정한 녹는점을 가지지 않기 때문에 이를 특유의 녹는점을 가진 파라-톨루이딘塩으로 만들어서 확인하고 純度를 결정함이 좋다.

확인방법 : 파라-톨루엔술폰산나트륨 1 g을 가급적 소량의 끓는 물에 녹이고, 여기에 *p*-toluidine 0.5 g과 진한 염산 1 m*l* 를 가한 후 다시 가열하고, 필요하면 물을 가해서 용해

시킨다(만일 아민의 油滴이 남아 있으면 염산을 조금 더 가한다). 즉시 이 용액을 얼음중탕 중에서 냉각시키고 *p*-toulidine 의 염이 析出할 때까지 기벽을 긁는다. 생성물을 여과하여 분리하고 극소량의 물로 씻는다. 接種(seeding) 하기 위해서 결정 소량을 남겨놓고 나머지를 물로 재결정한다. 용액이 착색되어 있으면 활성탄 소량을 가해서 탈색한 후 여과한다. 결정이 석출하지 않으면 극소량의 결정을 넣어 접종한다. 순수한 염의 녹는점은 197℃ 이나 2°~3℃ 정도의 차는 상관 없다.

주의

① 혼합물을 물에 부어 넣기 전에 냉각시키면 *p*-toluenesulfonic acid monohydrate 의 결정으로 굳어져버린다. 그러나 이것을 가열하여 용해시키면, 그대로 이상없이 실험을 진행시킬 수 있다.

② 이 술폰산의 염은 식염이 없으면 물에 매우 잘 녹기 때문에 재결정시에도 주의해야 한다.

필요약품

toluene	32 m*l*
conc H_2SO_4	19 m*l*
$NaHCO_3$	15 g
NaCl	100 g
p-toluidine	소 량
ice	약간량

필요기구

200 m*l* round bottomed flask	1
condenser (for reflux)	1
beaker (200 m*l*)	2
suction filtcr apparatus	1
ice bath	1
heater	1

19. 시클로헥사논 (cyclohexanone)

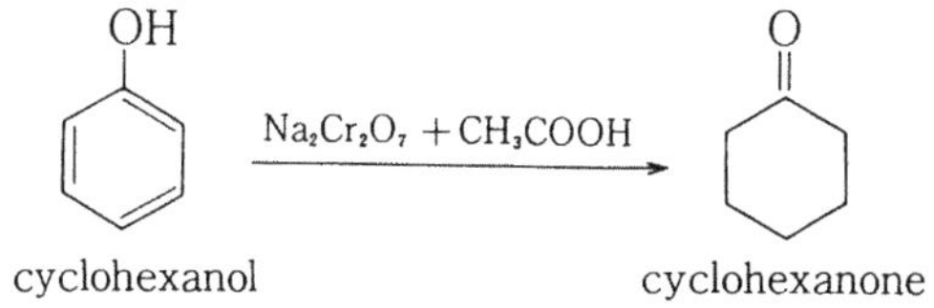

시클로헥사놀을 중크롬산나트륨의 빙초산용액으로 산화시키면 시클로헥사논을 생성한다. 이 반응은 單位工程(unit process) 중 산화의 한 예이며, 일반적으로 산화제로서는 여러 가지가 사용되는데 그 중에서 중요한 것은 다음과 같다.

① 중크롬산염의 진한 황산용액 또는 과망간산염의 진한 황산용액: 몹시 강력한 산화제이며, 진한 황산 대신에 빙초산도 많이 이용된다. ② 과망간산의 알칼리성 용액, ③ 하이포아염소산염, ④ 염소산염, ⑤ 과산화물, ⑥ 진한염산 및 발연질산, ⑦ 발연황산 등.

【실 험】

200 ml의 삼각 플라스크에 중크롬산나트륨 30 g과 빙초산 50 ml를 가하고 가열하여 녹인 후 얼음으로 15 °C로 냉각시킨다. 따로 30 ml의 삼각 플라스크에 시클로헥사놀 30 g과 빙초산 20 ml를 넣고 얼음으로 냉각한다. 중크롬산나트륨 용액의 온도가 15°C가 되면 온도계를 시클로헥사놀이 든 삼각플라스크로 옮기고 이 용액의 온도를 15 °C 이하로 냉각한다(주의 1). 중크롬산나트륨용액을 시클로헥사놀 용액 중에 주의하여 가하고, 플라스크는 소량의 빙초산으로 씻어내린 후 얼음중탕을 제거한다. 산화반응이 시작되면 몹시 발열하므로 온도는 상승하게 된다. 온도가 60 °C까지 올라가면 얼음 중탕에서 냉각시켜 그 이상의 온도 상승을 억제하고 60 °C에서 15분간 유지한다. 다음 냉각을 중지하고 온도에 유의한다. 이때 보통 최고온도가 65 °C 정도로서 25~30분간 반응시킨다. 온도가 내려가기 시작하고, 용액이 녹색이 되면 반응이 끝난 것이다. 가끔 흔들면서 10분간 방치한 후, 50 ml 둥근바닥 플라스크에 옮기고, 물 200 ml로 삼각 플라스크를 씻어내린다. 다음 반응용액을 수증기증류한다. 시클로헥사논은 물에 약간 용해하므로 유출액이 투명하게 되어도 좀 더 증류를 계속해야 한다. 유출액 1 ml에 대하여 0.2 g의 비로 식염을 가하여 잘 흔들어서 시클로헥사논을 염석(鹽析 : salting out)한 후 분별깔때기에 옮겨 상층의 시클로헥사논을 분리하고 하층을 에테르 25~30 ml를 사용하여, 2

회 추출한다. 추출액은 위의 시클로헥사논과 합하고, 다시 분별깔때기에 옮긴 후 10%-수산화나트륨 용액 50 ml 를 가하고 잘 흔들어서 초산을 제거한다. 다음 여기에 식염수를 가하여 흔들고 에테르 용액은 작은 삼각 플라스크로 분리한 후 무수황산나트륨 약 10 g을 가해서 건조시킨다. 황산나트륨을 여과하여 분리하고 먼저 물 중탕에서 에테르를 溜出시키고, 다음 기름 중탕으로 갈아서 分溜管을 단 후 분류하여 끓는점 154°~157°C의 溜分을 취한다. 수득량 약 22~25 g(주의 2).

참고 **시클로헥사논 :** 무색액체, bp 156.7°C, sp. gr. 0.949

주의

① 15°C 이상으로 하면 수득량이 줄어든다.

② 유기정성분석(1부 실험 23)을 참조하여 다음 유도체들 중의 하나를 만들어 확인해 보는 것이 좋다.

oxime (90°C), phenylhydrazone (77°C), semicarbazone (166°C),
2, 4-dinitrophenylhydrazone (162°C)

• 필요약품 •

cyclohexanol	30 g
$Na_2Cr_2O_7$	30 g
glacial acetic acid	70 ml
10%-NaOH soln.	50 ml
NaCl	약간량
anhydrous Na_2SO_4	10 g
ice	약간량

• 필요기구 •

300 ml Erlenmeyer flask	1
200 ml Erlenmeyer flask	1
steam distillation apparatus	1
separatory funnel	1
oil bath	1
fractionating column	1
ice bath	1
heater	2
thermometer, 250°C	1

20. 아디프산 (adipic acid)

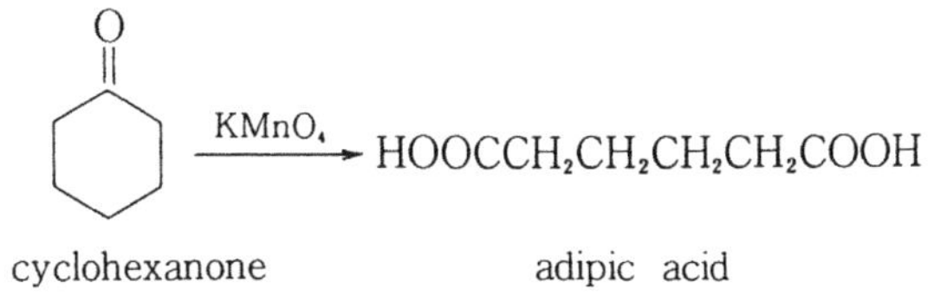

시클로헥사논을 알칼리성 과망간산칼륨으로 산화시키면 아디프산이 생성된다.

합성섬유로서 널리 알려진 나일론은 아디프산과 헥사메틸렌디아민을 축합 중합시켜 합성한 선형 고분자이며, 이 아디프산은 또한 헥사메틸렌디아민의 제조원료가 되기 때문에 이 실험은 나일론의 제조과정에서 몹시 중요하다.

【실 험】

1 l 들이 삼각 플라스크에 시클로헥사논 10 g을 취하고, 여기에 과망간산칼륨 31 g을 물 500 ml에 녹인 용액을 가한다. 혼합용액을 30 °C로 유지하고 10 %-수산화나트륨 수용액 10 ml를 가한다. 혼합용액은 때때로 흔들어 주면서 하룻밤 방치한다. 방치하는 동안 최고온도는 45～46 °C가 된다. 다음 유리봉으로 반응용액을 한방울 취해서 여과지에 찍어본다. 이산화망간의 반점 주위에 과망간산칼륨의 적자색이 나타나면 소량의 아황산나트륨(또는 아황산수소나트륨)을 가하고 위의 실험을 되풀이한다. 과망간산칼륨의 적자색이 나타나지 않게 되었을 때 혼합용액을 흡인여과하고 여과지에 남은 이산화망간의 갈색침전은 물로 잘 씻는다. 여액과 세척액을 증발접시에 옮긴 후 농축시켜 70 ml로 만든다. 만일 용액이 투명하지 않고 또한 착색되어 있으면, 활성탄을 가해서 가열한 후, 활성탄은 접은 여과지를 사용하여 분리하고(주의 1), 물로 잘 씻어 여액과 세척액을 다시 증발접시에 옮겨 70 ml가 되게끔 농축한다. 용액은 비커에 옮겨 진한 염산으로 중화하고 다시 진한 염산 15 ml를 가해서 방치한다. 석출된 결정을 흡인여과하고 건조시킨다. 수득량 약 8～9 g 정도.

참고 **아디프산** : 무색결정, mp 151～152 °C, 15 °C에서 물 100 g에 1.4 g 용해함.

주의

① 여과는 보온깔때기를 사용해야 한다. 그렇지 않으면 용액이 냉각되고 결정이 석출하게

되어 여과할 수 없게 되기 때문이다.

• 필요약품 •

cyclohexanone	10 g
$KMnO_4$	31 g
10 %-NaOH soln.	10 m*l*
Na_2SO_3 (또는 $NaHSO_3$)	소 량
conc HCl	소 량
active carbon	약간량

• 필요기구 •

기구	수량
1 *l*-Erlenmeyer flask	1
1 *l*-beaker	1
evaporating dish	1
suction filter apparatus	1
beaker	2
hot funnel	1
thermometer, 100 °C	1
heater	1

21. 디페닐메탄 (diphenylmethane)

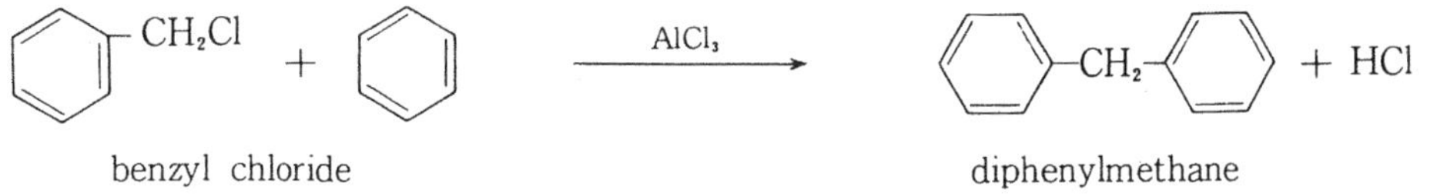

염화벤질에 염화알루미늄 촉매 존재하에서 벤젠을 작용시키면 디페닐메탄이 생성된다. 이 반응은 **Friedel-Crafts 炭化水素合成法**의 한 예이다.

Friedel-Crafts 탄화수소합성법의 일반식은 다음과 같다.

$$ArH + RX \xrightarrow{\text{catalyst}} ArR + HX$$

촉매로는 $AlCl_3$, $FeCl_3$, $SnCl_4$, BF_3 및 $ZnCl_2$ 같은 Lewis 산 외에 HF, H_2SO_4(96%), P_2O_5, H_3PO_4 등도 사용되나, 촉매의 선택이나 반응조건 여하에 따라 생성물이 다르게 된다. 또한 할로겐화알킬(RX) 대신에 올레핀이나 알코올 등도 사용할 수 있다.

이 Friedel-Crafts 합성법의 결점으로는 한 자리 치환에 그치지 않고 여러 자리 치환까지 이르는 점 외에 비정상형태의 치환도 일어난다는 점이다. 후자의 예로서는 염화알루미늄 촉매존재하에서 벤젠에 브롬화이소프로필을 작용시키면 예측한 대로 큐멘(isopropyl benzene)이 생성되나, 브롬화이소프로필 대신에 브롬화 *n*-프로필을 작용시킬 때도 마찬가지로 큐멘을 주로 생성하게 된다(그 이유는 전위에 기인).

이 실험에서 사용하는 할로겐화알킬에 해당하는 물질은 염화벤질로서 이 염화벤질은 포화할로겐화알킬보다도 훨씬 반응성이 크다(그 이유는 벤젠核 중의 불포화기로 인해서 염소가 활성을 띠기 때문이다). 따라서 이 반응은 잘 진행되며, 일반적인 Friedel-Crafts 반응에 따르는 부반응을 억제할 수 있다. 그러나 0°C에서도 약간은 다음과 같은 부반응에 의해서 안트라센으로 변한다. 이 안트라센의 생성은 형광(螢光)에 의해서 인정할 수 있다.

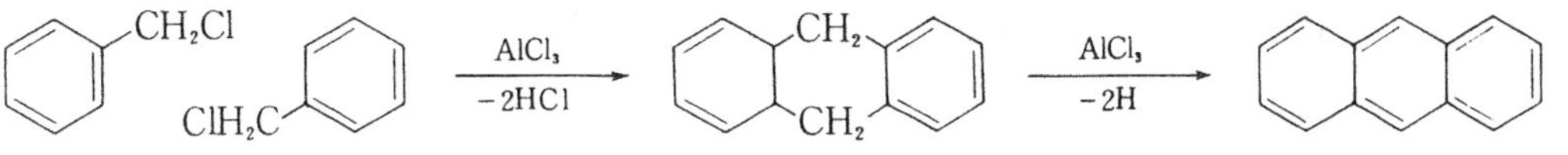

이 안트라센의 생성반응 및 폴리치환반응은 디페닐메탄의 수율을 저하시킬 뿐만 아니라 분

리를 곤란하게 한다.

【실 험】

200 ml 둥근바닥 플라스크에 염화벤질 10 g과 벤젠 50 ml를 취하고, 환류냉각기 (Liebig)를 달고 반응에 의해서 생기는 염화수소가스를 捕集하기 위해서 냉각기 꼭지에 트랩을 장치한다. 플라스크의 내용물은 얼음중탕 중에서 충분히 냉각시킨다. 마개가 있는 시험관에 무수염화알루미늄 4 g을 칭량하고 그 중 약 1 g을 냉각기를 통해서 잘 냉각시킨 반응액에 가한다. 혼합물을 잘 흔들면서 냉각을 계속한다. 몇 분 내에 격렬한 반응이 일어나고 염화수소가스가 발생하게 된다. 반응액이 잔잔해질 때 다시 나머지의 염화알루미늄을 냉각기를 통해서 소량씩 가하고 얼음중탕으로 냉각시키면서 5~10분간 교반한다. 이때 赤色의 油狀物質($AlCl_3$의 첨가물)이 석출하게 된다.

다음 얼음중탕에서 플라스크를 제거하고 실온에서 30분간 방치한 후 즉시 다음 조작을 진행한다. 반응혼합물을 다시 얼음중탕으로 냉각시키고 주의하면서 얼음 약 20 g과 물 40 ml를 가해서 염화알루미늄 첨가물을 분해시킨다. 잘 흔든 후 이 혼합물을 분별깔때기에 옮기고, 하층의 수용액을 流出시키고, 상층의 디페닐메탄을 함유하는 벤젠용액을 묽은 염산으로 세척하여 염기성 알루미늄염을 제거한 다음 물로 씻어 산을 제거한다. 벤젠용액을 삼각플라스크에 옮기고 염화칼슘 2 g을 가하여 투명하게 될 때까지 가온해서 건조시킨다. 여기에 활성탄 0.2 g을 가해서 1~2분간 흔든 후 용액을 삼각플라스크에 여과한다. 증류장치를 하고 벤젠을 溜出시킨 후 남은 디페닐메탄의 油狀物質을 작은 증류플라스크에 넣고, 공기냉각기를 달고 直火로 증류한다(주의 1). 끓는점범위 250~275 °C의 溜分을 취한다(주의 2). 수득량 7~10 g 정도.

참고 **디페닐메탄**: mp 26~27 °C, bp 262 °C, 오렌지 芳香, 실험에서 높은 끓는점의 잔류물은 안트라센(mp 217 °C), *o*-디벤질벤젠(mp 78 °C), *p*-디벤질벤젠(mp 86 °C) 등을 함유하고 있으며 이들 탄화수소는 350~380 °C에서 끓는다.

주의

① 初溜分 중에는 소량의 벤젠을 함유하므로 인화되지 않도록 주의한다.

② 溜出物을 얼음으로 냉각하고 유리봉으로 기벽을 긁든지 순수한 디페닐메탄 결정을 소량 가해보고(seeding, 접종), 결정이 생기는가를 시험한다. 만일 결정이 생기지 않으면 다시 증류하여 끓는점범위 255~265 °C의 溜分을 취하고 위와 같이 얼음냉각시켜 결정화시킨다. 온도계로 교반하면서 고체를 융해시키면 처음에는 온도가 서서히 올라가다가 대부분의 고체가 녹을 때까지 거의 일정한 온도를 유지할 때가 있다. 이 온도가 이 물질의 대략적인 녹는점이다. 위와 같이 만든 물질은 보통 20~23 °C에서 융해한다.

필요약품

benzyl chloride	10 g	dil HCl	소 량
benzene	10 ml	active carbon	0.2 g
anhydrous $AlCl_3$	4 g	ice	소 량
$CaCl_2$	2 g		

——• 필 요 기 구 •——

200 ml round bottomed flask	1	Erlenmeyer flask	1
condenser (for reflux)	1	air cooling condenser	1
ice bath	1	thermometer, 360°C	1
separatory funnel	1	heater	1
distilling flask	1		

22. 안트라퀴논 (anthraquinone)

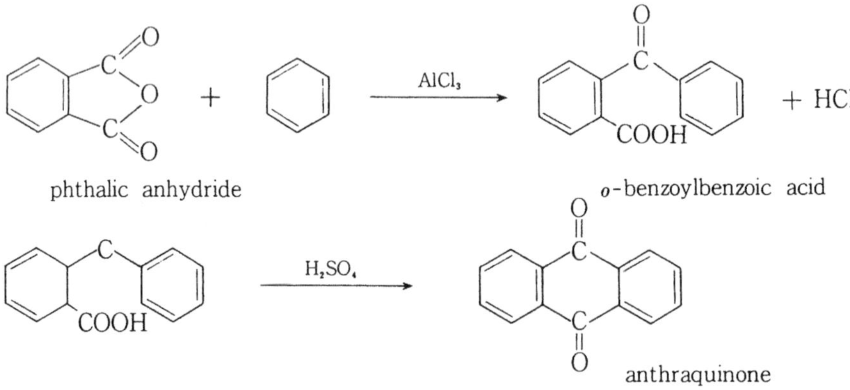

무수프탈산에, 염화알루미늄 촉매 존재하에서, 벤젠을 작용시키면 *o*-벤조일벤조산이 생성되며, 이 *o*-벤조일벤조산을 진한 황산으로 탈수하면 안트라퀴논이 생성된다. 이 반응에서 첫단계의 반응이 **Friedel-Crafts 케톤합성법**의 한 예이다. Friedel-Crafts 케톤합성법의 일반식은 다음과 같다.

$$RCO\boxed{Cl + H}Ar \xrightarrow{AlCl_3} RCOAr + HCl$$

$$ArCO\boxed{Cl + H}Ar' \xrightarrow{AlCl_3} ArCOAr' + HCl$$

위에서 보는 바와 같이, 지방족 산염화물이나 방향족 산염화물을 염화알루미늄 촉매 존재하에서 방향족 탄화수소와 반응시켜 케톤을 합성하나, 이들 산염화물 대신에 산무수물도 사용할 수 있다.

이 실험에서는 산무수물로는 무수프탈산을 사용한다. 과잉의 벤젠을 용매로 하여, 2당량의 염화알루미늄을 촉매로 사용하고 무수프탈산과 벤젠의 Friedel-Crafts 반응을 행한다. 반응은 빨리 진행되어 생성한 *o*-벤조일벤조산의 카르복시기에 1몰의 염화알루미늄이 결합하고, 카르보닐기에도 또한 1몰의 염화알루미늄이 결합한 염이 석출하게 된다. 여기에 얼음과 염산을 가하면 이 염은 분해하고 염기성인 알루미늄염들, $Al(OH)_3$, $Al(OH)_2Cl$ 등은 수용성인 삼염화물로 변한다. 이 *o*-벤조일벤조산을 황산으로 탈수하면 閉環되어 안트라퀴논이 된다. 이 안트라퀴논은 강력한 조건을 쓰지 않으면 술폰화되지 않기 때문에, 생성물을 손실하지 않고 또한 반응시간을 단축하기 위해서 고온에서 탈수반응을 행할 수 있다. 또한 안트라퀴논이 건조되기 쉬운 결정형이 되어 열용액으로부터 석출하도록 조건을 조절해야 한다.

【실 험】

【1】 *o*-Benzoylbenzoic acid

Friedel-Crafts 반응은 짧은 냉각기를 단 500 m*l* 둥근바닥 플라스크 내에서 행한다. 반응중에 발생하는 염화수소를 포집하기 위해서 냉각기의 상단에 트랩을 고무관으로 연결한다. 이 고무관은 충분히 길게 하여 플라스크를 물중탕에서 가온하거나 또는 얼음중탕에서 냉각시킬 수 있도록 장치한다. 트랩은 물을 반정도 채운 내압병을 사용하고 물의 표면으로부터 1 cm 높이까지 유리도관을 꽂아 넣는다.

플라스크에 무수프탈산 15 g과 티오펜을 제거한 벤젠 75 m*l* 를 가하고 벤젠의 결정이 생길 때까지 얼음중탕에서 냉각한다. 이 조작은 격렬한 반응을 피하기 위한 것이며, 그렇지 않으면 반응을 억제하기가 곤란하다. 다음 무수 염화알루미늄 30 g(주의 1)을 가하고 냉각기와 트랩을 연결한 후 플라스크를 잘 흔들고 손을 대서 체온으로 몇 분간 가온한다. 그래도 반응이 시작되지 않으면 플라스크를 몇 초 동안 물중탕에서 몹시 서서히 가열한다. 격렬하게 끓기 시작하거나 또는 염화수소가 발생하기 시작하면 즉시 플라스크를 얼음중탕 위에 가져가 반응이 너무 격렬하게 일어날 때 얼음으로 냉각시킬 수 있도록 해둔다. 이와 같이 주의 깊은 완만한 가열을 5 분간 계속하면 반응은 원활하게 진행되어 혼합물을 물중탕에서 加熱還流할 수 있게끔 된다. 끓는 물중탕에서 가열을 계속하고 혼합물을 잘 흔든다. 이때 첨가생성물이 갑자기 생기는가를 주의해서 관찰한다. 첨가생성물이 석출하면 結晶化熱이 몹시 크므로 반응을 억제하기 위해서 플라스크를 얼음중탕 중에 넣어 냉각시켜야 하기 때문이다.

첨가생성물이 짙은 풀반죽狀으로 분리되면 이 혼합물을 다시 10분간 끓는 물중탕 위에서 가열하고, 다음에 냉각기를 제거한 후 얼음중탕 중에서 충분히 교반하면서 냉각시킨다. 플라스크와 얼음중탕을 통풍실로 가져가서, 얼음 100 g을 달아서 그 작은 덩어리 몇 개를 플라스크에 넣고 필요에 따라 교반하면서 냉각시킨다. 얼음이 전부 반응하여 없어지게 되면 다시 가한다. 100 g의 얼음을 모두 가하고 분해반응이 잔잔해 진 후 진한 염산 20 m*l* 와 물 100 m*l* 를 가해서 심하게 흔든다. 이 혼합물의 온도가 실온까지 냉각되었는가를 확인한 후 물 50 m*l* 를 가하여 심하게 흔들고 다시 혼합물을 실온까지 냉각시킨다. 다음 에테르 50 m*l* 를 가하고 편편한 교반봉으로 플라스크의 목이나 벽에 붙어 있는 고체를 떨어뜨리고, 밑에 있는 덩어리를 부순다.

첨가화합물의 加水分解나 생성물의 抽出 및 염기성 산화알루미늄류의 분해 등을 촉진하기 위해서 플라스크를 코르크마개로 막고 몇 분간 격렬히 흔든다. 대부분의 고체가 녹아버리면 깔때기를 통해서 이 혼합액을 분별깔때기에 흘려 넣어 거의 가득히 채운다. 밑의 물층은 流出시켜버린다. 남은 혼합액을 분별깔때기에 넣고 플라스크를 에테르로 씻은 후, 다시 밑의 물층을 유출시킨다. 액축간에 석출한 오염된 침전을 없애기 위해서 진한 염산 10 m*l* 와 물 25 m*l* 를 가해서 2～3분간 심하게 흔들고 물층을 유출시킨다. 또한 약간의 懸濁液이 남아 있으면, 벤젠-에테르 용액을 분별깔때기의 上口로부터 깔때기상에 유출시켜 자연여과하고 새로운 에테르로 분별깔때기를 씻는다. 분별깔때기를 깨끗이 씻은 후 여기에 여과한 벤젠-에테르 용액을 다시 부어 넣는다. 이 용액에 다시 한번 묽은 염산을 가하여 흔들고, 다음 두 방법 중 어느 한 방법을 써서 반응생성물을 분리한다.

(a) 벤젠-에테르 용액에 10%-수산화나트륨 용액 50 ml를 가하고 잘 흔든 후 물층을 분리하여 모은다 (주의 2). 다시 10%-수산화나트륨용액 25 ml를 가하여 추출하고 추출액은 앞의 것과 합한다. 다음 물 10 ml로 씻고 수용액을 앞의 추출액에 가하고, 벤젠-에테르 용액은 버린다. 함께 모은 알칼리 추출액을 진한 염산으로 pH 1～2의 산성으로 만든다. *o*-벤조일벤조산이 油狀으로 석출하면 얼음으로 냉각하면서 유리봉으로 기벽을 긁으면 결정이 된다. 이 결정이 일분자 수화물인 $C_6H_5COC_6H_4COOH \cdot H_2O$이다. 수득량 19～21 g, 녹는점 126°～127 °C (주의 3).

(b) 벤젠-에테르 용액을 황산나트륨을 통해서 여과하면 간단히 건조된다. 이 용액을 250 ml 증류플라스크에 넣고 냉각기를 연결한 물중탕 위에서, 부피가 약 55 ml로 감소할 때까지 얼음냉각한 용기내로 유출시킨다. 잔류액이 겨우 흐르게 될 때까지 리그로인을 가하고, 생성물을 처음에는 25 °C에서 다음에는 5 °C에서 결정화시킨다. 이때 무색의 결정을 얻게 된다. 수득량 18～20 g. 녹는점 127°～128 °C.

【2】 Anthraquinone

o-벤조일벤조산(무수) 5 g을 100 ml 둥근바닥 플라스크에 가하고, 여기에 진한 황산 25 ml를 가한 후, 물중탕 속에서 가열하면서 고체가 녹을 때까지 잘 흔든다. 클램프로 플라스크를 microburner 위에 고정하고 온도를 150 °C까지 올려서 5분간 150°～155 °C로 유지한다. 용액을 100 °C로 냉각하고 온도계를 제거한 후 잘 흔들면서, 毛細滴下管을 통해서 물 5 ml를 떨어뜨려 최초에 생긴 침전을 될 수 있는대로 모두 용해하도록 하면 미세하나 여과분리하기 쉬운 결정이 석출하게 된다. 혼합물을 냉각하고 다시 플라스크에 가득 차도록 물을 가하고 냉각시킨 후 결정을 여과분리하고 물로 잘 씻는다. 여액을 버리고 내압병(흡인여과에 사용한 흡인병)을 씻은 후 결정을 깔때기 위에 얹어 흡인하지 말고 그대로 두고, 이 결정 중에 반응하지 않은 출발물질이 있는가 없는가를 다음과 같이 시험한다. 진한 암모니아수 10 ml를 물 50 ml로 묽게 한 용액을 깔때기 위에 부어넣은 후 흡인하고 물로 씻는다. 다음 이 여액 몇 ml를 취해서 酸性으로 해본다. 안트라퀴논은 물에 녹지 않기 때문에 여액을 산성으로 해도 침전이 생기지 않으면 수득량은 理論値에 가깝게 된다. 생성물은 잘 건조시킨다.

참고 ***o*-benzoylbenzoic acid**: 무색결정, mp 128 °C.
anthraquinone: 담황색결정, mp 286 °C, bp 377 °C.

주의

① 이것은 원포장된 병으로부터 마개가 있는 시험관에 잘 칭량한다.

② 최초의 알칼리 추출액 중에 나타나는 황색색소의 본체는 아직 알려져 있지 않다. 최종생

성물을 알칼리에 녹이면 무색용액이 되는 것으로 보아 이 불순물은 분명히 일시적인 것에 지나지 않는다.

③ 수득량과 녹는점은 무수물에 대한 값이며, 무수물로 만들기 위해서는 진공건조시켜 결정수를 제거하면 된다.

필요약품

phthalic anhydride	15 g
benzene	75 ml
anhydrous $AlCl_3$	30 g
ether	60 ml
conc HCl	50 ml
dil HCl	소 량
10 %-NaOH soln.	75 ml
Na_2SO_4	소 량
ligroin	소 량
conc H_2SO_4	25 ml
conc NH_4OH	10 ml
ice	200 g

필요기구

500 ml round bottomed flask	1
condenser (for reflux)	1
trap bottle (for HCl gas)	1
water bath	1
ice bath	1
500 ml beaker	1
250 ml beaker	2
separatory funnel	1
suction filter apparatus	1
thermometer, 250 °C	1
heater	1

23. 트리페닐카르비놀 (triphenylcarbinol)

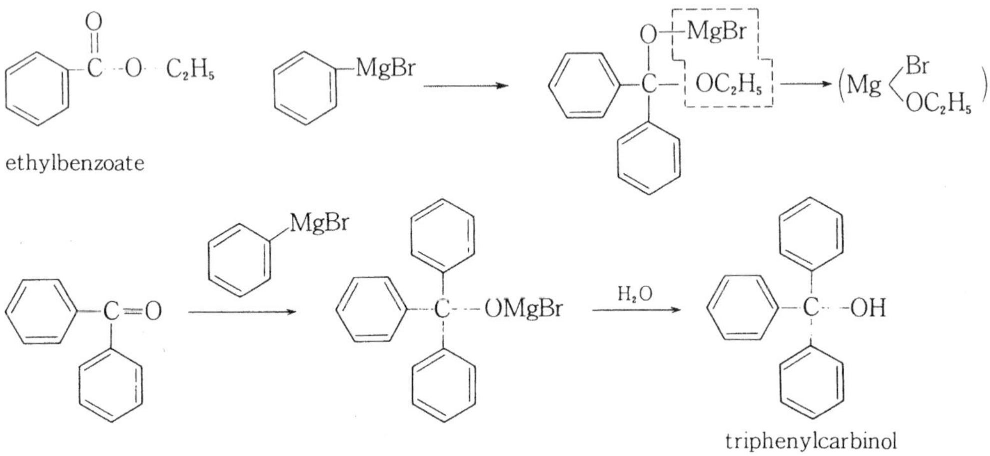

이 반응은 벤조산에틸에 2몰의 브롬화페닐마그네슘(Grignard 시약)을 작용시키면 먼저 디페닐케톤이 생성되었다가 이 디페닐케톤이 다시 브롬화페닐마그네슘과 반응하고, 마지막으로 가수분해되어 트리페닐카르비놀이 생성되는 Grignard 반응의 한 예이다.

(1) **Grignard 시약**

RMgX 또는 ArMgX의 일반식을 가진 물질로서 반응성이 크며, 많은 유기화합물을 합성하는 데 이용되는 중요한 시약이다.

이 시약은 할로겐화알킬(RX)이나 할로겐화아릴(ArX)에 금속 마그네슘을 무수에테르 중에서 반응시켜 만든다.

$$RX + Mg \xrightarrow{\text{무수에테르}} RMgX$$

$$ArX + Mg \xrightarrow{\text{무수에테르}} ArMgX$$

이 시약을 사용한 중요한 합성법의 몇 가지 예를 들어 보면 다음과 같다.

(2) **Alkane**

Grignard 시약에 물을 작용시키면 쉽게 가수분해되어 알칸을 생성한다.

$$\mathrm{RMgX \xrightarrow{HOH} \underset{alkane}{RH} + Mg\langle^{X}_{OH}}$$

예 $\mathrm{\underset{\textit{n}\text{-propyl magnesium bromide}}{CH_3CH_2CH_2MgBr} + HOH \longrightarrow \underset{propane}{CH_3CH_2CH_3} + Mg\langle^{Br}_{OH}}$

물 이외에 알코올류, 有機酸類 및 기타 $-OH$ 基를 가진 유기화합물도 위와 유사한 반응으로 알칸을 생성한다.

예 $\mathrm{CH_3CH_2CH_2MgBr + CH_3OH \longrightarrow CH_3CH_2CH_3 + Mg\langle^{Br}_{OCH_3}}$

(3) **Alkene**

할로겐화알릴처럼 반응성이 큰 화합물에 Grignard 시약을 작용시키면 알켄을 생성한다.

$$\mathrm{CH_2{=}CHCH_2X + RMgX \longrightarrow CH_2{=}CHCH_2R + MgX_2}$$

(4) **Alkyne**

Grignard 시약에 아세틸렌을 작용시켜 치환반응을 일으키고, 여기에 할로겐화알킬을 작용시키면 알킨을 생성한다.

$$\mathrm{HC{\equiv}CH + CH_3CH_2MgBr \longrightarrow HC{\equiv}CMgBr + CH_3CH_3}$$

$$\mathrm{HC{\equiv}CMgBr + CH_3I \longrightarrow HC{\equiv}CCH_3 + Mg\langle^{Br}_{I}}$$

(5) **Alcohol**

① **1차 알코올**은 Grignard 시약에 포름알데히드(CH_2O)나 에틸렌옥시드($\mathrm{CH_2{-}CH_2}$ with bridging O) 를 작용시키면 만들어 진다.

$$\mathrm{CH_2O + RMgX \longrightarrow RCH_2OMgX \xrightarrow{HOH} \underset{primary\ alcohol}{RCH_2OH}}$$

$$\mathrm{\underset{\diagdown O \diagup}{CH_2{-}CH_2} + RMgX \longrightarrow RCH_2CH_2OMgX \xrightarrow{HOH} \underset{primary\ alcohol}{RCH_2CH_2OH}}$$

② **2차 알코올**은 Grignard 시약에 알데히드를 작용시키면 생성된다.

$$\mathrm{RCHO + R'MgX \longrightarrow R{-}\overset{R'}{\overset{|}{C}}HOMgX \xrightarrow{HOH} \underset{secondary\ alcohol}{R{-}\overset{R'}{\overset{|}{C}}HOH}}$$

③ **3차 알코올**은 Grignard 시약에 케톤류, 에스테르류 및 산염화물 등을 작용시키면 생성된다. 이에 대한 일반식은 다음과 같다.

(a) 케톤류의 경우

$$\mathrm{\underset{ketone}{{}^{R}_{R'}\!\!>C{=}O} + R''MgX \longrightarrow R{-}\overset{R''}{\underset{R'}{C}}{-}OMgX \xrightarrow{HOH} \underset{tertiary\ alcohol}{R{-}\overset{R''}{\underset{R'}{C}}{-}OH}}$$

(b) 에스테르의 경우

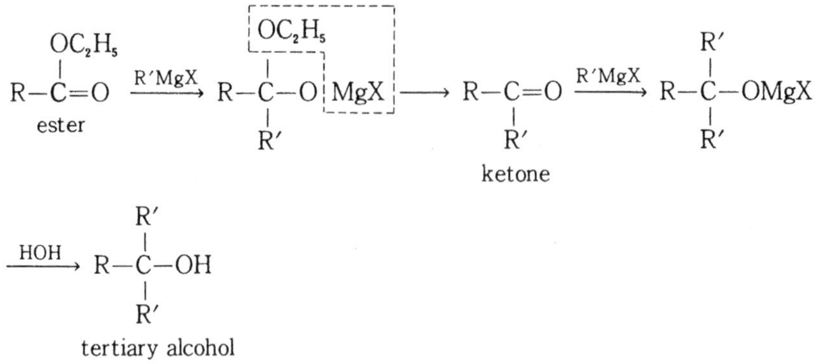

(c) 산염화물의 경우

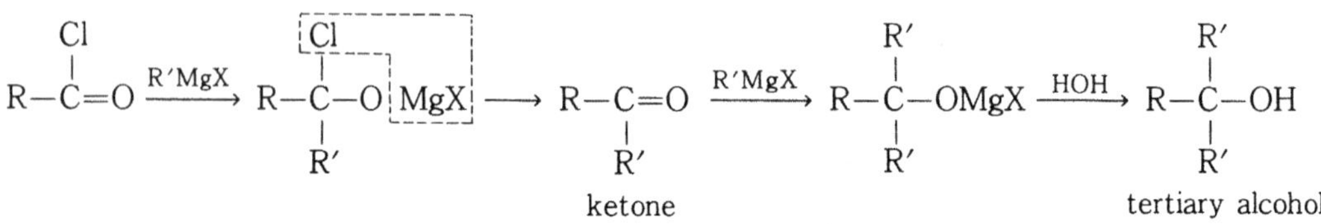

(6) Carboxylic acid

Grignard 시약에 이산화탄소를 통과시켜 첨가생성물을 만들고, 이를 가수분해하면 유기산이 생성된다.

$$RMgX + O{=}C{=}O \longrightarrow R{-}C\begin{smallmatrix}{=}O\\ \diagdown OMgX\end{smallmatrix} \xrightarrow{HOH} R{-}C\begin{smallmatrix}{=}O\\ \diagdown OH\end{smallmatrix}$$

(7) Ketone

위에서 3차 알코올을 합성할 때 중간단계에서 케톤이 생성된다. 그러나 중간단계에서 생긴 이 케톤이 Grignard 시약과 쉽게 반응하여 다음 단계로 반응이 진행되기 때문에 케톤을 최종생성물로 얻기가 어렵다. 이 경우는 다음과 같이 RCdX나 CdR_2와 같은 카드뮴화합물을 사용하면 원만히 케톤단계에서 반응이 중지된다.

$$RMgX + CdCl_2 \longrightarrow RCdCl + Mg\begin{smallmatrix}X\\ Cl\end{smallmatrix}$$

$$RCdX + R'COCl \longrightarrow RCOR' + Cd\begin{smallmatrix}X\\ Cl\end{smallmatrix}$$

또는 $$CdR_2 + 2R'COCl \longrightarrow \underset{\text{ketone}}{2R'COR} + CdCl_2$$

이 밖에도 Grignard 시약을 사용한 중요한 합성법이 몇 가지 있으나 이 책에서는 생략한다.

이 실험해서 행하는 Grignard 반응에 있어서 생성물 중의 불순물은 다음 반응에 의해서 생성되는 디페닐이다.

그러나 부산물인 탄화수소는 주생성물과는 달리 —OH 기가 없으므로 탄화수소 용매에 잘 용해하고 따라서 이를 제거하는 조작은 간단하다.

【실 험】

이 실험에서는 약품뿐만 아니라 기구도 충분히 건조시킨 것을 사용해야 한다.

【1】 **Phenyl magnesium bromide** (Grignard reagent)

100 ml 둥근바닥 플라스크에 금속 마그네슘 2 g을 취하고, 염화칼슘관을 직결하고 플라스크를 회전시키면서 서서히 가열하여 습기가 박막에 붙지 않게 하고, 플라스크를 냉각시키면 염화칼슘관을 통해서 건조된 공기가 들어가게 된다. 다음 조작을 진행하기 전에 실온까지 냉각시킬 것이며, 일체의 불은 전부 끈다.

건조관을 플라스크로부터 떼어서 냉각기의 상부에 둔다. 다음 플라스크에 무수에테르 15 ml와 브롬화벤젠 10 ml (15 g)를 가한다. 이때 즉시 반응이 일어나게 되면 무수에테르를 추가하지만, 반응이 일어나지 않으면, 끝이 좀 편편한 건조된 교반봉을 플라스크 내에 집어넣어 마그네슘이 액면상에 나오지 않도록 누르면서 비틀어 마그네슘을 깬다. 이 조작이 잘 되면 액체가 갑자기 흐려져서 누런 마그네슘의 표면에서 氣泡가 발생한다. 즉시 냉각기를 닫고 흔들어서 새로운 표면이 접촉하도록 한다.

반응이 시작된 것이 확실하면 바로 무수에테르 25 ml를 냉각기를 통해서 추가한다. 자연적으로 일어나는 끓음 현상이 너무 격렬하지 않도록 필요에 따라 얼음중탕 중에서 냉각시킨다 (염화칼슘관을 연결하는 것을 잊지 말것) (주의 1). 자연적으로 일어나는 끓음이 약해졌을 때 플라스크와 냉각기를 끓는 물중탕 위에서 조용히 還流시킨다. 이때 에테르증기가 냉각기를 통해서 나갈 정도로 심하게 환류시켜서는 안 된다. 마그네슘이 전부 깨어지고 흐린 용액 또는 갈색의 용액이 될 때까지 가열을 계속한다. 마그네슘의 잔분(또는 금속 중의 불순물)이 조금 남게 되면 반응은 완결된 것이다. 반응용액을 방치하지 말고 곧 다음 단계로 진행한다.

【2】 **Triphenylcarbinol**

분별깔때기에 벤조산에틸 9 ml (8 g)와 무수에테르 25 ml를 넣고 페닐브롬화마그네슘용액이 들어 있는 플라스크를 잠시 얼음으로 냉각한 후 건조관을 뽑고 냉각기의 상단에 분별깔때기를 연결한다(코르크 사용). 다소 발열반응이 계속되는 정도로 냉각시키면서 위의 용액을 서서히 滴加한다. 반응이 진행되면 중간첨가화합물이 생성되어 백색고체가 석출된다. 다시 염화칼슘관을 달고, 플라스크가 실온까지 냉각되고 반응이 잔잔해질 때까지 잘 흔든다. 다음 30 분간 이 용액을 가열해서 환류시키든지 또는 하룻밤 방치해서 반응을 완결시킨다.

10 %-황산 용액 50 ml와 얼음 약 25 g을 넣은 삼각플라스크에 이 반응물을 주의하여 가하고, 플라스크를 보통 에테르와 10 %-황산용액을 가하여 씻는다(주의 2). 충분히 흔들어서 첨가물을 완전히 가수분해시킨다. 이때 鹽基性 마그네슘염은 수용성의 中性鹽으로 되고, 트리페닐카르비놀은 에테르층에 용해하게 된다. 이 혼합물을 분별깔때기에 옮기고 하층의 수용액분을 유출시킨다. 에테르층은 10 %-황산을 가하고 흔들어서 마그네슘염을 다시 제거하고 포화식염수로 세척한 후 무수황산나트륨을 소량 넣어 건조시킨 다음에 여과한다.

다음 증류플라스크에 옮기고 리그로인(끓는점 66~77°C) 약 25 ml를 가하고(주의 3) 증류하여 에테르를 유출시키고(주의 4), 트리페닐카르비놀의 결정이 막 석출하기 시작할 때 중지하고 0°C까지 냉각시켜 결정을 계속 석출시킨다. 결정을 여과하여 건조시킨다. 이때 母液은 보관해 두었다가 일부 실험 21의 용출크로마토그래피에 사용한다. 수득량 5 g 정도.

참고 **Triphenylcarbinol** : 무색결정, mp 162°C, 위에서 얻은 생성물의 녹는점은 160°C 이상이라야 한다.

주의

① 이때 반응이 일어나지 않으면 흔들면서 반응이 일어날 때까지 다음 조작을 순차적으로 행해본다.

(a) 물중탕에서 가온한다. 다음 플라스크(냉각기를 부착한 그대로)를 물중탕에서 들어내고 끓음이 계속되는가를 본다.

(b) 다시 교반봉으로 마그네슘을 눌러 본다.

(c) 반응의 開始劑로서 요오드(I_2)를 소량 가해 본다(이때는 최종 반응생성물의 에테르용액을 아황산수소나트륨으로 씻어 요오드로 인한 황색을 제거해야 한다).

(d) 위의 조작들로 반응이 일어나지 않으면 장치 및 시약의 건조에 유의해서 다시 처음부터 실험을 되풀이한다.

② 반응 플라스크의 기벽에 붙어 있는 생성물은 이 혼합액을 소량 가해서 씻어내어 합친다.

③ 에테르용액을 그대로 다 증발시키면 부산물인 디페닐로 인해서 깨끗한 결정을 얻을 수 없게 된다. 리그로인으로 재결정하면 이 부산물인 디페닐을 분리할 수 있게 되므로 에테르와 리그로인을 치환하기 위한 조작이다.

④ 냉각기와 얼음냉각용기를 사용할 것.

• 필요약품 •

metal magnesium	2 g
absolute ether	65 ml
bromobenzene	60 ml (15 g)
ethyl benzoate	9 ml (8 g)
10 %-H_2SO_4 soln.	60 ml
common ether	40 ml
anhydrous Na_2SO_4	소량
ligroin	25 ml
$CaCl_2$	소량
I_2	소량
$NaHSO_3$	소량
ice	약간량

• 필요기구 •

100 ml round bottomed flask	1
$CaCl_2$ tube	1
condenser	1
glass rod	1
water bath	1
ice bath	1
beaker	2
seperatory funnel	2
Erlenmeyer flask	1
distilling flask	1
thermometer, 100°C	1
heater	1

24. 디메틸 *n*-프로필 카르비놀

(dimethyl *n*-propyl carbinol)

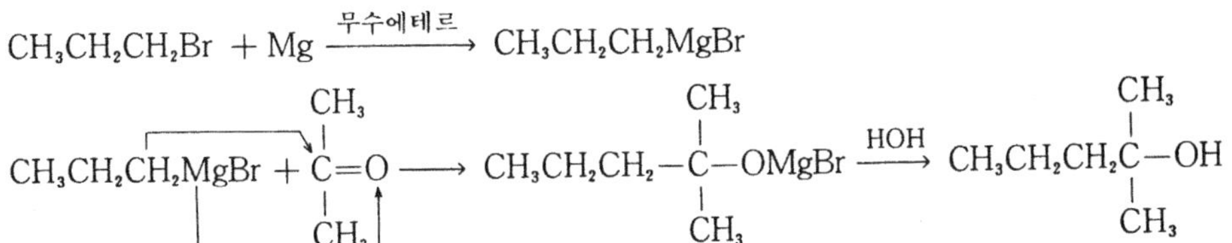

dimethyl *n*-propyl carbinol
(2-methyl -2- pentanol)

브롬화 *n*-프로필과 금속마그네슘을 무수에테르 중에서 반응시키면 *n*-프로필브롬화마그네슘(Grignard 시약)이 생성되며, 이 시약에 아세톤을 작용시킨 후 가수분해하면 디메틸 *n*-프로필카르비놀이 생성된다. 이 반응은 Grignard 시약과 케톤의 반응으로 3차 알코올이 생성되는 Grignard 반응의 한 예이다.

이 실험에서 사용하는 일체의 약품과 기구는 일반 **Grignard** 반응에서와 마찬가지로 철저히 건조시킨 것을 사용해야 한다.

【실 험】

【1】 *n*-propyl magnesium bromide (Grignard reagent)

건조한 둥근바닥 플라스크에 환류냉각기를 닫고, 이 냉각기의 상단에 다시 작은 분별깔때기를 코르크를 통해 연결하고 이 코르크마개에는 작은 구멍을 하나 뚫어 공기가 통하도록 한다.

반응 플라스크에 깨끗한 금속마그네슘 9 g을 가하고 작은 요오드 결정을 넣는다. 따로 잘 건조한 삼각플라스크에 순수하고 잘 건조된 브롬화 *n*-프로필 40 g을 칭량해 넣고 무수에테르 100 m*l* 를 가하여 용해한 후 이 용액의 일부분을 분별깔때기에 가하고 10~15 m*l* 를 마그네슘이 든 반응플라스크에 滴下시킨다. 반응이 잘 진행되어 몇 분내에 에테르가 맹렬히 끓게 되면 즉시 무수에테르 25 m*l* 를 냉각기의 상단에서 직접 가한다(격렬한 반응을 피하기 위한 것임). 이때 반응이 신속히 일어나지 않으면 약간 따뜻한 물중탕 속에서 플라스크를 가온할 것이며, 반응이 갑자기 시작되면 얼음중탕에서 냉각시키면서 순수한 무수에테르를 추가하여 격렬한 반응을 피하고 완만한 속도로 반응을 진행시켜야 한다. 실험이 잘 진행되어 좋은 결과를 얻기 위해서는 나머지 브롬화 *n*-프로필의 에테르용액을 마그네슘에 가하기 전에 반응이 시작되는 것이 절대적으로 필요하다(주의 1).

처음에 맹렬히 일어나던 반응이 완만하게 되면 나머지 브롬화 *n*-프로필의 에테르 용액을, 외부에서 가열하지 않아도 에테르가 조용히 환류되는 정도로, 반응혼합물에 한 방울씩 떨어뜨린다. 플라스크를 자주 흔들고, 이 브롬화물의 용액을 전부 가한 후에는 물중탕 속에서 30분간 조용히 환류시킨다. 이때 가열은 작은 불꽃에서 서서히 행해야 하며, 에테르증기가 냉각기를 통해서 달아날 정도로 심하게 가열해서는 안 된다. 마그네슘이 전부 부서지고 흐린 용액이나 갈색의 용액이 될 때까지 가열을 계속한다. 마그네슘이 소량 남게 되면 반응은 완결된 것이다. 이때 전체 부피는 약 100～125 m*l* 정도가 되어야 하며 이 정도가 되지 못하면 무수에테르를 추가할 것이며, 반응용액을 방치하지 말고 즉시 다음 단계의 반응을 진행할 일이다.

【2】 Dimethyl *n*-propyl carbinol

Grignard 시약이 든 플라스크를 얼음중탕에서 냉각시킨다. 작은 건조 플라스크에 건조 아세톤(주의 2) 25 m*l*(20 g)와 무수에테르 40 m*l*를 가하여 혼합하고, 이 용액을 분별깔때기에 옮기고 냉각된 Grignard 시약 속에 몹시 서서히 滴加할 것이며, 또한 잘 혼합하고 플라스크를 흔들면서 충분히 냉각시켜야 한다. 반응이 진행되면 중간 첨가생성물이 생겨 백색침전이 석출하나 아세톤 용액을 가하고 흔들면 용해하곤 한다. 아세톤을 전부 적가하고 나서 얼음중탕을 제거하고 혼합물을 때때로 흔들면서 약 30분간 실온에서 방치한다.

반응혼합물을 교반하면서 10%-황산 20 m*l*와 얼음조각 100 g의 혼합물 속에 주의하면서 가한다. 반응 플라스크를 10%-황산 용액 소량과 에테르 소량으로 씻어내고 이 세척액을 주생성물과 합한다. 혼합물을 분별깔때기에 옮기고 두 층으로 분리시킨다. 하층의 수용액부분을 유출시켜 모으고 보통 에테르 50 m*l*씩을 사용하여 2회 추출하고 이 에테르추출액을 앞에서 분리한 에테르층과 합친다. 수용액부는 이제 버려도 좋다.

에테르층을 아황산수소나트륨의 진한 용액 2～3방울을 가한 25 m*l*의 물로 씻은 후(주의 3), 찬물 25 m*l*로 세척하고 주의해서 분리한다. 에테르 용액에 무수 황산마그네슘(또는 무수 탄산칼륨) 소량을 가하고 잘 흔든 후 하룻밤 방치하여 건조시킨 후 여과하고, 이 건조용액을 물중탕 중에서 분류하여 溶劑를 제거한다. 잔류물은 작은 증류 플라스크에 옮기고 약한 불로 석면그물 위에서 가열하여 다음 유분을 모은다. (a) 100°～120 °C, (b) 120°～125 °C(제품), (c) 125°～130 °C.

(b)가 목적제품의 溜分이다. (a)유분은 다시 건조시키고 재증류하여 120°～125 °C 유분을 얻게 되면 (b)유분의 제품에 합칠 것이며 (c)유분도 재증류하고 목적물이 유출되면 제품에 합친다. 수득량 12～20 g 정도.

참고 **Diphenyl *n*-propyl carbinol**: 무색액체, bp 123°～124 °C

100 °C 이하에서 끓는 유분에 대하여 0.5%-과망간산칼륨 용액이나(Baeyer's test), 2%-브롬-사염화탄소 용액으로 시험해 본다. 나타나는 불포화성은 생성물의 가열탈수로 생성된 올레핀 및 이들이 중합한 重合體를 나타낸다.

주의

① 이때 반응을 완만히 시작시키는 방법에 대하여는 2부 실험 23 주의 1을 참조할 것.

② 이 아세톤은 하룻밤 이상 무수 탄산칼륨이나 또는 무수 황산마그네슘으로 건조시킨 것이라야 한다.

③ 아황산수소나트륨 용액으로 씻는 이유는 반응 開始劑로서 가한 소량의 요오드를 제거하기 위함이다.

필요약품

n-propyl bromide	40 g
absolute ether	200 m*l*
common ether	100 m*l*
metal Mg	9 g
absolute acetone	25 m*l* (20 g)
10%-H_2SO_4 soln.	120 m*l*
conc $NaHSO_3$ soln.	2~3 적
0.5%-$KMnO_4$ soln.	소 량
I_2	미 량
anhydrous K_2CO_3 or $MgSO_4$	소 량
ice	250 g

필요기구

500 m*l* round bottomed flask	1
separatory funnel 大, 小	각 1
water bath	1
ice bath	1
Erlenmeyer flask	1
condenser	1
1 *l* beaker	1
300 m*l* beaker	1
fractionating column	1
distilling flask	1
thermometer, 250 °C	1
heater	1

25. 懸濁重合(suspension polymerization)에 의한 폴리스티렌의 제조

현탁중합은 眞珠重合(pearl polymerization)이라고도 하며 單量體(monomer)를 녹지 않는 용매 중에서 벌크중합과 같은 메카니즘으로 반응이 진행된다.

이 중합을 일으킬 수 있는 단량체는 물에 대한 용해도가 작고 끓는점이 높아야 한다. 공업적으로 사용하는 용매(分散媒)로서는 물이 보통이고, 물에 잘 녹지 않는 단량체와 개시제를 물속에 넣어서 격렬하게 저으면 개시제가 녹아들어간 단량체가 작은 油滴이 되어 분산되며, 그 유적 안에서 중합이 시작되고 중합이 진행되면 중합체의 작은 입자가 되어서 물속에 분산된다. 이때 중합체가 물에 녹을 때는 맑은 입자가 되고, 녹지 않을 때는 미분말로 된다.

개시제로는 단량체에 가용성인 과산화벤조일을 사용하거나 또는 수용성인 과산화염을 사용한다. 서스펜션중합은 벌크중합에서와 마찬가지로 중합속도가 빠르고, 또 粒狀(油滴狀) 단량체 속에서 진행되지만, 일부는 수용액부분에서도 반응이 일어난다. 이 반응은 보통 발열반응이지만 분산매가 존재하기 때문에 반응온도의 조절이 비교적 쉽다. 또한 순도가 높은 중합체를 얻을 수 있고, 분리조작 방법이 용이하기 때문에 공업적으로 많이 사용되는 중합방법이다.

현탁중합에서는 단량체의 중합이 보통 0.1~5 mm의 방울로서 분산시켜 교반하고 수용성 안정제(stabilizer)를 첨가하여 유적의 뭉침을 방지하고 현탁과 분산을 균일하게 하여 안정한 分散系를 유지시킨다. 안정제는 기계적으로 덩어리로 응결되는 것을 방지하기 위해서 사용하며, 불용성의 유기 및 무기물질 또는 相 사이의 경계면 장력을 증가시키는 전해질과 수용액 상의 점성도를 증가시키기 위한 수용성 고분자 등이 있다. 즉 젤라틴, 녹말, 메틸섬유소, 카르복시메틸섬유소 등의 천연고분자와 그 유도체, 폴리비닐알코올, 부분비누화 폴리비닐알코올, 폴리아크릴산염과 같은 합성고분자 물질, 황산바륨, 황산칼슘, 탄산칼슘 및 염화마그네슘 같은 불용성 무기염류, 탈크, 벤토나이트, 규조토와 같은 무기고분자 화합물과 금속 및 금속산화물의 분말 등이 있다.

이상의 여러 가지 안정제는 중합을 방해하거나 또는 제품에 부착되어 순도를 떨어뜨리므로 사용량에 주의해야 한다. 또한 분산된 粒狀단량체는 합치거나 분리되어 전체적으로 油滴狀으로 되어 있고, 중합이 진행됨에 따라 점착성이 증대한다. 교반이 심하면 오히려 膠着現象이 일어나므로 교반속도의 조절도 필요하다. 단일球狀의 제품을 얻는 것이 이상적이지만 장방형,

소세이지형, 표주박형 등의 이형물질이 생기는 경우도 있다. 반응이 완료되면 중합체를 세척하여 안정제를 제거한 후 건조한다. 이 중합방법이 딱딱한 유리상의 폴리스티렌, 폴리메타크릴산메틸, 폴리염화비닐, 폴리아크릴로니트릴 등의 비닐중합체를 만드는 공업적 제조에 이용된다. 생성되는 중합체의 입자 크기는 단량체의 종류, 교반상태, 온도, 안정제, 물의 양 등에 따라서 결정된다. 단량체와 물의 양의 비는 1 : 3～10 정도의 범위가 좋고, 안정제는 단량체의 1% 이하로 사용함이 좋다.

【실 험】

이 실험은 스티렌을 단량체로, 물을 분산매로 하고 과산화벤조일을 개시제로 사용하며 안정제로는 폴리비닐알코올을 사용하여 현탁중합에 의해서 폴리스티렌의 백색 분말을 얻는 실험이다.

스티렌 단량체에는 자연적인 중합을 방지하기 위해서 히드로퀴논이나 *t*-부틸피로카테콜같은 중합금지제가 소량 들어 있다. 중합반응을 시작하기 전에 이 방향족 중합금지제를 먼저 제거하기 위해서 10%-수산화나트륨 용액으로 단량체를 씻는다. 단량체와 거의 같은 양의 알칼리 용액을 함께 분별깔때기에 넣어서 흔든 다음에 밑층의 수용액상을 따뤄낸다. 이 과정은 단량체의 색이 맑아질 때까지 2～3번 반복한다. 다음에 물로 씻어 알칼리를 전부 제거하여 중성이 되게 한다. 염화칼슘이나 황산나트륨과 같은 건조제(100 g/*l*)를 단량체에 넣어 가끔 흔들어 주면서 약 30분 동안 건조한다(주의 1).

4구 둥근바닥 플라스크에 교반기, 온도계 및 적하깔대기를 장치하고 완전히 窒素氣流가 되게 한다. 이때 질소의 유속은 물속에 담가둔 유리관에서 1～2초에 한방울 정도의 질소가 나오도록 질소봄베를 조정해 둔다.

플라스크에 300 m*l* 의 증류수와 500 mg의 폴리비닐알코올을 넣어 50 °C 정도로 가열하여 녹인다. 다음에는 적하깔때기에 스티렌 단량체 50 m*l* 와 0.5 g의 과산화벤조일(BPO)을 넣어 플라스크에 장치한다(주의 2). 이 용액을 일정한 속도로 적가하면서 충분히 섞이도록 교반하고 전부 부가한 다음에는 90 °C에서 교반속도를 증가하여 반응시킨다(반응시간이 길수록 수율이 좋다)(주의 3). 반응이 끝나면 실온에서 방치하여 냉각하여 여과하고, 반응생성물을 메탄올로 충분히 씻어서 진공건조하여 백색분말의 중합체를 얻는다.

참고 현탁중합의 특징은 高重合度의 중합체를 용이하게 얻을 수 있으며, 또한 유화중합에서와 같이 분산제나 응고제 등을 사용하지 않기 때문에 비교적 순도가 높은 제품을 얻을 수 있다.

주의

① 단량체의 순도를 높이기 위해서는 안정제인 CuCl을 1 g/*l* 정도 넣고 40～43 °C에서 질소기류 속에서 20 torr 정도의 眞空蒸溜한다.

② 디비닐벤젠(DVB) 0.5 g 정도를 넣으면 3% 정도의 가교결합이 일어나게 된다. 폴리스티렌은 열가소성이지만 디비닐벤젠의 양을 늘려가면 가교가 많이 일어나 3차원구조에 이르게 된다.

③ 교반속도가 중합도와 제품의 형상에 미치는 영향이 크기 때문에 적절히 조정함에는 많은 경험이 필요하게 된다.

필요약품

styrene	50 ml
benzoyl peroxide	0.5 g
poly(vinyl alcohol)	0.5 g
10%-NaOH soln.	200 ml
$CaCl_2$	3 g
CuCl	0.1 g

필요기구

round bottomed flask	1
separatory funnel	1
dropping funnel	1
beaker	3
nitrogen bombe	1
vacuum drying oven	1
thermometer, 100°C	1
heater	1

26. 乳化重合(emulsion polymerization)에 의한 폴리스티렌의 제조

유화중합은 용매로 물을 사용하고, 수용성의 개시제를 사용하여 행하는 분산중합계에 비누나 세제같은 乳化劑를 첨가한 형태로 이루어진다.

보통 비누는 유지와 수산화나트륨의 반응으로 만들어지며 RCOONa와 같은 화학구조를 가진 고급지방산의 나트륨염으로 긴 사슬형의 親油性 분자의 한쪽 끝에 親水性基가 붙어 있다. 비누는 물속에서 친수성부분을 외측(물측)으로 해서 규칙적으로 줄지어 미셀(micelle)을 이루고, 물에 난용성인 단량체를 유화제가 들어있는 수용액 중에 넣으면 단량체분자는 미셀의 친유성부분 안에 들어간다. 이와 같이 해서 형성된 무수한 미세단량체 분자가 물속에 분산되어서 마치 물속에 녹은 것같이 보인다. 이런 현상을 可溶化(solubilization)되었다고 한다.

이 중합은 다른 중합방법과 비교하여 중합이 일어나는 장소에 따라 차이가 있다. 즉 입자내부에서의 重合(油相說), 입자표면에서의 중합(界面說) 및 분산매에 용해한 단량체가 분산매상에서의 중합(溶相說) 등이 있다.

반응초기에 있어서 중합반응은 유화제가 만든 미셀 속에서 일어난다. 중합반응이 진행됨에 따라 수용액상으로부터 단량체가 첨가되어, 미셀은 성장하게 되고 중합체 입자는 원래의 미셀보다 훨씬 커져서 수용액상으로부터 거의 모든 유화제를 흡수하게 된다. 따라서 활성화되지 않은 미셀이 없어지고 이미 생성된 입자 속에서 중합이 계속해서 일어나게 된다. 이 단계에서는 단량체의 방울은 불안정하여 만일 교반을 정지하면, 이것들은 중합체를 포함하지 않는 연속된 기름상 속으로 응집된다. 이 단량체 방울은 수용액상으로 확산되어 성장된 중합체 입자에 공급되는 단량체의 공급원 역할을 하게 된다. 단량체가 중합된 입자 속으로 소모되어 들어감에 따라 중합속도가 떨어지고 비누의 농도가 증가함에 따라 커진다.

유화제의 작용은 단량체의 가용화, 중합체입자의 분산, 제품의 안정화 등이 고려되므로 중합조건과 제품의 용도에 따라 유화제를 선택하게 된다. 스티렌, 부타디엔, 염화비닐 및 염화비닐렌 등과 같이 물에 녹지 않는 단량체에는 음이온계와 비이온계의 界面活性劑를 혼합해서 사용한다. 아크릴로니트릴, 초산비닐 및 아크릴산메틸 등과 같이 물에 가용성인 단량체는 미셀 바깥에서 중합이 일어나게 되므로 미셀을 만들지 않는 고분자 보호콜로이드(protection colloid)인 폴리비닐알코올, 폴리아크릴산염, 카르복시메틸섬유소 및 비이온계면활성제 등을 사용한다. 이것은 단량체유적의 표면을 둘러싸서 유적의 충동에 의한 합병을 막는 효과가 있다. 유화중합은 미셀 안에서 이루어진다는 특수조건으로 인하여 다른 중합보다 큰 분자량의 중합체가 얻어진다. 또한 중합속도가 빨라서 농도가 높은 에멀젼인데도 粘性이 낮은 용액상의 제품이 얻어진다는 잇점이 있다. 그러나 유화제나 응고제같은 부원료의 제거가 어려우며, 이것이 불순물이 되어서 제품의 열안정성, 투명성 및 전기적 성질 등에 좋지 못한 영향을 주는 결점도 있다.

開始劑를 첨가하면 반응속도는 커지나 重合度는 저하된다. 개시제는 보통 수용성인 것을 사용하나 가용성인 것을 같이 사용할 수도 있다. 수용성 개시제로는 과황산염, 과탄산염, 과산화수소 등이 효과적이다.

유화중합에서는 분산매를 전체량에 대하여 25～28%, 단량체는 50% 정도에 해당하는 양까지 가할 수 있고, 개시제는 단량체의 0.05～1% 정도로 가하게 된다.

【실 험】

10개의 삼각플라스크에 증류수 60 ml, 과황산칼륨($K_2S_2O_8$) 0.03 g, 인산수소나트륨(Na_2HPO_4) 0.03 g 및 스티렌 20 ml(주의 1)씩을 각각 넣은 다음 sodium lauryl sulfate($NaC_{12}H_{25}SO_4$) 0.06, 0.08, 0.12, 0.15, 0.20, 0.25, 0.30, 0.40, 0.50 및 0.60 g을 10개의 플라스크에 각각 넣는다. 다음에 액체내부로 기포가 나오도록 질소를 불어넣어서 단량체를 분산시키면서 공기를 제거하고 마개로 병을 빨리 닫는다. 알루미늄 포일로 덮은 다음에 병마개를 하면 더 좋으며 병마다 라벨을 붙인다. 이 병들을 70°C로 유지된 흔들림水槽(shaker bath)에 넣고, 5 Hz 이상의 흔들림으로 흔들어 준다.

중합반응을 1시간 정도 시킨 후에 수조에서 플라스크를 꺼내서 일시에 뚜껑을 열고, 100ml의 증류수에 2.5 g의 $Al_2(SO_4)_3$를 녹인 용액 10 ml씩을 가한다. 이 용액은 凝固劑로 사용된다. 응고된 重合體를 비커에 옮기고 메탄올로 2회 씻은 다음에 증류수로 2회 씻는다. 이때 너무 심하게 교반하면 응고된 중합체가 다시 乳化된다. 80°C에서 진공건조시켜 恒量(constant weight)이 되게 한다. 무게를 달아서 收率을 계산한다. 사용한 sodium lauryl sulfate의 양과 수율의 대수값을 그래프로 그려 그 기울기로부터 반응의 차수를 구한다(이때 중합속도는 중합반응이 일어나는 동안은 같다고 가정할 때 속도는 수율에 비례하게 된다).

참고 각종 중합방법의 특징을 비교하면 다음과 같다.

1) 벌크중합 重合體의 순도는 높다. 반응온도의 조절이 어렵고 교반에 곤란성이 있으며 分子量分布의 폭이 크다. 중합속도를 크게 하면 분자량이 저하하고, 보통 덩어리모양의 중합체가 얻어지기 때문에 취급이 곤란하다. 주형성형이 가능하고, 중합체가 단량체에 녹지 않을 경우는 粉狀의 것을 만들 수 있다.

2) 용액중합 용매가 傳熱媒體가 되어 반응온도의 조절이 용이하나 連鎖移動으로 重合度는 커지지 않는다. 분자량분포가 좁고 분자량이 낮다. 용매회수, 단량체의 분리, 固化, 粒狀化, 건조 등의 조작이 따라야 하며, 특히 반응 후 용매제거가 곤란하여 용도가 좁다.

3) 현탁중합 반응온도의 조절이 쉽고, 高純度의 중합체가 직접 粒狀으로 얻어지며, 수세, 건조가 용이하다. 안정제 등 불순물이 혼입할 우려가 있다. 成形用에 최적이고, 發泡性 폴리머의 제조가 가능하다. 미반응의 단량체가 벌크중합보다 적고, 교반과 온도의 조절로 반응속

도를 변화시킬 수 있어 공업적으로 널리 이용된다.

4) 유화중합 반응온도의 조절이 쉽고 중합체가 크며 다른 방법으로 불가능한 共重合體를 얻을 수 있다. 중합속도와 분자량을 동시에 증대시킬 수 있다. 乳化劑 등의 불순물의 제거가 곤란하나 미반응의 단량체의 제거는 용이하다. 열 및 전기적 안정성은 불량이고, 특수한 건조법으로서 粉狀의 것을 얻을 수 있다. 또 염석 등으로 덩어리모양의 것도 얻을 수 있다. 유화제의 선택에 따라 반응속도를 높일 수 있다. 공업적으로 널리 이용되고 있다.

주의

① 스티렌 단량체의 정제는 앞 실험의 현탁중합의 실험을 참조.

필요약품

styrene	200 ml
potassium persulfate	0.3 g
sodium hydrogen phosphate	0.3 g
sodium lauryl sulfate	3 g
aluminum sulfate	2.5 g
methanol	100 ml

필요기구

shaker bath	1
Erlenmeyer flask	10
nitrogen bombe	1
beaker	2
magnetic stirrer	1
vacuum drying oven	1

27. 페놀-포름알데히드 樹脂

(phenol-formaldehyde resin)

페놀과 포름알데히드를 附加縮合시켜 얻는 합성수지는 **Bakelite** 란 상품명으로 불리운다. 이 수지는 합성수지 중에서 역사가 가장 오래된 것으로 淡黃色 내지 갈색을 띠며, 不溶 不融性의 플라스틱제품을 생성한다(熱硬化性 樹脂： thermosetting resin). 전기절연성이 좋기 때문에 전기절연용 재료로서 널리 사용되어 왔으며, 또한 耐油性, 耐酸性이 좋고, 강도가 큰 것을 만들 수 있다. 착색되어 있기 때문에 밝은 색의 제품을 만들 수 없고, 주로 검은색 또는 갈색계통의 제품이 만들어지고 있다. 이 점으로 인해서 밝은 색을 필요로 하는 가정용품으로서는 용도가 제한되어 있다. 알칼리에 약한 것도 한 결점이지만, 값이 적당하고 정밀한 성형이나 가공이 용이하기 때문에 공업적으로 널리 쓰이나, 역시 전기재료가 용도의 주체이다.

페놀과 포르말린과의 반응은 페놀의 -OH 기에 대하여 오르토 또는 파라위치에서 부가가 일어나고, 다음으로 이들이 脫水縮合되어 고분자화합물을 생성한다.

(1) **附加**(addition)

히드록시메틸화 반응(hydroxymethylation)이 일어난다.

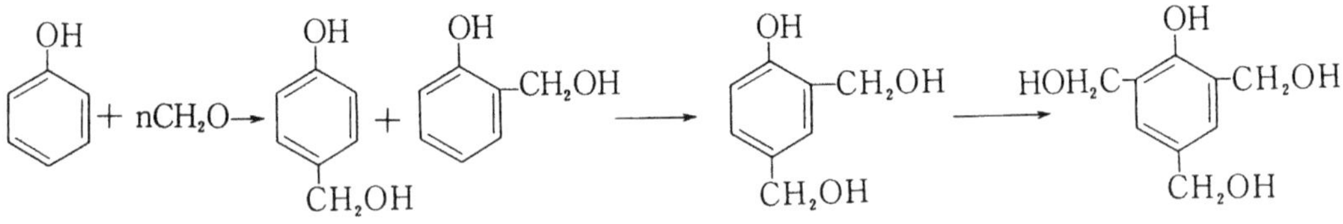

(2) **縮合**(condensation)

① 메틸렌결합의 생성(탈수반응)

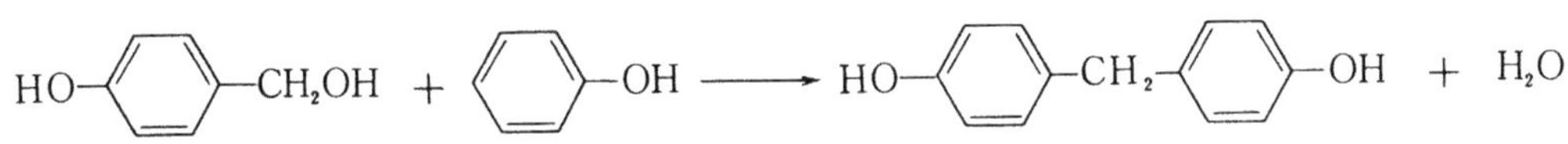

② 에테르결합(탈수반응) ⟶ 탈 포르말린

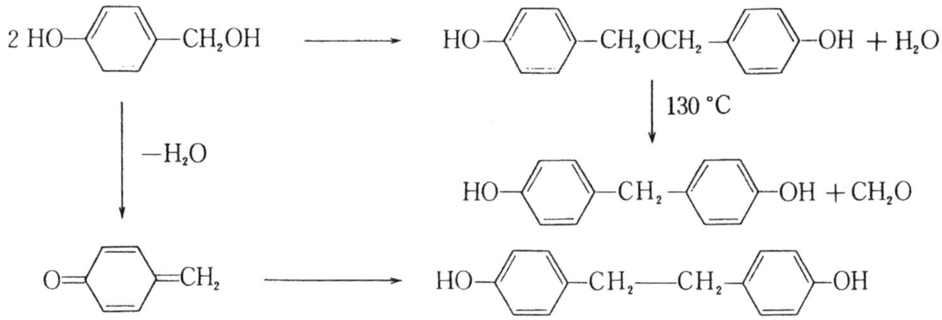

페놀-포름알데히드 수지는 페놀과 포르말린을 혼합하고 가열하면 생성되나, 이대로는 반응이 너무 느리기 때문에 보통 산이나 알칼리를 촉매로 소량 첨가한다. 그러나 사용한 촉매의 종류에 따라 생성되는 수지의 성질은 달라진다.

예로서 산을 촉매로 사용하는 경우는 생성한 수지가 주로 鎖狀構造를 가지며 알코올, 아세톤 등에 용해하며, 열경화성을 갖지 않는 **Novolac**(또는 Novolak)이 된다. 이 Novolac은 메틸렌기($-CH_2-$)가 페놀核을 연결시킨 多核體로서 헥사메틸렌테트라민(urotropin, 약해서 hexa로 불리움) 같은 물질을 가하고 가열하면 NH_3를 방출하면서 硬化되어 불용성인 수지가 된다. 이때 메틸렌기는 페놀의 $-OH$기에 대해서 오르토나 파라위치에서 결합하기 때문에 다핵체로서는 여러 가지 異性質體가 생성되지만 오르토위치에 결합한 메틸렌 다리(methylene bridge)를 많이 함유할수록, 다시 말해 비어 있는 파라위가 많을수록 알칼리에 의한 경화속도가 빠르다.

촉매로서 알칼리를 사용하면 페놀핵에 메틸롤기(methylol, $-CH_2OH$)가 첨가된 페놀알코올을 주성분으로 하는 소위 **Resole**이 생성된다. 이 메틸롤기는 반응성이 크기 때문에 다시 반응이 진행되어 불용 불융성의 수지로 된다. 이때 반응은 resole의 축합으로 **Resite**가 되며 3차원적인 입체구조를 갖게 된다.

다음에서 이 두 형의 수지를 제조하는 방법을 기술한다.

【1】 Novolc형 Bakelite

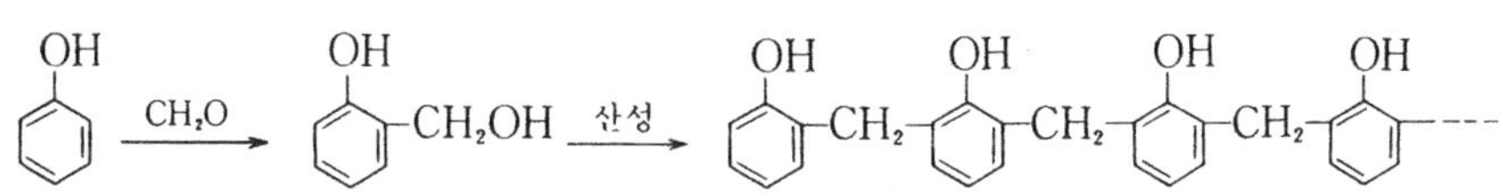

또는

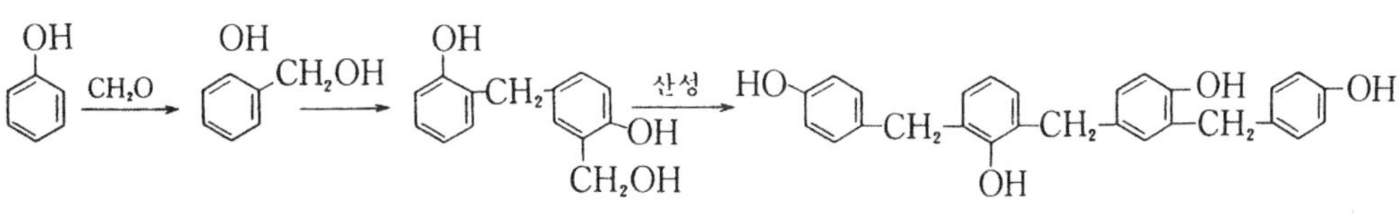

페놀과 포르말린의 몰비는 일반적으로 1 : 1 이하(통상 0.7~0.9)가 사용되며, 촉매로는 약한 유기산이나 묽은 무기산을 사용하는 것이 보통이다.

【실 험】

1) 초기축합물　페놀 20 g과 포르말린(36 %) 20 g을 둥근바닥 플라스크에 취하고 여기에 1/2N-염산 5 ml를 가한 후 환류냉각기를 달고 물중탕 중에서 90°~95°C로 가열한다. 때때로 플라스크를 잘 흔들면서 가열을 계속하면 1~2시간 동안에 내용물은 乳白色이 된다. 반응혼합물을 분별깔때기에 옮겨 몇 시간 동안 방치하면 두 층으로 나뉘어진다. 하층의 油狀物質을 분리하여 취한다.

2) 硬化　위에서 얻은 유상물질을 자제 증발접시에 옮기고 잘 교반하면서 직화로 서서히 가열하여 수분을 증발시킨다. 온도가 180°C 정도에 이르면 반응물질은 다시 축합하여 황갈색이 된다. 이를 냉각하면 경화수지를 얻는다.

참고 **Novolac형 Bakelite**： mp 80°~90°C, 알코올, 아세톤에 가용성, 塗料, 접착제, 유용성 페놀수지 등의 원료로 중요.

(1) 공업적 제품

1) 보통품

원료배합		
	phenol(90 % 수용액)	650 부
	formalin(30 %)	585 부
	oxalic acid	3.3 부
	hydrochloric acid(15 %)	15~20 부

페놀, 포르말린 및 옥살산(蓚酸)의 혼합액을 1시간 동안 끓인 후 다시 염산을 가하고 35분간 가열한다. 일단 냉각시킨 후 상층의 수용액을 사이폰으로 제거하고 다시 115°~120°C에서 가열하여 탈수농축시킨다. 더운 때 적당한 용기로 유출시키면 상온에서 단단하고 잘 부서지는 담황색의 Novolac을 얻게 된다.

이 Novolac을 분쇄하고 여기에 13~16 %의 헥사메틸렌테트라민을 혼합하고 대략 같은 양의 木粉, 소량의 마그네시아, 스테아린 및 착색제를 가해서 열 roller로 혼화한다. 동시에 반응을 適度까지 진행시킨다. 이것을 분쇄하고 체로 쳐서 成型粉을 얻는다.

2) 速硬化性 製品

원료배합		
	phenol	949 부
	formalin(37 %)	126.5 부
	아연화	3.2 부

이 배합물을 113°~115°C에서 끓이고, 중도에 포르말린 55부와 아연화 2.7부를 추가한 후 25시간 반응시킨다. 다음 160°C까지 온도를 올려 수분을 제거하고 감압하여 반응하지 않고 남아 있는 페놀을 제거하면, 녹는점 80°~90°C의 Novolac을 사용한 것보다 20~30 % 경화시간이 단축된다.

【2】 **Resite형 Bakelite**

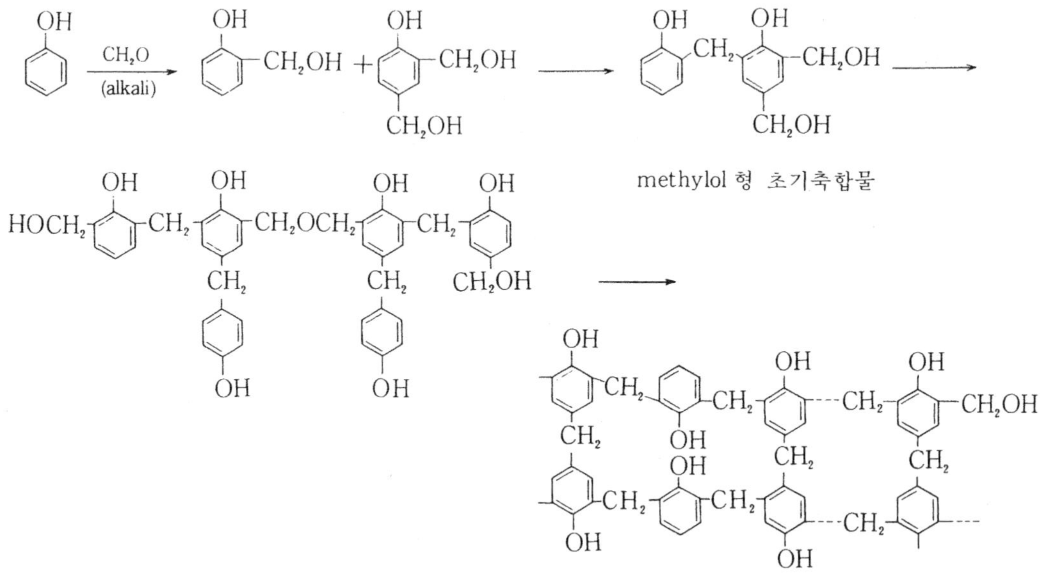

methylol 형 초기축합물

Resite (Bakelite C)

페놀 1 몰에 대하여 포르말린 1 몰 이상을 사용하는 것이 보통이며, 촉매로는 NaOH, NH_4OH 같은 알칼리촉매〔그 외에 $Ba(OH)_2$, $(C_2H_5)_4NOH$, $(C_2H_5)_3N$ 등〕를 단독으로 또는 병행하여 가열반응시켜 resole을 얻는다. 이 초기 축합물인 resole을 **Bakelite A** (A-stage resin) 라고 부르며, 이 resole은 알코올에 녹으며, 일부는 수용성인 액체이다. resole을 다시 가열탈수시켜 축합반응을 일으키면 不溶, 可融性인 粘度가 몹시 큰 **Bakelite B** (B-stage resin, resitol) 가 되었다가, 다시 축합반응이 진행되면 불용, 불용성의 3 차원 구조물인 **Bakelite C** (C-stage resin, resite) 로 된다.

【실 험】

1) **Resole** : 페놀 20 g과 포르말린 25 g을 둥근바닥 플라스크에 취하고, 25 %-수산화암모늄 용액 2 ml를 가한 후 환류냉각기를 달고 물중탕 속에서 서서히 가열하여 2~3 시간 동안 90°~98 °C로 유지한다. 이를 냉각시킨 후 방치하면 두 층으로 나누어진다. 하층의 엿같은 물질을 분리하여 취하고, 증발접시에 옮긴 후 직화로 서서히 가열하고 온도계로 교반하면서 온도를 120°~130 °C로 유지하고 130 °C 이상이 되지 않도록 하여 수분을 증발시키면 점성도가 액체를 얻게 된다.

2) **Resite** (Bakelite C) 위에서 얻은 粘性液을 다시 가열하여 온도를 130°~135 °C로 유지하면 급격히 반응이 진행되므로 이 온도가 되면 적당한 용기로 옮긴다. 이 온도에서 몇 시간 유지하면 不溶, 不融의 Bakelite C 가 된다.

참고 **Resite 형 Bakelite** : 적갈색으로 착색된 불투명체, sp. gr. 1.25~1.3, 내열성 (150°~180 °C), 전기절연성 양호, 산에는 잘 견디나 알칼리에는 약함.

(1) 공업적 제품

1) 보통품(compound)

원료배합
- phenol ························150부
- formalin(30%) ···············160부
- NH_4OH(비중 0.90) ········· 7.5부

이 혼합물을 45분 소요하여 끓는점까지 가열하고, 다시 50분간 가열한 후 減壓脫水한다. 30 mmHg에서 내용물이 75°~78°C에 달했을 때 외부를 물로 냉각시킨다. 수득량은 페놀에 대하여 120~140%이다. 이렇게 얻은 resole 즉 Bakelite A를 그대로 유기용매(예; 메탄올, 에탄올 등)에 녹이고 이것을 펄프분, 木粉, 석면 등에 흡수시켜 가열건조시켜 Bakelite B 상태로 만들고 분쇄하여 페놀수지의 **Compound**로 이용하고 있다. 이 compound를 다시 성형 가열하면 일단 용융되었다가 곧 Bakelite C 상태로 경화하게 되어 제품이 된다.

2) 注型用 **Resole**의 제조

원료배합
- phenol ···················100부
- formalin(30%) ········· 250부
- NaOH ······················ 4부

이 혼합물을 65°C로 약 3시간 동안 유지하고, 즉시 감압탈수한 후, 중도에서 락트산(乳酸) 12.5부를 가해서 중화하고, 다시 탈수농축시킨다. 樹脂收量이 페놀에 대해서 170~180% 되었을 때 탈수를 중지하고, 필요에 따라 착색제를 가하고, 적당한 형에 주입시켜, 80°~100°C로 유지시킨 가열로에 넣어 2일~1주일 동안 방치하여 경화시킨다. 이때 적당한 酸性硬化劑(예; *p*-톨루엔술폰산, 50% 수용액을 사용)를 가하여 수십분~수시간 동안에 상온에서 겔화하는 注型樹脂도 있다. 완전경화 시키기 위해서는 겔화한 후 80°C부근에서 수시간~10시간 유지해야 한다.

필요약품

phenol	40 g
formalin	45 g
N/2-HCl	5 m*l*
25%-NH_4OH	2 m*l*

필요기구

round bottomed flask	2
condenser(reflux)	1
water bath	1
separatory funnel	1
evaporating dish	2
thermometer, 250°C	1
beaker	2
heater	1

28. 尿素-포름알데히드 樹脂
(urea-formaldehyde resin)

요소와 포름알데히드를 附加縮合하여 얻는 합성수지로서 **熱硬化性 樹脂**(thermosetting resin)의 일종이다. 원료의 값이 싸고 무색투명한 수지를 얻을 수 있으므로 착색이 자유로이 되는 잇점 때문에 일상용품의 제조에 널리 쓰인다. 예를 들면, 식기, 단추, 잡화일용품 및 섬유가공 등에 이용되나 내산성, 내알칼리성, 내수성 및 내노화성 등이 좋지 않은 것이 결점이다. 따라서 이들의 결점을 보완하기 위해서 알코올(예; 부탄올)을 같이 작용시켜 에테르화 尿素수지를 얻거나, 알키드수지 또는 멜라민등과의 共縮合수지 등을 만들어 보강하고 있다.

尿素-포름알데히드 수지가 생성되는 반응메카니즘은 몹시 복잡하나, 대략적으로 요소와 포르말린의 부가반응, 다음으로 축합반응, 마지막으로 경화반응으로 나누어 생각할 수 있다.

【1】 부가반응

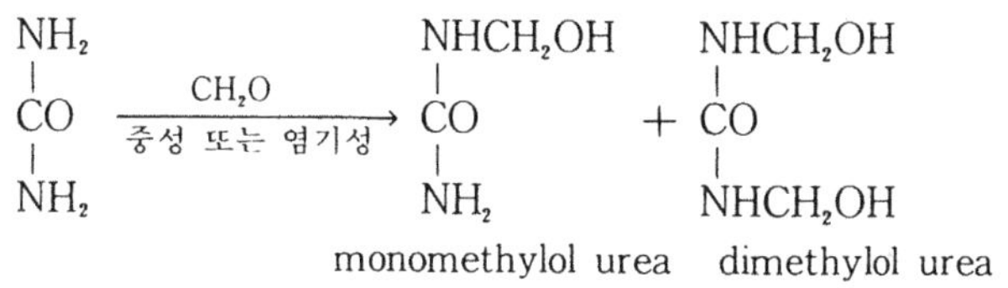

【2】 축합반응

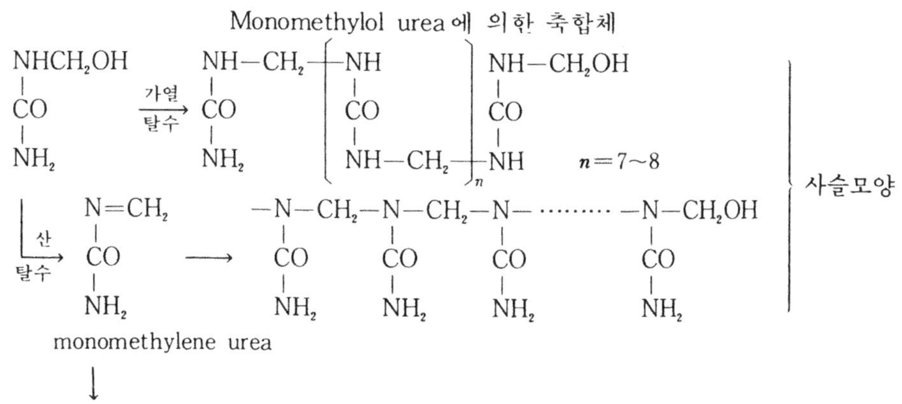

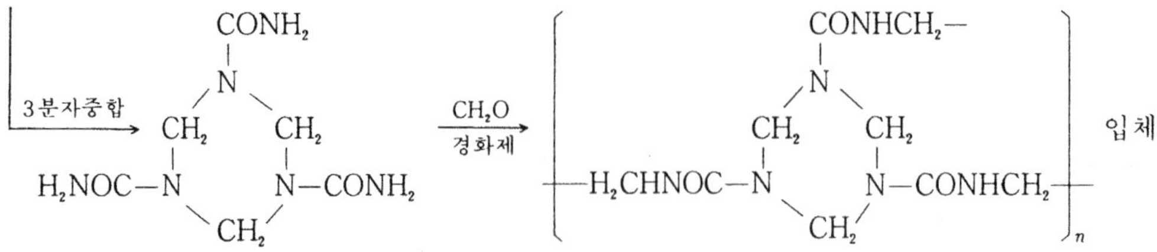

Dimethylol urea에 의한 縮合體

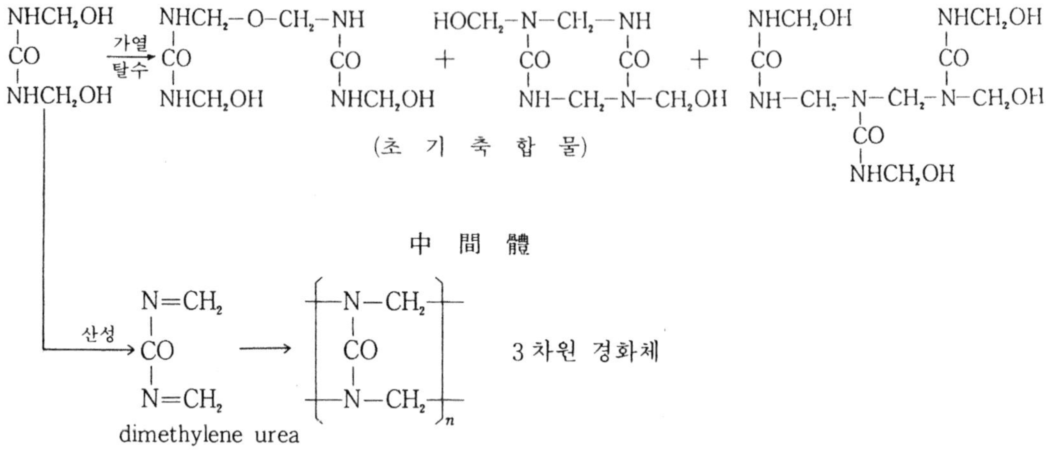

위에서 생성된 부가생성물은 산성 또는 가열에 의해서 탈수 또는 탈포르말린 반응을 일으켜 다음과 같은 여러 가지 초기축합물 또는 수지를 생성한다. 이때 포르말린의 양에 따라 즉 모노메틸롤尿素와 디메틸롤요소의 비에 따라 축합체가 달라진다.

【3】 경화반응

위의 중간체가 다시 가열되므로 인해서 탈수, 脫포르말린 반응을 일으켜 경화가 완료된다.

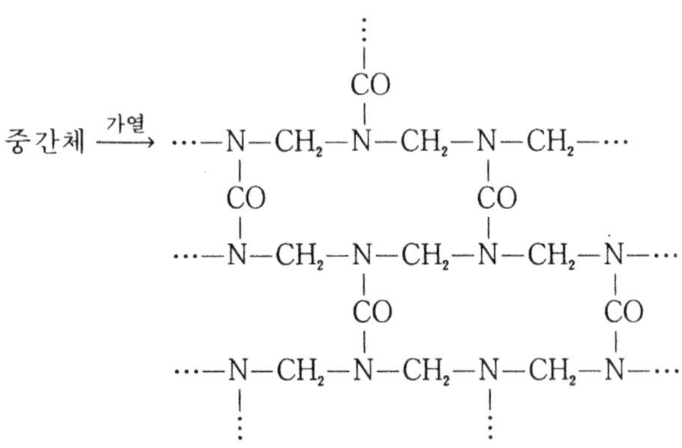

硬化完成品

【실 험】

(1) 투명수지의 제조

50 m*l* 요소 수용액 60 m*l* 및 포르말린(36%) 100 m*l*를 둥근바닥 플라스크에 취하고, 5N-수산화암모늄 5 m*l*를 가한 후 환류냉각기를 달고 90~95°C에서 가열하면 물엿모양의 粘性液이 된다. 다시 100°~150°C로 가열하고 농축시킨 후 환류냉각기를 제거하고, 사기 증발접시에 옮겨 건조기에 넣어서 위의 온도로 몇 시간 동안 유지한 후 냉각시키면 유리모양의 무색투명한 수지가 된다.

참고 尿素樹脂接着劑는 요소 1몰에 대하여 포름알데히드 1.5~2.5몰을 작용시키고 알칼리 또는 산촉매 존재하에서 65°~75°C에서 가온하여 축합시키면 점성 있는 수용성수지를 얻는다. 이 수지는 모노메틸롤요소 및 디메틸롤요소가 주성분이며 이들을 산촉매 존재하에서 각각 모노메틸렌요소 및 디메틸렌요소로 변한다.

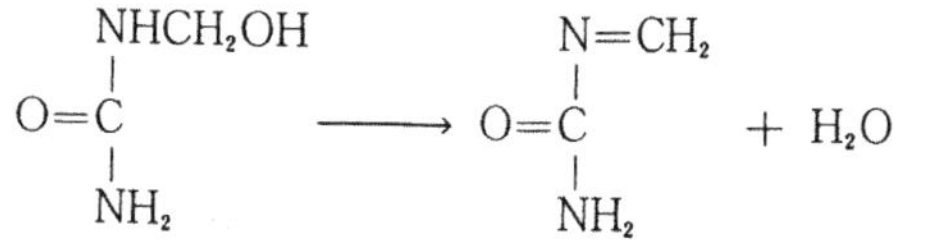

monomethylol urea　　monomethylene urea

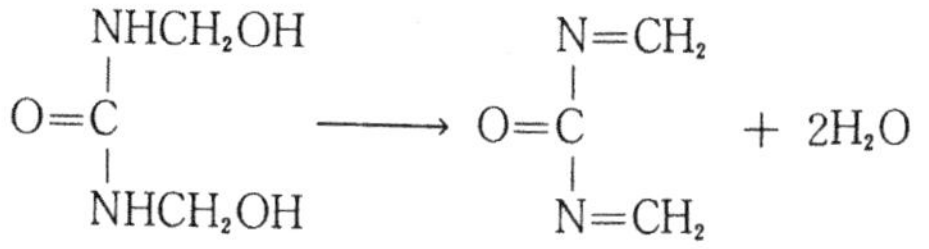

dimethylol urea　　dimethylene urea

이 디메틸롤요소는 4작용성 구조를 하며, 열경화성 구조로서, 앞에서 기술한 바와 같이 복잡한 최종 축합물까지 이르게 된다.

따라서 요소수지 접착제는 이 메틸롤기를 가진 수용성 상태의 것이며, 사용시에는 산촉매를 가한다. 다음에 몇 가지 제법을 설명한다.

(2) 요소수지 접착제의 제법

1) 純尿素樹脂　포르말린(36%) 110 g에 28%-수산화암모늄을 가해서 pH 5.6~6.0으로 조절하고 여기에 요소 28 g을 가한 후 환류냉각기를 단 둥근바닥 플라스크 내에서, 처음에는 30분을 요해서 45°C까지 가온하고, 45°C가 되면 이 온도에서 30분간 가온한다. 다시 15분 동안에 65°C까지 온도를 올리고, 65°C가 되면 이 온도에서 15분간 가온한다. 또 다시 10분을 요해서 75°C까지 온도를 상승시키고, 이 온도에서 30분 동안 가온한다. 이것을 진공탈수하여 비중 1.25/30°C까지 농축시킨 후 최후에 pH를 6.5 전후로 조절하여 제품으로 사용한다.

2) Phenol 변성 접착제　36%-포르말린 450 g에 20%-수산화암모늄 4 m*l* 정도를 가해서 pH를 5~5.3으로 조절한다. 여기에 요소 120 g과 페놀 30 g을 가해서 잘 흔들어 용해시킨 후 가열한다. 가열조작은 먼저 65°C에서 2시간 동안 행한 후, 10%-수산화나트륨 용액 2.5 m*l* 정도를 가하고, 이것을 증발접시에 옮겨 75°C에서 몇 시간 동안 유지하여 농축시켜 수득량 470 g 정도가 되면 중지한다. 여기에 다시 10%-수산화나트륨 용액을 가해서 pH 6.6~6.8로

조절하여 제품으로 사용한다. 이렇게 얻은 접착제는 純尿素수지로 만든 접착제보다 내수성이 향상된다.

3) PVA 변성 접착제 36%-포르말린 360 g에 5%-수산화나트륨 6 g을 가하고, 여기에 요소 100 g 및 10%-PVA 용액 50 g을 주의하여 가한다. 다음 pH를 7~10으로 조절한 후 80 °C에서 30분간 가열축합시킨 후 5%-식초산용액 17 g을 적하하여 pH를 5 부근으로 유지하면서 다시 70 °C에서 200분간 교반하면서 가열하고, 5%-수산화나트륨 용액 8 g을 가해서 중화한다. 다음에 50 °C에서 감압증발시켜 투명접착제 270 g을 얻는다.

이와 같이 얻은 접착제는 純尿素製品보다 내노화성이 향상된다.

위와 같은 축합반응에 있어서 요소와 포름알데히드의 몰비가 1 : 1.5에 가까와짐에 따라 냄새도 적고, 점성도가 커서 접착력이 향상되지만, 제조조작이 어렵고 저장시간이 짧아진다. pH는 알칼리성이 되도록 점성도가 낮고 저장시간이 길어지며, 제조가 용이하게 되나 접착성은 보다 적어진다. 좋은 제품은 축합반응이 균일하게 진행되고 축합도의 분포가 좁은 것이라야 한다.

4) 경화제 위와 같이 제조한 粘性液을 상온에서 硬化시키기 위해서는 보통 약산을 촉매로 사용한다. 일반적으로 염화암모늄, 인산암모늄, 식초산암모늄 등을 사용한다. 이들의 10~15% 수용액을 수지수용액의 5~10% 정도로 가한다. 소량의 암모니아, 메탄올 또는 요소를 넣어 표준액으로 시판되고 있다. 겨울에는 반응이 느리기 때문에 酸度를 다소 강하게 할 필요가 있으며 aniline hydrochloride, HCl, $(NH_4)_2SO_4$ 등을 가한다. 일반적으로 내노화성을 향상시키기 위해서는 염화알루미늄, 염화제이철, 염화아연 등을 가한다.

필요약품

50% urea soln.	60 m*l*
36%-formalin	100 m*l*
5*N*-NH_4OH	5 m*l*

필요기구

round bottomed flask	1
condenser (reflux)	1
evaporating dish	1
thermometer, 200 °C	1
heater	1

29. 멜라민-포름알데히드 樹脂
(melamine-formaldehyde resin)

멜라민과 포름알데히드를 부가축합시켜 얻는 멜라민-포름알데히드 수지는 熱硬化性 樹脂의 일종이며 尿素-포름알데히드 수지와 유사하다. 축합반응도 요소수지와 비슷하며, 요소수지처럼 무색투명하여 자유로히 아름다운 색채로 착색할 수 있는 장점을 가지며, 또한 요소수지의 결점이었던 내수성, 내열성의 면에 있어서도 우수한 성능을 가지며, 表面硬度가 높은 수지를 얻을 수 있는 점 등으로 용도가 넓고 실용화되어 있으나 요소수지보다는 값이 비싸다.

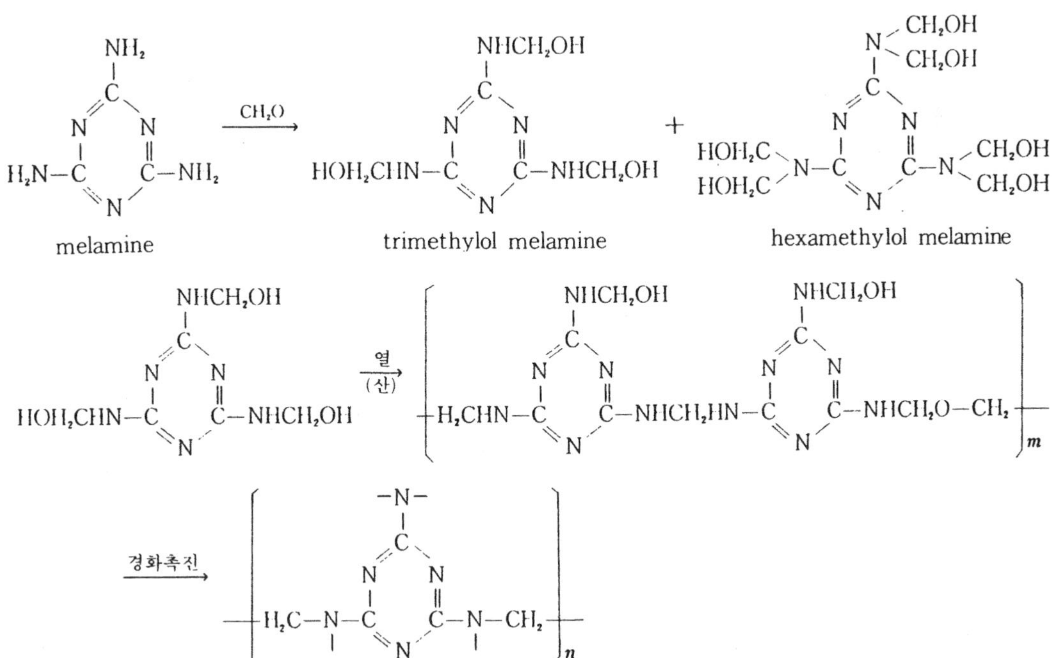

3 차원구조

이 수지의 주요용도를 살펴보면, 접착제, 종이가공, 섬유가공, 도료, 알키드수지와 병용해서 金屬燒付塗料, 식기, 일상용품 및 전기부품 등을 비롯해서 積層化粧板으로서 가구, 실내장식 등에 현저한 진출을 보이고 있다. 착색이 자유로운 점으로 장식효과를 발휘함과 동시에 내수 및 내열성이 우수하여 내구력을 요하는 방면의 용도에 이용되고 있다.

멜라민-포름알데히드 수지의 생성반응은 다음과 같은 부가반응과 축합반응으로 생각할 수 있다.

1) 부가반응 멜라민의 아미노기($-NH_2$)에 CH_2O 가 첨가되어 메틸롤멜라민류를 생성한다.

2) 축합반응 메틸롤멜라민류가 가열에 의해서 탈수 및 탈포르말린 반응을 일으켜 에테르형 결합 및 메틸렌결합을 생성하여 3차원적 구조물이 된다.

【실 험】

(1) 멜라민 50 g과 포르말린(35 %) 126 g, 물 24 g을 둥근바닥 플라스크에 가하고 100°C에서 30분간 가열한 후 냉각시키고, 글리세린 50 g을 가하고 감압농축시켜 수분을 제거한다. 다음 틀에 넣어 80°～90 °C 에서 20시간 건조시키면 유백색의 반투명수지를 얻는다.

(2) 멜라민 12.6 g, 포르말린(39 %) 90 g, 식초산나트륨(CH_3COONa) 0.5 g을 둥근바닥 플라스크에 취하고 가열하여 멜라민이 완전히 용해했을 때 환류냉각기를 달고 20분간 끓인다. 다음 감압농축시켜 수분을 제거하고, 나머지에 페놀 5 g과 염화암모늄 0.5 g을 가한 후 틀에 넣어 24시간 가열하면 硬化된다.

참고 위에서 기술한 제법 외에 멜라민수지의 일반제법을 보면 다음과 같다.

멜라민 1몰에 포름알데히드 3.3몰을 작용시키고, 탄산나트륨용액 또는 암모니아수를 사용하여 약알칼리성으로 하여 80 °C 정도에서 반응시키는 것이다. 처음에는 완전히 수용액이든 것이 차차 粘性液으로 변해간다. 적당한 때 반응을 중지시켜 성형재료나 적층판을 만들면 된다.

1) 성형재료 시럽狀의 반응생성물에 펄프, 석면같은 물질을 혼합한 후 건조시켜 분쇄한 후 미립자로 만들고 여기에 다시 착색제, 離型劑 등을 가한다. 산성촉매를 경화촉매로 가하는 것은 요소수지의 성형분말을 제조하는 경우와 마찬가지이다. 특히 충격에 강한 재료를 만들기 위해서는 布片이나 유리섬유를 가하여 보강한다. 다음에 變性 멜라민수지와 접착제의 제조에 관하여 간단히 기술한다.

2) 변성 멜라민수지 40 %-포르말린 630 ml 와 멜라민 126 g을 90 °C 에서 작용시키면 멜라민이 점차 용해하여 반응하게 된다. 이를 냉각시킨 후 같은 부피의 메탄올을 가해서 헥사메틸롤멜라민을 침전시키든지 또는 감압농축하여 부탄올 600 ml 와 염산 12 ml 를 가하든지 한 다음 가열용해하여 반응시킨 후 탄산수소나트륨으로 중화하고, 필요하면 여과한 후 여액을 감압농축시킨다. 이렇게 얻은 액에 산성물질을 소량 가해서 가열하면 樹脂化가 진행된다.

3) 멜라민수지 접착제 멜라민 1몰에 대하여 포름알데히드 5～6몰을 작용시키고 중성 또는 약알칼리성에서 반응시키는데, 이때 pH의 조절을 수산화나트륨으로 행하는 것보다 탄산나트륨으로 행함이 좋다. 적당한 混和度까지 반응시키고 감압탈수하여 생성되는 점성액을 제품으로 사용하나, 고가를 요하고 또한 보존성이 짧기 때문에 이들의 결점을 제거하는 방법으로서 요소수지와 공축합시키든지 요소수지와 혼합하여 사용하기도 한다.

• 필요약품 •

melamine	62.6 g	sodium acetate	0.5 g
35 %-formalin	126 g	phenol	5 g
39 %-formalin	90 g	ammonium chloride	0.5 g
glycerin	50 g		

—— 필요기구 ——

round bottomed flask	1	vacuum distillation apparatus	1
condenser	1	heater	1
thermometer, 100 °C	1		

30. 알키드樹脂 (alkyd resin)

알키드樹脂란 주로 塗料로 많이 사용되는 폴리에스테르수지의 한 종류이다. 분자 내에 히드록시기(—OH)를 2개 이상 가진 多價알코올과 카르복시기(—COOH)를 2개 이상 가진 多塩基酸 간의 축합으로 생성되는 수지이다.

多價알코올로는 글리세린, 에틸렌글리콜, 펜타에리트리톨, 소르비톨 등이 사용되며, 다염기산으로는 무수프탈산, 무수말레산 및 아디프산 등이 사용된다.

純알키드수지는 결점이 많고 그다지 사용되지 않으며, 이 수지를 변성한 變性 알키드수지가 널리 이용되고 있는 장점도 많다. 도료용 알키드수지의 대부분을 차지하고 있는 것은 油脂變性 알키드수지이다. 이 유지변성 알키드수지는 변성한 유지의 종류 및 油長(수지의 중량에 대한 기름의 %)에 따라 용도가 다르다. 乾性油로 변성한 알키드수지는 공기 중의 산소에 의해서 경화건조되는 성질을 가지며 코발트 등의 건조제(아세트산코발트, 나프텐산코발트 등)를 첨가하여 공기건조 도료로서 사용되고 있다. 松脂(rosin)로 변성한 알키드수지는 경도, 속건성, 초기 광택 등이 우수하여 주로 값이 싼 장난감 등의 도료에 많이 이용된다. 이 계통의 가장 중요한 것으로는 **hard resin**이라 불리는 것으로, 구조적으로는 松脂를 글리세린이나 펜타에리트리톨과 같은 알코올로 에스테르화한 ester gum을 무수말레산이나 페놀수지로 변성한 것으로서 통상 말레산수지, 변성 페놀수지로 불리운다.

合成樹脂 變性 알키드수지 중 가장 중요한 것은 스티렌화알키드나 페놀성 알키드이다.

알키드수지의 생성반응은 다음과 같다.

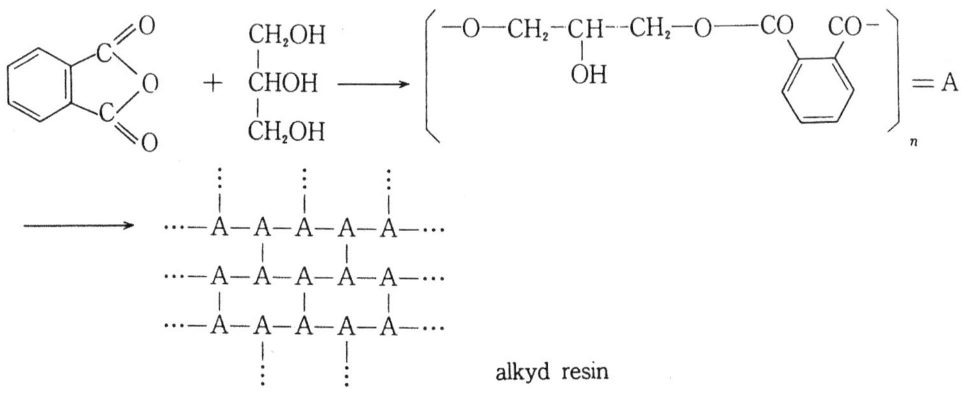

【실 험】

글리세린 184 g(2 몰)과 무수프탈산 44 g(3 몰)을 혼합하여 플라스크 중에서 서서히 가열한다. 처음은 130 °C 부근에서 융해하기 시작하여 140 °C에 이르면 전부가 투명한 액이 된다. 이때 반응이 진행됨에 따라 물이 생성하게 된다. 200 °C 가까이에서 과잉의 무수프탈산이 승화하기 시작한다. 가열을 더 계속하여 220 °C로 온도를 올려 이 온도에서 약 1시간 유지하면 글리프탈수지 A 상태가 된다. 단단하고 잘 부스러지는 투명수지로서, 녹는점이 120 °C 전후이며 아세톤 등의 유기용매에 가용성이다. 이것을 다시 230 °C 이상으로 가열하면 겔화하여 아세톤에 불용이며 불융성인 B 상태가 된다. 내수성이 좋지 않다. 다시 180°～250 °C에서 5～10시간 가열을 계속하면 C 상태에 이르게 되고 내수성을 가진 경질수지가 된다.

참고 이와 같이 얻은 알키드수지는, 이미 기술한 바와 같이, 여러 가지 결점을 가지기 때문에 변성한 수지를 도료, 접착제 등으로 많이 이용된다. 다음에 유지 및 松脂變性 수지의 제조법을 기술한다.

1) 유지변성 수지 무수프탈산 44 g, 글리세린 30 g, 올레산 34 g을 증류플라스크에 가하고, 처음에는 상압에서 200 °C 전후의 온도에서 1～2시간 반응시킨 후, 약간 감압하여 수분과 미반응의 무수프탈산을 제거한다. 1시간 후에 온도를 230 °C로 올려 반응을 완결시킨다. 내용물은 냉각되기 전에 유출시킨다. 아세톤, 알코올 및 기타 유기용매에 가용이며 도료로 사용된다.

2) 송지변성 수지 무수프탈산 50 g, 글리세린 33 g, 송지 75 g을 혼합하여 250 °C 정도에서 잘 교반하여 가열하면 투명한 액체가 되고 酸價는 68 정도가 된다. 다시 글리세린 10 g을 가해서 290 °C까지 가열하고 냉각되기 전에 유출시킨다.

* 다음에 알키드수지의 처방을 계산하는 방법을 참고로 기술한다.

계산에 기초가 되는 반응

1. 무수프탈산과 글리세린의 반응

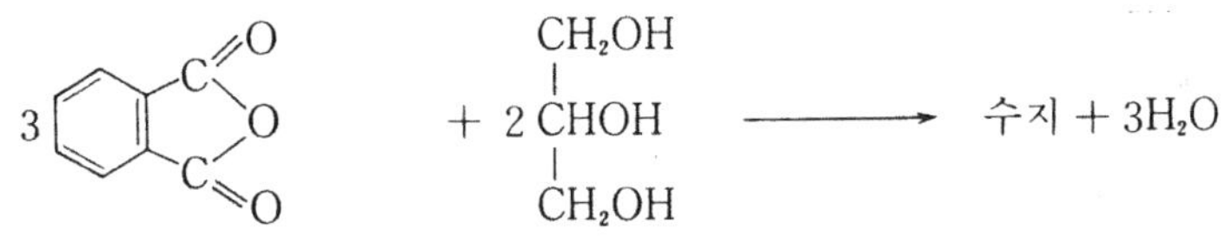

phthalic anhydride	glycerin	water
(3 mole)	(2 mole)	(3 mole)
(3×148=444)	(2×92=184)	(3×18=54)

2. 무수프탈산과 펜타에리트리톨의 반응

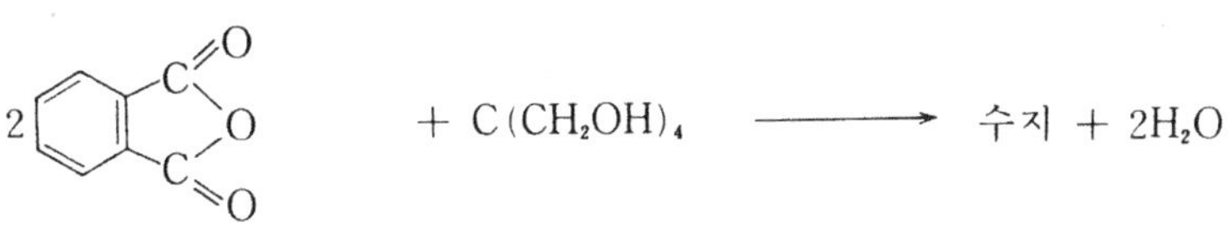

phthalic anhydride	pentaerythritol	water
(2 mole)	(1 mole)	(2 mole)
(2×148=296)	(1×136=136)	(2×18=36)

3. 지방산과 글리세린의 반응

$$\begin{array}{llll}
CH_2OH & & & \\
| & & & \\
CHOH & + \ 3C_{17}H_{31}COOH \longrightarrow & \text{triglyceride} & + \ 3H_2O \\
| & & & \\
CH_2OH & & & \\
\text{glycerin} & \text{fatty acid} & & \text{water} \\
(1\text{ mole}) & (3\text{ mole}) & & (3\text{ mole}) \\
(1\times 92=92) & (3\times 280=840) & & (3\times 18=54)
\end{array}$$

4. 유지와 글리세린의 반응

$$\begin{array}{llll}
H_2C-O-OCR & & CH_2OH & & CH_2OH \\
| & & | & & | \\
HC-O-OCR & +\ 2 & CHOH & \longrightarrow 3 & CH-O-OCR \\
| & & | & & | \\
H_2C-O-OCR & & CH_2OH & & CH_2OH \\
\text{아마인유} & & \text{glycerin} & & \text{monoglyceride} \\
(1\text{ mole}) & & (2\text{ mole}) & & (3\text{ mol}) \\
(1\times 878=878) & & (2\times 92=184) & & (3\times 354=1062)
\end{array}$$

이들을 적당히 결합시켜 필요에 따라 약간의 보정을 가하면 된다.

【계 산 예】

다음과 같은 수지를 제조한다고 가정해 본다.

1. 油長 50%의 아마인유 변성알키드를 제조한다.
2. 실제로는 적당한 용제로 희석하나, 계산상은 알키드고형분에 한정한다.
3. 원료는 다음의 두 종류를 사용한다.
   a) 아마인유, 글리세린, 무수프탈산
   b) 아마인유지방산, 펜타에리트리톨, 무수프탈산

(1) 아마인유, 글리세린의 경우

樹脂 전체의 양을 100이라 하면 油長이 50%이므로 프탈산글리세리드의 양은 50이다.

1) 식에서 무수프탈산(3몰) 444와 글리세린(2몰) 184로부터 물(3몰) 54와 함께 프탈산글리세리드가 생성되며 이 양은 444+184−54=574가 된다. 따라서 프탈산글리세리드 50을 만드는데 필요한 무수프탈산과 글리세린의 양은 다음과 같이 계산된다.

$$\text{무수프탈산} \cdots\cdots\cdots\cdots\cdots\cdots\cdots \ 50\times\frac{444}{574}=38.6$$

$$\text{글리세린} \cdots\cdots\cdots\cdots\cdots\cdots\cdots\cdots \ 50\times\frac{184}{574}=16.0$$

반응중에 글리세린은 생성하는 물의 증발로 인해서 약간의 손실이 생기므로 보통 10% 정도 과잉으로 넣는다. 이 경우 글리세린의 농도를 98%로 가정하면, 글리세린의 필요량은

$$16.0\times\frac{1.1}{0.98}=1.81$$

이 된다.

그러나 실제반응에서는 아마인유를 먼저 모노글리세리드로 만들어 두어야 한다. 이에 필요

한 글리세린은 식 4)에서 계산할 수 있다.

모노글리세리드의 제조에 필요한 글리세린은

$$50 \times \frac{184}{878} = 10.5$$

이것을 98% 글리세린으로 고치면 10.5/0.98＝10.7이 된다.

따라서 글리세린은 18.1 중에서 10.7만을 먼저 모노글리세리드 제조에 사용하고 18.1－10.7＝7.4를 나중에 가하면 된다.

먼저 다음 처방으로 모노글리세리드를 제조한다.

아마인유……………………………50부
글리세린(98%)……………………10.7부

다음으로 글리세린(98%) 7.4부를 가하고, 다시 무수프탈산 38.6부를 가해서 수지를 만들면 된다.

(2) 지방산, 펜타에리트리톨의 경우

식 3)에서 글리세린 92와 지방산 840으로부터 92＋840－54＝878이 생성되므로, 아마인유 50에 해당하는 지방산은 다음과 같이 계산한다.

$$\text{필요한 지방산} \cdots\cdots\cdots\cdots\cdots\cdots\cdots\cdots\ 50 \times \frac{840}{878} = 47.8$$

또한 이 지방산에 필요한 글리세린은 마찬가지 계산으로 $50 \times \frac{92}{878} = 5.2$가 된다. 그러나 이 경우는 펜타에리트리톨을 사용하므로 이것을 펜타에리트리톨로 환산할 필요가 있다. 글리세린은 3가이고, 펜타에리트리톨은 4가이므로 글리세린 92/3＝30.7이 펜타에리트리톨 136/4＝34에 해당한다. 따라서 글리세린 5.2에 해당하는 펜타에리트리톨은 5.2×34/30.7＝5.8이 된다.

또한 프탈산펜타에리트리톨(pentaerythritol phthalate) 50을 만드는데 필요한 펜타에리트리톨과 무수프탈산의 양은 식 2)에서 계산된다. 즉 무수프탈산 296과 펜타에리트리톨 136으로부터 프탈산펜타에리트리톨은 296＋136－36＝396이 생성된다.

$$\text{무수프탈산} \cdots\cdots\cdots\ 50 \times \frac{296}{396} = 37.4$$

$$\text{펜타에리트리톨} \cdots\cdots\ 50 \times \frac{136}{396} = 17.2$$

여기서 펜타에리트리톨의 순도를 98%라 하고 10% 과잉으로 사용하면 $17.2 \times \frac{1.1}{0.98} = 19.3$이 된다. 지방산 에스테르화에 필요한 펜타에리트리톨은 순도가 98%이면, 5.8/0.98＝5.9가 되므로 필요한 펜타에리트리톨은 5.9＋19.3＝25.2가 되며, 처방은 다음과 같다.

아마인유지방산……………………47.8부
무수프탈산…………………………37.4부
펜타에리트리톨(98%)……………25.2부

이와 같이 가하여 가열반응시키면 된다.

필요약품

glycerin	184 g
phthalic anhydride	44 g
acetone (시험용)	소 량

필요기구

round bottomed flask	1
beaker	1
thermometer, 360 °C	1
heater	1

31. 에폭시樹脂(epoxy resin)

에폭시수지는 말단에 에폭시基 ($\underset{\diagdown O \diagup}{-CH-CH_2-}$)를 가진 화합물의 중합체로서 대부분의 에폭시수지는 페놀류의 화합물과 에피클로로히드린(epichlorohydrin)과의 반응으로 생성되며, 熱硬化性 수지의 일종이다. 이 수지에는 여러 가지 종류가 있으나, 그 중에서 가장 중요하고 많이 사용되는 것이 비스페놀 A〔2, 2-*bis*(4′-hydroxyphenyl) propane〕와 에피클로로히드린으로부터 생성되는 수지이다. 따라서 여기서는 주로 이 수지에 관해서 취급하기로 한다.

에폭시수지는 (1) 경화할 때 부피의 축소가 몹시 적고, (2) 경화할 때 접한 재료면에 대하여 강한 접착력을 나타내며, (3) 경화할 때 휘발성 물질이 발생하지 않으며, (4) 경화수지는 고도의 기계적 성질, 내화학약품성 및 내전기적 성질을 가지기 때문에 용도가 광범하고 또한 중요시되고 있다.

용도를 보면 접착제, 성형용, 피막(도장)용 등으로 널리 사용되나, 그 중에서 접착제로서 대부분이 이용되고 있다.

에폭시수지 접착제는 거의 만능의 접착제라 해도 과언이 아닐 정도로 우수하다. 예를 들면, 금속, 도자기류, 목재 등을 비롯해서 고무, Bakelite, 폴리에스테르 積層品 등 많은 플라스틱 제품에 대해서도 좋은 접착성능을 나타낼 뿐만 아니라 유리와 유리 사이, 유리와 알루미늄 사이, 고무와 철 사이의 접착성능도 우수하다. 가령 고무의 접착을 행할 때는 고무의 표면을 酸처리하여 부식시킨 후 행함이 좋으며, 또한 금속 접착의 경우는 일반적으로 기계적 처리(sand paper의 사용 등)보다는 화학적 처리를 하는 것이 좋은 것으로 알려져 있다. 한 예를 들면 접착시키고자 하는 금속표면을 용제로 탈지한 후 중크롬산나트륨 10, 황산(96%) 50, 증류수 340의 혼합액으로 씻고 물로 씻은 후 건조시켜 여기에 접착제를 0.1mm 전후의 두께로 塗布하여 접착시킨다.

31-1 수지원료의 합성법

【1】 Epichlorohydrin의 합성

(1) 실험실적 합성법

에피클로로히드린을 실험실에서 합성하는 방법은 먼저 글리세린을 디클로로히드린으로 만들고, 이것을 알칼리 존재하에서 脫塩酸하는 것이다.

α, γ-dichlorohydrin　　α, β-dichlorohydrin　　epichlorohydrin

할로겐화히드린(halohydrin)에 알칼리를 작용시키는 것이 에폭시화합물의 일반적 제조법이며, 상기의 반응에서는 α, γ-異性體가 α, β-이성체보다 훨씬 많이 생성되므로, 보통 α, γ-이성체를 사용하여 에피클로로히드린을 합성한다.

1) 글리세린에서 디클로로히드린의 합성　촉매로는 2% 식초산을 가한 글리세린에, 100°~110°C에서 염화수소가스를 통과시키면 —OH기는 Cl기로 치환되어 디클로로히드린을 생성한다. 이때 주로 α, γ-置換體가 생성되나 소량의 모노-치환체 및 α, β-치환체가 동반되기 때문에 이를 분류하여 α, γ-치환체를 취한다. 수득률 55~57%.

2) 디클로로히드린에서 에피클로로히드린의 합성　α, γ디클로로히드린을 에테르 용매 중에서 분말 수산화나트륨과 반응시키면 에피클로로히드린이 생성된다. 수득률 76~81%.

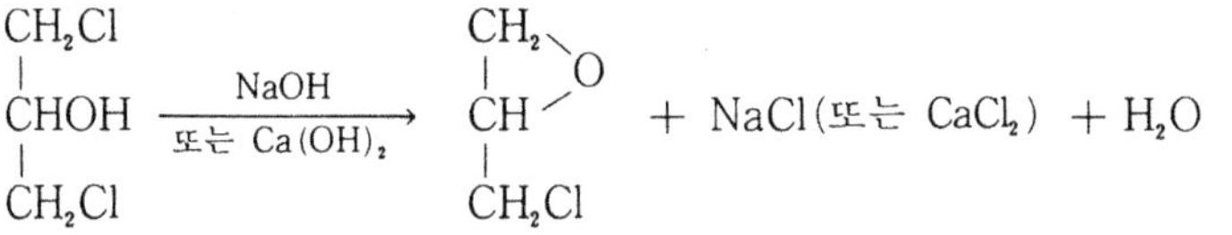

또는 α, γ-디클로로히드린을 분말 수산화칼슘과 물을 함께 15분 동안, 20°C에서 흔들면 생성된다. 수득률 67~72%.

(2) 공업적 합성법

현재 실시되고 있는 방법은 두 가지가 있으며, 첫째는 앞에서 기술한 실험실적 방법과 같으며, 둘째는 석유화학공업의 일환으로서 프로필렌, 알릴클로리드를 거쳐서 제조하는 방법이다.

1) 글리세린으로부터의 합성　글리세린으로부터 디클로로히드린을 합성함에 있어서는 반응조건에 따라 모노-치환체로 생성되므로 디-치환체를 얻기 위해서는 반응온도를 120°~130°C, 촉매로는 4%-식초산을 사용하고 염화수소가스를 약간 과잉으로 사용한다. 생성물은 추출 또는 감압증류에 의해서 분리한다. 이 방법에서는 불순물로서 소량의 식초산에스테르 및 폴리글리세린 클로로히드린을 함유하고 있으나 후자의 생성은 감압하에서 100°C 이하에서 증류하여 분리할 수 있다.

디클로로히드린에 수산화나트륨 수용액 또는 泥狀石灰로 처리하면 에피클로로히드린이 생성된다. 그러나 이때 격렬한 조건이면 다음과 같이 모노클로로히드린에서 글리세린까지 진행된다.

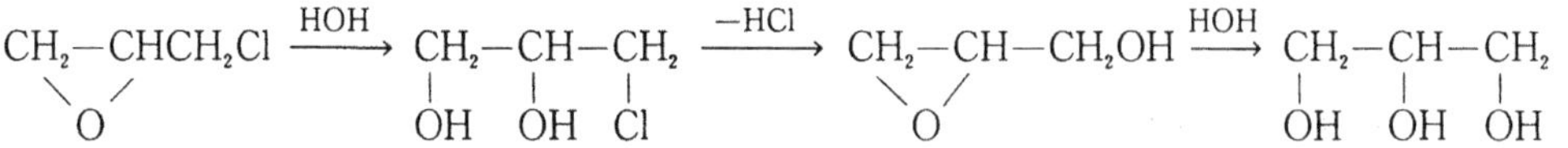

따라서 高溫, 과잉의 알칼리존재하에서 장시간 접촉시킴은 피해야 한다.

2) 프로필렌으로부터의 합성　이 방법은 석유제품인 프로필렌을 高溫塩素化하여 알릴클로리드를 합성하고, 다음 염소와 물로 클로로히드린화하여 글리세린디클로로히드린을 합성한

후 마지막으로 알칼리로 처리하여 에피클로로히드린을 얻게 된다.

$$CH_2{=}CHCH_3 \xrightarrow{Cl_2} CH_2{=}CHCH_2Cl \xrightarrow{Cl_2+H_2O} \begin{array}{l} CH_2ClCHClCH_2OH\ (70\%) \\ CH_2ClCHOHCH_2Cl\ (30\%) \end{array}$$

【2】 Bisphenol A 의 합성

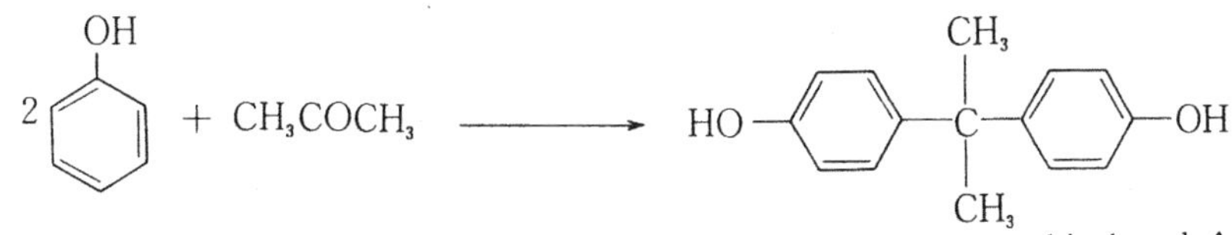

bisphenol A

페놀 500 g과 아세톤 190 g을 둥근바닥 플라스크에 취하고 혼합액의 온도를 15°~20°C 로 유지하면서, 분별깔때기를 통해서 진한 황산 535 g을 2 시간에 걸쳐 滴加한 후 혼합액을 얼음물 중에 교반하면서, 서서히 주의하면서 가하면 비스페놀 A가 결정으로 생긴다. 이 결정을 40% 식초산 용액으로 재결정한다.

Bisphenol A : mp 156°~157°C, bp 250°~252°C/13 mmHg, 에탄올, 에테르, 벤젠에 녹는다.

31-2 Epoxy 수지의 제도

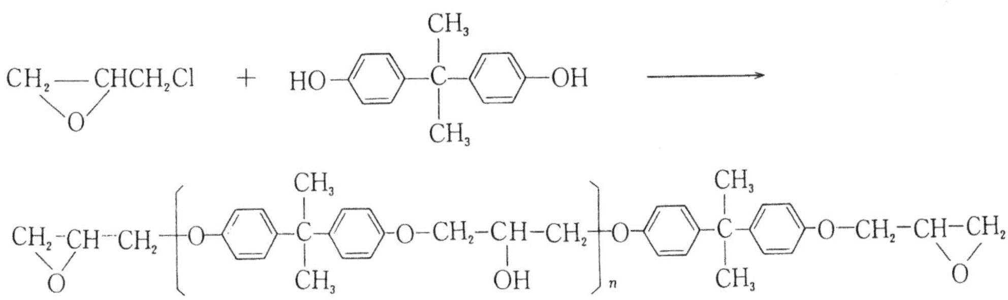

$n=0\sim1$ 액체, $n>2$ 고체, 보통품 $n=5\sim8$

〔처방〕

Bisphenol A	1 mole
Epichlorohydrin	4 mole
NaOH	2 mole

반응온도 : 55°~65°C 반응시간 : 3.5 시간

반응은 환류냉각기, 온도계, 적하깔때기(dropping funnel) 및 고속교반기 등을 장치한 삼구 플라스크 내에서 행한다. 원료인 비스페놀 A와 에피클로로히드린을 위의 처방비율로 가하고 물중탕 중에서 반응온도를 60°C 로 유지시킨 후 30%-수산화나트륨 수용액을 滴加한다. 반응은 發熱反應이므로 알칼리의 적가와 동시에 가열을 중지하고 위에서 표시한 반응온도가 유지되도록 알칼리의 적가를 조절한다. 알칼리의 1/3 량을 가했을 때 반응은 완만하게 진행되므로 다시 가열을 계속하여 그 온도를 유지한다. 반응액을 격렬히 교반하여 반응을 완결시킨다. 반응이 끝나면 기름층과 수용액층으로 분리된다. 기름층은 알칼리가 없어질 때까지 물로 씻고, 고체이면 그대로, 액체이면 감압증류하여 분리한 후 다시 용융법에 의해서 완전히 탈수한다. 이때 안정제로는 소량의 piperidine을 가한다. 수득률 66%.

1) Epoxy 수지의 경화 1분자 중에 적어도 2개 이상의 에폭시基를 가진 에폭시수지는 2염기산이나 디아민 등에 의해서 架橋가 일어나고 3차원구조를 갖게 된다. 여기서 처음으로 수지의 강도, 내약품성이 나타나게 되므로 이와 같은 조작 즉 경화반응을 행하지 않는 한 제품으로서 아무 가치가 없다. 물론 경화반응이 진행되어버린 수지는 용융성도 용해성도 없어져 버리기 때문에 실제로 사용할 때는 에폭시수지와 상기의 硬化劑를 혼합하여 경화반응이 일어나기 전에, 재빨리 접착제의 경우는 접착면에, 注型品의 경우는 틀(型)에 부어넣어야 하며, 도료로 사용하는 경우는 재료에 도포해야 한다.

2) 경화제 dibasic acid; phthalic anhydride

diamine; ethylene diamine, diethylenetriamine, *m*-phenylenediamine 등

접착제로 사용하는 경우는 위와 같이 제조한 에폭시수지(될 수 있는대로 저분자량의 것이 接着強度가 크다)를 메틸에틸케톤과 같은 케톤계의 용매에 용해시키든지 또는 용매에 용해시키지 않고 그대로 디아민류의 경화제를 적당량 가하면 실온에서 5~8일, 95°C에서 45분간 가열함으로써 완전히 접착된다. 이때 접착면은 깨끗이 한 후(위에서 설명된 대로) 접착제를 발라야 한다. 금속과 금속의 접착에 특히 우수한 성능을 나타내며, 非金屬에서는 폴리에틸렌 및 可塑劑가 함유된 폴리염화비닐(PVC) 및 폴리염화비닐덴 이외의 합성수지의 접착이 가능하다. 또한 목재에서는 목질부에 접착제의 흡수만 일어나지 않게 하면 잘 접착된다.

부　록

※ Report 기재 방법

아래와 같은 양식에 의거해서 실험이 끝날 때마다 report를 제출한다.

REPORT

Title : (실험제목을 기재함)
Date : (실험날짜)
Class, Number : (학년, 학번을 기재함)
Name : (성명)
Time Required : (실험을 시작해서부터 끝날 때까지 소요된 시간을 정확히 기재함)
Process : (자기가 행한 실험조작 및 과정을 상세히 기재함)

Reactions : (화학반응식을 기재함. 필요 없으면 생략)
Calculations : (필요한 계산식, 수율 및 결과를 기재함. 필요 없으면 생략)

Summary : (실험 전체에서 특기할 만한 사실을 기재함)

1. 엔지니어링 플라스틱 (Engineering Plastics)

(1) 엔지니어링 플라스틱이란?

엔지니어링 플라스틱이란 高性能과 高機能을 가진 플라스틱을 말한다. 고성능이란 역학적 성능, 耐溫度性能, 치수성능(精度, 치수안정성) 등의 공통 기반적 성능이 우수한 것을 말하며, 고기능이란 生體適合性, 촉매(효소작용 등)기능, 물질의 투과·흡착·분리성능, 물질식별기능, 전도성, 광전도성, 壓電性, 感光性 등을 주체로 한 특수용도적 성능을 가졌거나 뛰어났다는 뜻이다.

(2) 엔지니어링 플라스틱의 종류

a) Polyacetal 또는 Polyoxymethylene POM

b) Polyamide (PA) 상품명 Nylon 보기 Nylon-6, Nylon-66

c) Polypropylene (PP) 중에서도 강화 PP (FR-PP) 즉 Filler reinforced PP

d) Polycarbonate (PC)

e) Polybutylene terephthalate (PBTP) 및 Polyethylene terephthalate (PETP)

f) Filler reinforced AS (FR-AS) 및 FR-ABS

A : Acrylonitrile

B : Butadiene

S : Styrene

g) Polyphenylene oxide (PPO)

h) Fluoro resin (플루오르수지, 불소수지) 예 ; Polytetrafluoroethylene (PTFE), Polychlorotrifluoroethylene (PCTFE) 등

i) Polyphenylene sulfide (PPS)

j) Polysulfone

k) Aromatic polyester

l) Aromatic polyimide 및 Aromatic polyamide

m) Silicone resin (SI)

n) Others : Phenolaralkyl resin, Polyetheretherketone, (PEEK) Bismaleimide triazine resin, Polyetherimide 등

【참고】 FRP : Fiber glass reinforced plastics 또는 Filler reinforced plastics의 뜻.

2. 주요 플라스틱의 특징 및 주용도

플라스틱명	특 징	주 용 도
페놀수지 (phenol resin)	강도, 전기절연성, 내산성, 내연성, 내수성 모두 양호. 내알칼리성 다소 약함.	전기절연재료, 기계부품, 내산기구, 식기, 도료, 접착제, 자동차 브레이크 라인 등에 이용.
요소수지 (urea resin)	무색이며 착색자유. 대개 페놀수지와 성질이 비슷하나 내수성이 좀 약함.	단추, 병마개, 식기, 캐비넷, 잡화, 목재, 접착제, 직물 및 종이 가공제 등에 이용.
멜라민수지 (melamine resin)	요소수지와 몹시 비슷하나 경도가 더 크고 내수성이 훨씬 좋다.	화장판, 식기, 전기제품, 직물 및 종이 가공제 등에 이용
알키드수지 (alkyd resin)	접착성이 좋으며 내후성도 좋다.	외장도료, 유연제 등에 이용.
푸란수지 (furan resin)	내약품성이나 접착성 양호, 흑색	금속도료, 접착제, 시멘트 등에 이용.
에폭시수지 (epoxy resin)	금속, 도자기 등 이물질간에도 접착성이 뛰어남. 내약품성 양호. 약간 고가	접착제, 금속도료, 전기절연부, 형재(型材) 등에 이용.
크실렌수지 (xylene resin)	내수성, 전기절연성, 내후성, 치수안전성, 접착성 등이 크다.	페놀수지와 유사성이 크다.
불포화폴리에스테르수지 (unsaturated polyester resin)	전기절연성, 내열성, 내약품성이 좋고 저압성형이 가능. 유리섬유로 보강(FRP)한 것은 굉장히 강인함.	경금속 대용, 구조재료, 차량, 자동차, 선박, 건축용재료, 주형품 등에 이용.
실리콘수지 (silicone resin)	고온 및 저온에 잘 견디고, 전기절연성, 발수성(撥水性)은 양호하나 고가임.	전기절연물, 내열내한용 그리스, 발수제, 이형제(離型劑), 소포제 등에 이용.
폴리에테르 (polyether)	폴리아미드와 유사, 강인, 내열성, 치수안정성, 내약품성이 크다. 흡수성이 적음.	기계부품(치차, 베어링 등), 전기절연물, 일용잡화, 장난감, 섬유 등에 이용.
폴리카보네이트 (polycarbonate)	내수성, 내산성, 치수안정성, 내열성, 내한성 등이 좋다.	전기부품, 전자기계부품, 필름, 도료, 섬유, 치차, 코크, 밸브 등에 이용.
폴리우레탄 (polyurethane)	폴리아미드와 유사, 전기절연성, 난연성, 내마모성이 크다. 내약품성은 좀 나쁨.	접착제, 탄성스폰지, 포장, 튜브, 전기절연재료 등에 이용.
폴리염화비닐 (polyvinyl chloride) PVC	강도, 전기절연성, 내약품성이 우수, 가소제(DOP 등)에 의해서 유연한 제품이 된다. 고온, 저온에 좀 약함.	필름, 시트, 파이프, 내약품재, 금속 및 직물대용, 전기절연재료, 잡화 등에 이용.

플라스틱명	특 징	주 용 도
폴리염화비닐리덴 (polyvinylidene chloride)	PVC 보다 내약품성이 크다.	직물(내마모성 sheet cover 등), 철강 대용품, 내약품용 성형재료 등에 이용.
폴리프로필렌 (polypropylene)	비중 0.9, 내열성, 내약품성, 광택투명도, 고주파절연성, 치수안전성 등이 좋다. 가격이 저렴.	섬유, 필름, 플라스틱으로 널리 이용됨.
폴리초산비닐 (polyvinyl acetate)	무색투명으로 접착성이 좋으며 각종 용제에 가용. 내열성이 좋지 않음.	도료, 접착제, 비닐론의 원료.
폴리비닐알코올 (polyvinyl alcohol, PVA)	온수에 가용.	비닐론, 비닐아세탈의 원료, 유화제, 점도향상제, 접착제 등에 이용.
폴리비닐아세탈 (polyvinyl acetal)	무색투명하며 접착성이 좋다.	필름, 안전유리 중간막, 접착제, 도료 등에 이용.
아크릴수지 (또는 메타크릴수지) (acrylic resin)	무색투명, 강인, 내약품성도 상당히 크다.	안전유리, 광고장식, 잡화, 의료용품, 조명기구 등에 이용.
폴리스티렌 (polystyrene, PS)	무색투명, 전기절연성, 내수성, 내약품성이 크다.	사출성형에 의한 고주파절연물 및 식기, 장난감, 잡화, 라디오부품 등에 이용.
폴리아미드 (polyamide)	강인, 매끄럽고 내마모성이 크다.	합성섬유로서의 용도 이외에 소형 치차(齒車) 등. 내마모용 성형품에 이용.
폴리에틸렌 (polyethylene, PE)	물보다 가볍고 유연, 내약품성, 전기절연성, 내수성이 몹시 우수.	포장용 필름, 전선피복, 전파기기부품, 병, 용기, 잡화 등에 이용.
테프론수지 (불소수지) (teflon resin)	저온 및 고온의 광범위한 온도에서 전기절연성, 내약품성, 강도 등이 몹시 양호. 고가.	고도전기절연재료, 내약품부품, packing, lining 등에 이용.
초산셀룰로오스 (cellulose acetate)	투명성이 크고, 성형가공성이 좋다. 내연성, 무거운 촉감과 탄력이 풍부.	필름, 섬유, 전기기구부품, 자동차 핸들, 일반성형품, 타이프의 키, 빗, 일용잡화 등에 이용.
초산젖산셀룰로오스(cellulose acetate lactate)	초산셀룰로오스와 유사, 내수성, 내후성이 크다.	석유, 수도용파이프, 만년필축, 피아노 및 타이프의 키, 장난감, 자동차부품 등에 이용.
니트로셀룰로오스 (nitrocellulose)	camphor 로서 잘 가소화한다. 성형하기 쉽고, 탄력이 풍부, 니트로기로 인해서 자연성이 있음이 결점.	셀룰로이드로서 옛부터 알려진 플라스틱, 도료로도 많이 이용된다.

3. IR의 特性波數

수소신축진동 영역 (hydrogen stretch region) (3600～2500 cm^{-1})

이 영역에 있어서의 흡수는 탄소, 산소 및 질소에 결합되어 있는 수소의 신축진동에 기인된다. 이 흡수대의 배음(overtone)이 1800～1250 cm^{-1}에서 약하게 나타나기 때문에 주의해야 한다. 1650 cm^{-1} 근처에서의 흡수대의 배음은 일반적으로 나타난다.

파수(cm^{-1})	작 용 기	내 용
(1) 3600～3400	O—H 신축 세기 : 변함.	3600 cm^{-1}(sharp) 비회합성 O—H, 3400 cm^{-1}(broad) 회합성 O—H ; 이 두 흡수는 알코올의 스펙트럼에 나타남. 강한 회합성 O—H(예; COOH) 흡수는 대단히 broad 함.
(2) 3400～3200	N—H 신축 세기 : 중간	3400 cm^{-1}(sharp) 비회합성 N—H, 3200 cm^{-1}(broad) 회합성 N—H ; 한 개의 NH_2 기는 2개로 흡수가 갈라짐(50 cm^{-1}차로) ; 2차아민의 N—H는 매우 약함.
(3) 3300	C—H 신축(알켄의) 세기 : 강함.	3300～3000 cm^{-1}에 흡수가 없으면 C=C 또는 C≡C에 결합된 수소가 없음. 일반적으로 분자 내에 불포화결합이 없음을 말함. 방향족화합물에 있어서는 3050 cm^{-1}에서의 흡수 외에 1500과 1600 cm^{-1}에 중간세기의 sharp한 흡수들이 나타남.
(4) 3080～3010	C—H 신축(알켄의) 세기 : 강～중간	
(5) 3050	C—H 신축(방향족 화합물의) 세기 : 변함. 보통 중간～약함.	
(6) 3000～2600	OH, 강하게 수소결합 형성한 것. 세기 : 중간	C—H의 신축이동에 중첩되어 broad한 흡수가 이 영역에 나타나면 카르복시산의 특성흡수임.
(7) 2980～2900	C—H 신축(지방족 화합물의) 세기 : 강함.	이 영역에 전혀 흡수가 없으면 4가탄소에 결합된 수소가 없음을 나타냄. 3차 C—H는 약함.
(8) 2850～2760	C—H 신축(알데히드의) 세기 : 약함.	단일 알데히드에 있어서 1개 또는 2개의 흡수가 이 영역에 나타남.

삼중결합영역 (triple-bond region) (2300～2000 cm^{-1})

이 영역에 있어서의 흡수는 삼중결합의 신축진동에 기인된다.

(1) 2260～2215	C≡N 세기 : 강함	니트릴이 이중결합과 conjugation 되어 있으면 이 영역의 낮은 쪽에서 흡수가 있고 nonconjugated nitrile은 이 영역의 높은 쪽에 흡수가 나타남.
(2) 2150～2100	C≡C 세기 : 말단 알켄은 강함.	이 흡수는 알킨이 대칭이면 나타나지 않거나 매우 약하게 나타남.

이중결합영역(double-bond region) (1900～1550 cm^{-1})
이 영역에 있어서의 흡수는 C=C, C=O, C=N 의 신축진동에 기인됨.

(1) 1815～1770	C=O 신축(산염화물의) 세기 : 강함.	conjugated carbonyl은 낮은쪽, nonconjugated carbonyl은 이 영역의 높은쪽에 흡수가 나타남.
(2) 1870～1800 및 1790～1740	C=O 신축(산무수물의) 세기 : 강함.	두 흡수가 나타난다. 각 흡수는 고리의 크기와 conjugation 에 따라 변함. 케톤의 경우와 같음. (4) 참조.
(3) 1750～1735	C=O 신축(에스테르 또는 락톤의)	이 흡수는 (4)에서 설명하는 구조인자에 따름. 즉 conjugated ester는 약 1710 cm^{-1}에 흡수가 나타나고 γ-락톤은 1780 cm^{-1}에 나타난다.
(4) 1725～1705	C=O 신축 (알데히드 또는 케톤의) 세기 : 매우 강함.	이 흡수는 사슬구조, nonconjugated 알데히드 또는 케톤의 카르보닐흡수파수인데 단 전기음성기가 붙어 있지 않아야 한다. 다음과 같은 구조인자로 흡수에 변화를 초래한다. **a) conjugation의 영향** 방향족고리, C=C, C≡C로서 카르보닐과 conjugation 되면 30 cm^{-1} 정도 낮아진다. **b) 고리크기의 영향** 6원고리나 더 큰 고리는 사슬케톤과 흡수위치가 같으나 6보다 작은 고리는 높은 파수에서 흡수가 나타난다. 예를 들면, 시클로펜타논은 1745 cm^{-1}에서 흡수가 나타나고, 시클로부타논은 1780 cm^{-1}에서 나타남. **c) 전기음성원자의 영향** 전기음성원자(보통 산소 또는 할로겐)이 알데히드나 케톤의 α-탄소원자에 결합되어 있으면 20 cm^{-1} 정도 높은 파수에 흡수가 나타남.
(5) 1700	C=O 신축(산의) 세기 : 매우 강함.	이 흡수는 conjugation 되면 낮아짐. (4)에서 설명.
(6) 1690～1650	C=O 신축 (아미드 또는 락탐의)	이 흡수는 conjugation 으로 20 cm^{-1} 정도 낮아짐. γ-락탐에서는 35 cm^{-1} 정도 높아지고 β-락탐에서는 70 cm^{-1} 정도 높아짐.
(7) 1660～1600	C=C 신축(알켄의) 세기 : 변함.	conjugate 안 된 알켄은 이 영역의 높은 쪽에 흡수가 나타나고 흡수는 약함. conjugate된 알켄은 낮은 쪽에 나타나고 흡수는 중간 정도에서 강한 것이 나타남.
(8) 1680～1640	C=N 신축 세기 : 변함.	이 흡수는 일반적으로 약하고 확인하기가 곤란함.

수소변각진동영역(hydrogen bending region) (1600~1250 cm^{-1})

이 영역의 흡수는 일반적으로 탄소 및 질소에 결합된 수소원자들의 변각진동에 기인된다. 이들 흡수는 구조확인에 크게 도움이 되지 못함. 다음에서 구조확인에 특히 유용한 것은 *표로 나타내었다.

1600	$-NH_2$ 신축 세기 : 강~중간	3300 cm^{-1}에서의 흡수와 함께 이 흡수가 나타나면 1차아민 및 비치환아미드의 특성흡수임.
1540	$-NH-$ 신축 세기 : 보통 약함.	3300 cm^{-1}에서의 흡수와 함께 이 흡수가 나타나면 일반적으로 2차아민 및 단일치환아민이다.
* 1520 및 1350	NO_2 신축 세기 : 강함.	두 쌍의 흡수가 보통 강하게 나타난다.
1465	$-CH_2-$ 변각 세기 : 변함.	이 흡수는 메틸렌기(CH_2)의 수에 따라 세기가 달라짐. 많을수록 흡수가 강해짐.
1410	$-CH_2-$ 변각 (CO 함유 성분의) 세기 : 변함.	이 흡수는 카르보닐기에 인접한 메틸렌기의 특성피크이다.
* 1450 및 1375	$-CH_3$ 세기 : 강함.	1375 cm^{-1}의 흡수는 메틸기의 특성피크이다. 한 탄소에 2개의 메틸렌기가 결합되어 있을 때는 1385와 1365 cm^{-1}에 두 흡수 피크가 나타난다.

지문영역(fingerprint region) (1250~600 cm^{-1})

이 영역에 있어서의 흡수는 대단히 복잡하고 유기화합물마다 다 다르기 때문에 지문영역이라 불리고 각 화합물의 확인에 유용한 흡수영역이다.

1200	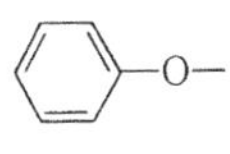 세기 : 강함.	이들의 강한 흡수가 C—O의 변각진동에 기인되는 것인지 신축진동에 기인되는 것인지 분명치 않다. 1개 또는 그 이상의 강한 흡수가 알코올, 에테르 및 에스테르의 스펙트럼에서 이 영역에 나타난다. 에스테르는 일반적으로 1170과 1270 cm^{-1} 사이에 1개 또는 2개의 강한 흡수가 나타난다.
1150	$-\overset{\mid}{\underset{\mid}{C}}-O-$ 세기 : 강함.	
1100	$-\overset{\mid}{C}H-O-$ 세기 : 강함.	
1050	$-CH_2-O-$ 세기 : 강함.	
965	H╲C=C╱ (trans, H╲ 아래) C—H 변각 세기 : 강함.	이 흡수는 *trans*-1, 2-2치환 에틸렌유도체의 스펙트럼에 나타난다.

985 및 910	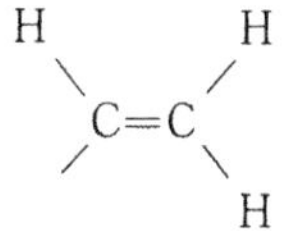 C—H 변각 세기 : 강함.	이 두 흡수는 말단비닐기에 나타나는 특성 피크이다.
890	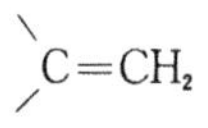 C—H 변각 세기 : 강함	이 강한 흡수는 메틸렌기 확인에 이용됨. 그러나 메틸렌기가 전기음성기나 원자에 결합되어 있으면 20～80 cm^{-1} 높아진다.
810～840	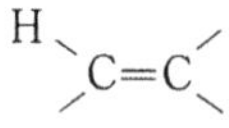 세기 : 강함	불확실함. 이 영역에서 벗어나기도 하고 나타나지 않을 때도 있음.
750 및 690	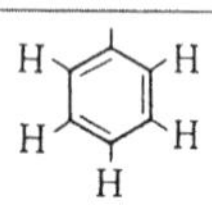 C—H 변각 세기 : 강함	이들 흡수는 용매흡수나 다른 흡수대의 영향을 받기 쉽다. 구조결정에 이용됨.
750	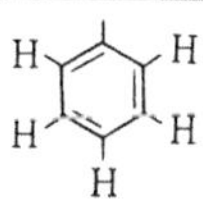 C—H 변각 세기 : 매우 강함	
780 및 700	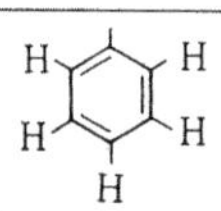 및 1, 2, 3 세기 : 매우 강함	
825	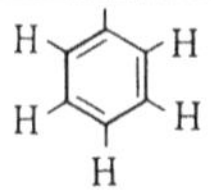 및 1, 2, 4 세기 : 매우 강함	
1400～1000	C—F 세기 : 강함	이들 흡수의 위치는 구조에 대단히 민감함. 따라서 그다지 이용되지 않음. 그 이유는 할로겐은 다른 화학적 방법으로 더 쉽게 그 존재를 검출할 수 있기 때문이다. 흡수들은 보통 강한 편이다.
800～600	C—Cl 세기 : 강함	
700～500	C—B_2 세기 : 강함	
600～400	C—I 세기 : 강함	

4. Ethyl Alcohol의 比重(20°/4°)

%(중량)	비 중	%(중량)	비 중	%(중량)	비 중	%(중량)	비 중
1	0.99636	26	0.96020	51	0.91160	76	0.85322
2	0.99453	27	0.95867	52	0.90936	77	0.85079
3	0.99275	28	0.95710	53	0.90711	78	0.84835
4	0.99103	29	0.95548	54	0.90485	79	0.84590
5	0.98938	30	0.95382	55	0.90258	80	0.84344
6	0.98780	31	0.95212	56	0.90031	81	0.84096
7	0.98627	32	0.95038	57	0.89803	82	0.83848
8	0.98478	33	0.94860	58	0.89574	83	0.83599
9	0.98331	34	0.94679	59	0.89344	84	0.83348
10	0.98187	35	0.94494	60	0.89113	85	0.83095
11	0.98047	36	0.94306	61	0.88882	86	0.82840
12	0.97910	37	0.94114	62	0.88650	87	0.82583
13	0.97775	38	0.93919	63	0.88417	88	0.82323
14	0.97643	39	0.93720	64	0.88183	89	0.82062
15	0.97514	40	0.93518	65	0.87948	90	0.81797
16	0.97387	41	0.93314	66	0.87713	91	0.81529
17	0.97259	42	0.93107	67	0.87477	92	0.81257
18	0.97129	43	0.92897	68	0.87241	93	0.80983
19	0.96997	44	0.92685	69	0.87004	94	0.80705
20	0.96864	45	0.92472	70	0.86766	95	0.80424
21	0.96729	46	0.92257	71	0.86527	96	0.80138
22	0.96592	47	0.92041	72	0.86287	97	0.79846
23	0.96453	48	0.91823	73	0.86047	98	0.79547
24	0.96312	49	0.91604	74	0.85806	99	0.79243
25	0.96168	50	0.91384	75	0.85564	100	0.78934

5. Ethyl Alcohol

비 중 (20°/4°)	C_2H_5OH 중량 %	C_2H_5OH 용량 %	100 cc 중의 g 수	비 중 (20°/4°)	C_2H_5OH 중량 %	C_2H_5OH 용량 %	100 cc 중의 g 수
0.98938	5	6.2	4.9	0.85564	75	81.3	64.2
0.98187	10	12.4	9.8	0.84344	80	85.5	67.5
0.97514	15	18.5	14.6	0.83095	85	89.5	70.6
0.96864	20	24.5	19.4	0.81797	90	93.3	73.6
0.96168	25	30.4	24.0	0.81529	91	94.0	74.2
0.95382	30	36.2	28.6	0.81257	92	94.7	74.8
0.94494	35	41.8	33.1	0.80983	93	95.4	75.4
0.93518	40	47.3	37.4	0.80705	94	96.1	75.9
0.92472	45	52.7	41.6	0.80424	95	96.8	76.4
0.91384	50	57.8	45.7	0.80138	96	97.5	76.9
0.90258	55	62.8	49.6	0.79846	97	98.1	77.4
0.89113	60	67.7	53.5	0.79547	98	98.8	77.9
0.87948	65	72.4	57.1	0.79243	99	99.4	78.4
0.86766	70	76.9	60.7	0.78934	100	100	78.9

6. Methyl Alcohol의 比重(20°/4°)

%(중량)	비 중	%(중량)	비 중	%(중량)	비 중	%(중량)	비 중
1	0.9965	26	0.9576	51	0.9135	76	0.8567
2	0.9948	27	0.9562	52	0.9114	77	0.8542
3	0.9931	28	0.9546	53	0.9094	78	0.8518
4	0.9914	29	0.9531	54	0.9073	79	0.8494
5	0.9896	30	0.9515	55	0.9052	80	0.8469
6	0.9880	31	0.9499	56	0.9032	81	0.8446
7	0.9863	32	0.9483	57	0.9010	82	0.8420
8	0.9847	33	0.9466	58	0.8988	83	0.8394
9	0.9831	34	0.9450	59	0.8968	84	0.8366
10	0.9815	35	0.9433	60	0.8946	85	0.8340
11	0.9799	37	0.9416	61	0.8924	86	0.8314
12	0.9784	38	0.9398	62	0.8902	87	0.8286
13	0.9768	39	0.9381	63	0.8879	88	0.8258
14	0.9754	40	0.9363	64	0.8856	89	0.8230
15	0.9740	41	0.9345	65	0.8834	90	0.8202
16	0.9725	42	0.9327	66	0.8811	91	0.8174
17	0.9710	43	0.9309	67	0.8787	92	0.8146
18	0.9696	44	0.9290	68	0.8763	93	0.8118
19	0.9681	45	0.9272	69	0.8738	94	0.8098
20	0.9666	46	0.9252	70	0.8715	95	0.8062
21	0.9651	47	0.9234	71	0.8690	96	0.8034
22	0.9636	47	0.9214	72	0.8665	97	0.8005
23	0.9622	48	0.9196	73	0.8641	98	0.7976
24	0.9607	49	0.9176	74	0.8616	99	0.7948
25	0.9592	50	0.9156	75	0.8592	100	0.7917

7. CH_3COOH의 比重(20°/4°)

%(중량)	비 중	%(중량)	비 중	%(중량)	비 중	%(중량)	비 중
1	0.9996	26	1.0338	51	1.0582	76	1.0698
2	1.0012	27	1.0349	52	1.0590	77	1.0699
3	1.0025	28	1.0361	53	1.0597	78	1.0700
4	1.0040	29	1.0372	54	1.0604	79	1.0700
5	1.0055	30	1.0384	55	1.0611	80	1.0700
6	1.0069	31	1.0395	56	1.0618	81	1.0699
7	1.0083	32	1.0406	57	1.0624	82	1.0698
8	1.0097	33	1.0417	58	1.0631	83	1.0696
9	1.0111	34	1.0428	59	1.0637	84	1.0693
10	1.0125	35	1.0438	60	1.0642	85	1.0689
11	1.0139	36	1.0449	61	1.0648	86	1.0685
12	1.0154	37	1.0459	62	1.0653	87	1.0680
13	1.0168	38	1.0469	63	1.0658	88	1.0675
14	1.0182	39	1.0479	64	1.0662	89	1.0668
15	1.0195	40	1.0488	65	1.0666	90	1.0661
16	1.0209	41	1.0498	66	1.0671	91	1.0652
17	1.0223	42	1.0507	67	1.0675	92	1.0643
18	1.0236	43	1.0516	68	1.0678	93	1.0632
19	1.0250	44	1.0525	69	1.0682	94	1.0619
20	1.0263	45	1.0534	70	1.0685	95	1.0605
21	1.0270	46	1.0542	71	1.0687	96	1.0588
22	1.0288	47	1.0551	72	1.0690	97	1.0570
23	1.0301	48	1.0559	73	1.0693	98	1.0549
24	1.0313	49	1.0567	74	1.0694	99	1.0524
25	1.0326	50	1.0575	75	1.0696	100	1.0498

8. H_2SO_4의 比重(20°/4°)

%(중량)	비 중	%(중량)	비 중	%(중량)	비 중	%(중량)	비 중
1	1.0051	26	1.1862	51	1.4049	76	1.6810
2	1.0118	27	1.1942	52	1.4148	77	1.6927
3	1.0184	28	1.2023	53	1.4248	78	1.7043
4	1.0250	29	1.2104	54	1.4350	79	1.7158
5	1.0317	30	1.2185	55	1.4453	80	1.7272
6	1.0385	31	1.2267	56	1.4557	81	1.7383
7	1.0453	32	1.2349	57	1.4662	82	1.7491
8	1.0522	33	1.2432	58	1.4768	83	1.7594
9	1.0591	35	1.2515	59	1.4875	84	1.7693
10	1.0661	35	1.2599	60	1.4983	85	1.7786
11	1.0731	36	1.2684	61	1.5091	86	1.7872
12	1.0802	37	1.2769	62	1.5200	87	1.7951
13	1.0874	38	1.2855	63	1.5310	88	1.8022
14	1.0947	39	1.2941	64	1.5421	89	1.8087
15	1.1020	40	1.3028	65	1.5533	90	1.8144
16	1.1094	41	1.3116	66	1.5646	91	1.8195
17	1.1168	42	1.3205	67	1.5760	92	1.8240
18	1.1243	43	1.3294	68	1.5874	93	1.8279
19	1.1318	44	1.3384	69	1.5989	94	1.8312
20	1.1394	45	1.3476	70	1.6105	95	1.8337
21	1.1471	46	1.3569	71	1.6221	96	1.8355
22	1.1548	47	1.3663	72	1.6338	97	1.8364
23	1.1626	48	1.3758	73	1.6456	98	1.8361
24	1.1704	49	1.3854	74	1.6574	99	1.8342
25	1.1783	50	1.3951	75	1.6692	100	1.3805

9. HNO_3의 比重(20°/4°)

%(중량)	비 중	%(중량)	비 중	%(중량)	비 중	%(중량)	비 중
1	1. 00364	26	1. 1534	51	1. 3160	76	1. 4375
2	1. 00909	27	1. 1600	52	1. 3219	77	1. 4413
3	1. 01457	28	1. 1666	53	1. 3278	78	1. 4450
4	1. 02008	29	1. 1733	54	1. 3336	79	1. 4486
5	1. 02563	30	1. 1800	55	1. 3393	80	1. 4521
6	1. 03122	31	1. 1867	56	1. 3449	81	1. 4555
7	1. 0369	32	1. 1934	57	1. 3505	82	1. 4589
8	1. 0427	33	1. 2002	58	1. 3560	83	1. 4622
9	1. 0485	34	1. 2071	59	1. 3614	84	1. 4655
10	1. 0543	35	1. 2140	60	1. 3667	85	1. 4686
11	1. 0602	36	1. 2205	61	1. 3719	86	1. 4716
12	0. 0661	37	1. 2270	62	1. 3769	87	1. 4745
13	1. 0721	38	1. 2335	63	1. 3818	88	1. 4773
14	1. 0781	39	1. 2399	64	1. 3866	89	1. 4800
15	1. 0842	40	1. 2463	65	1. 3913	90	1. 4826
16	1. 0903	41	1. 2527	66	1. 3959	91	1. 4850
17	1. 0964	42	1. 2591	67	1. 4004	92	1. 4873
18	1. 0026	43	1. 2655	68	1. 4048	93	1. 4892
19	1. 1088	44	1. 2719	69	1. 4091	94	1. 4912
20	1. 1150	45	1. 2783	70	1. 4134	95	1. 4932
21	1. 1213	46	1. 2847	71	1. 4176	96	1. 4952
22	1. 1276	47	1. 2911	72	1. 4218	97	1. 4974
23	1. 1340	48	1. 2975	73	1. 4258	98	1. 5008
24	1. 1404	49	1. 3040	74	1. 4298	99	1. 5056
25	1. 1469	50	1. 3100	75	1. 4337	100	1. 5129

10. 鹽 酸

비 중 (15°/4°)	HCl 중량 %	100 cc 중의 g 수	비 중 (15°/4°)	HCl 중량 %	100 cc 중의 g 수	비 중 (15°/4°)	HCl 중량 %	100 cc 중의 g 수
1.010	2.14	2.2	1.075	15.16	16.3	1.140	27.66	31.5
1.015	3.12	3.2	1.080	16.15	17.4	1.145	28.61	32.8
1.020	4.13	4.2	1.085	17.13	18.6	1.150	29.57	34.0
1.025	5.15	5.3	1.090	18.11	19.7	1.155	30.55	35.3
1.030	6.15	6.4	1.095	19.06	20.9	1.160	31.52	36.6
1.035	7.15	7.4	1.100	20.01	22.0	1.165	32.49	37.9
1.040	8.16	8.5	1.105	21.97	23.2	1.170	33.46	39.2
1.045	9.16	9.6	1.110	21.92	24.3	1.175	34.42	40.4
1.050	10.17	10.7	1.115	22.86	25.5	1.180	35.39	41.8
1.055	11.18	11.8	1.120	23.82	26.7	1.185	36.31	43.0
1.060	12.19	12.9	1.125	24.78	27.8	1.190	37.23	44.3
1.065	13.19	14.1	1.130	25.75	29.1	1.195	38.16	45.6
1.070	14.17	15.2	1.135	26.70	30.3	1.200	39.11	46.9

11. Aq NaOH, NH_4OH 및 發煙黃酸

NaOH 수용액			NH_4OH			Fuming H_2SO_4		
비 중 (20°/4°)	NaOH 중량 %	100 cc 중의 g 수	비 중 (20°/4°)	NH_3 중량 %	100 cc 중의 NH_3 g 수	비 중 (20°/4°)	Free SO_3의 중량%	100 cc 중의 Free SO_3 g 수
1.0207	2	2.0	0.9939	1	1.0	1.860	1.54	2.8
1.0428	4	4.2	0.9895	2	2.0	1.865	2.66	5.0
1.0648	6	6.4	0.9811	4	3.9	1.870	4.28	8.0
1.0869	8	8.7	0.9730	6	5.8	1.875	5.44	10.2
1.1089	10	11.1	0.9651	8	7.7	1.880	6.42	12.1
1.1309	12	13.6	0.9575	10	9.6	1.885	7.29	13.7
1.1530	14	16.1	0.9501	12	11.4	1.890	8.16	15.4
1.1751	16	18.8	0.9430	14	13.2	1.895	9.43	17.7
1.1972	18	21.5	0.9362	16	15.0	1.900	10.07	19.1
1.2191	20	24.4	0.9295	18	16.8	1.905	10.56	20.1
1.2738	25	31.8	0.9229	20	18.5	1.910	11.43	21.8
1.3279	30	39.8	0.9164	22	20.2	1.915	13.33	25.5
1.3798	35	48.3	0.9101	24	21.8	1.920	15.95	30.6
1.4300	40	57.2	0.9040	26	23.5	1.925	18.67	35.9
1.4779	45	66.5	0.8980	28	25.1	1.930	21.34	41.2
1.5253	50	76.3	0.8920	30	26.8	1.935	25.65	49.6

12. 물의 蒸氣壓 및 密度 (0°～35°C)

온도 °C	증기압 mmHg	밀도 $d_4^{t°}$	온도 °C	증기압 mmHg	밀도 $d_4^{t°}$	온도 °C	증기압 mmHg	밀도 $d_4^{t°}$
0	4. 58	0. 99987	12	10. 48	0. 99952	24	22. 18	0. 99733
1	4. 92	0. 99993	13	11. 19	0. 99940	25	23. 58	0. 99708
2	5. 29	0. 99997	14	11. 94	0. 99927	26	24. 99	0. 99682
3	5. 68	0. 99999	15	12. 73	0. 99913	27	26. 50	0. 99655
4	6. 09	1. 00000	16	13. 56	0. 99897	28	28. 10	0. 99627
5	6. 53	0. 99999	17	14. 45	0. 99880	29	29. 78	0. 99597
6	7. 00	0. 99997	18	15. 38	0. 99862	30	31. 55	0. 99568
7	7. 49	0. 99993	19	16. 37	0. 99843	31	33. 42	0. 99537
8	8. 02	0. 99988	20	17. 41	0. 99823	32	35. 37	0. 99505
9	8. 58	0. 99981	21	18. 50	0. 99802	33	37. 43	0. 99473
10	9. 18	0. 99973	22	19. 66	0. 99780	34	39. 59	0. 99440
11	9. 81	0. 99963	23	20. 88	0. 99757	35	41. 85	0. 99406

13. 原子量 (主要元素)

Aluminum	Al	26. 98	Manganese	Mn	54. 94
Antimony	Sb	121. 75	Mercury	Hg	200. 59
Arsenic	As	74. 92	Nickel	Ni	58. 69
Barium	Ba	137. 33	Nitrogen	N	14. 01
Boron	B	10. 81	Oxygen	O	16. 00
Bromine	Br	79. 90	Phosphorus	P	30. 97
Calcium	Ca	40. 08	Platinum	Pt	195. 08
Carbon	C	12. 01	Potassium	K	39. 10
Chlorine	Cl	35. 45	Silicon	Si	28. 09
Chromium	Cr	52. 00	Silver	Ag	107. 87
Copper	Cu	63. 54	Sodium	Na	23. 00
Fluorine	F	19. 00	Sulfur	S	32. 06
Hydrogen	H	1. 00	Tin	Sn	118. 69
Iodine	I	126. 90	Titanium	Ti	47. 88
Iron	Fe	55. 85	Vanadium	V	50. 94
Magnesium	Mg	24. 33	Zinc	Zn	65. 38

有機化學實驗

1989년 2월 15일 초판발행
2020년 8월 10일 발 행

• **저 자** 崔奎碩 · 鄭宅相 · 金用茂
• **발행인** 이 성 범
• **발행처** 문 운 당

주 소 서울특별시 종로구 명륜동 1가 45-3
출판등록 1962년 7월 4일 제 1-139
대표번호 (02)762-6010
팩스번호 영업 (02)745-0265 / 편집 (02)762-8758
홈페이지 http://www.munundang.co.kr
E-mail munun2@chol.com

ISBN 978-89-7393-986-2 93570

정가 20,000원